超级
如何成为生活和工作中的超人
SUPER MIND
心智

How to Boost Performance and Live a Richer
and Happier Life Through Transcendental Meditation

[美] 诺曼·E. 罗森塔尔（Norman E. Rosenthal）————著

李恒威　武锐　康文煌————译

图书在版编目（CIP）数据

超级心智：如何成为生活和工作中的超人/（美）诺曼·E.罗森塔尔著；李恒威，武锐，康文煌译. — 北京：北京联合出版公司，2020.12

ISBN 978-7-5596-4407-7

Ⅰ.①超…　Ⅱ.①诺…②李…③武…④康…　Ⅲ.①情绪—自我控制—通俗读物　Ⅳ.①B842.6-49

中国版本图书馆CIP数据核字（2020）第122941号

北京市版权局著作权合同登记号：01-2020-4333

Super Mind: How to Boost Performance and Live a Richer and Happier Life Through Transcendental Meditation
By Norman E. Rosenthal
All rights reserved including the right of reproduction in whole or in part in any form.
This edition published by arrangement with TarcherPerigee, an imprint of Penguin Publishing Group, a division of Penguin Random House LLC.

超级心智：如何成为生活和工作中的超人

作　者：（美）诺曼·E.罗森塔尔　　　译　者：李恒威　武　锐　康文煌
出 品 人：赵红仕　　　　　　　　　　出版监制：辛海峰　陈　江
责任编辑：徐　樟　　　　　　　　　　特约编辑：陈　曦
产品经理：张　婧　　　　　　　　　　责任印制：赵　明　赵　聪
封面设计：人马艺术设计·储平　　　　美术编辑：任尚洁

北京联合出版公司出版
（北京市西城区德外大街83号楼9层　100088）
北京联合天畅文化传播公司发行
廊坊市祥丰印刷有限公司印刷　新华书店经销
字数 249千字　710毫米×1000毫米　1/16　21.25印张
2020年12月第1版　2020年12月第1次印刷
ISBN 978-7-5596-4407-7
定价：78.00元

版权所有，侵权必究
未经许可，不得以任何方式复制或抄袭本书部分或全部内容
如发现图书质量问题，可联系调换。质量投诉电话：010-88843286/64258472-800

献给鲍勃·罗斯（Bob Roth）

我们处于正常状态下的清醒意识……只是意识的一种特殊类型，在将清醒意识分隔开的那层极薄的帷幕下，还潜隐着一些完全不同的意识形式。我们可能一生都不曾觉察到它们的存在，但只要给予必要的刺激，它们便会一触即知，它们都是完整、明确的心智类型，或许在某个地方可以找到它们应用或适用的领域。如果对这些不同的意识形式置之不顾，那么就不可能对宇宙整体做出任何最终的论述。

——威廉·詹姆斯（William James），
"美国心理学之父"

只要一再重复使心安定的体验，就会出现持续的平静。

——帕坦伽利（Patanjali），
"瑜伽之祖"

CONTENTS 目录

第一部分
意识的发展

1 新的开始   3
2 意识科学   15
3 超越冥想：一条秘密通道   22
4 超出清醒、睡眠和梦的超越状态   31
5 超越状态的生理学   42
6 从超越状态到超级心智的非凡转化   51
7 意识整合问卷   56

第二部分
超级心智的馈赠

8 连接身体与心智   71
9 塑造一个更好的脑   85
10 进入状态   107
11 内在成长   120
12 浸入和超然：精妙之舞   137
13 自然加持   153
14 超越状态与正念   163
15 冥想与丰足   183
16 冥想与幸福   217

第三部分
不仅仅是超级心智

17 行动中的超级心智　　　　　237
18 宇宙意识：永不停歇的超级心智　　255
19 超越的惊喜和意识的成长　　　271
20 万物一体的宇宙　　　　　　　280

附录1　关于超级心智的问答　　287
附录2　意识整合问卷　　　　　295
注释　　　　　　　　　　　　307
致谢　　　　　　　　　　　　325
译后记　　　　　　　　　　　329

第一部分

意识的发展

Super Mind

제3 식민지

1

新的开始

> 我之终点即我之起点。
>
> ——T. S. 艾略特

你是否曾经完成一个项目，或者你认为你已经完成了，但之后又改变了你的想法？你当时的所有感受，尽管回想起来并不成熟，但都是真实的：典型的放松感，夹杂着（所希望的）某种程度的满足，即便还带有些许悲伤。对与你共度了很多时光的想法和人说再见是很难的。了结和结束会带来回报，但也会带来失落感。这是我完成《超越》（Transcendence）一书后的感受。《超越》和当前这本书讲述的都是"超越冥想"（Transcendence Meditation，TM）技术及其效果。对于这个主题，我认为我已经把我必须说的一切都说完了。

但是我错了。我上面所引的T. S. 艾略特的话要更智慧一些："我之终点即我之起点。"的确如此。

我之前做过一次全周期的超越冥想修习。20世纪70年代初，我在南非第一次学习这项技术，然而混乱的日常生活让我半途而废了。三十五年后（2008年），我受到一位年轻患者的挑战而重新开始修习超越冥想，自此以后我一直有规律地修习冥想。在看到自己获益于冥想后，比如降低了焦虑和反应性，我开始向我的一些患者推荐这项技术。许多人体验到了同样令人印象深刻甚至更深刻的结果。在深入研究众多关于超越冥想的文献后，它的种种益处给我留下的印象之深，促使我再写一本关于它的书。

尽管《超越》和《超级心智》都在探索超越冥想的效果，但前一本书主要讨论它对身体和情绪健康的益处，尤其是对具有焦虑、抑郁、成瘾、创伤后应激障碍等症状的患者。相比之下，这本书不仅探讨了超越冥想给我们的任务驱动型生活带来的益处，还探讨了它实际上如何产生一种新的意识状态——"意识"一词对科学家来说可能有点麻烦，但非常适用于我所要描述的体验。

超越冥想的创始人是瑜伽士玛哈里希·玛赫西（Maharishi Mahesh），他勾勒了几种意识状态——三种受到广泛认可的状态（清醒、睡眠和梦）和其他四种状态，我将其他四种总结在下面的表1中，并在注释1里做了更详细的描述。[1]

表1

状态4	超越状态——在冥想的寂静中对自我的体验。
状态5	宇宙意识——在活动时对超越的体验，传统上用来表达完全实现的持续的超越状态。
状态6	精微的宇宙意识——在这个状态中，感觉和情绪的发展达到顶峰。
状态7	统一意识——在这个状态中，你不仅在自己身上，而且在每个他人和他物上体验到超越性实在。

我会在第4和第5章中讨论超越状态（状态4）的一些细节，并在第18章中讲述完全实现形式的宇宙意识（状态5）。然而，当论述第四阶段（超越状态）之后的诸阶段时，我会把它们统称为"超级心智"（Super Mind），这个短语似乎很适合我们当前狂热而互联的时代。事实上，在备受压力的时刻，我们

需要掌控我们所有的神经元、突触和脑回路。我选择使用"超级心智"一词是因为它描述的体验不仅与禀赋和问题解决能力有关,还与情绪敏感度、共情、视角和外交技巧有关。这是一种处于巅峰状态的心智,正如我们体验过的那样,这种巅峰状态不只是瞬间的,它还有一种随时间不断增长的连贯性。

* * *

在2011年出版了《超越》一书后不久,我首先开始在自己和一些患者身上瞥见到这种状态。我继续冥想修习,一段时间过后,我自己和进行冥想修习的患者身上都出现了新的完全出乎意料的进展。这些进展可以粗略地分为两类。我可以把第一类恰当地描述为在觉知(awareness)或意识(consciousness)上的日常变化:安定、广阔、无边界以及平和的感受,这些之前只发生在冥想期间,现在开始扩展到我的日常生活中。在冥想修习一段时间后,我能感到一种持续焕发的愉悦,而其他人也会注意到这一点。

一个见识不凡的朋友说:"你一直在冥想,是不是?"或者,当我与患者或同事谈论冥想修习期间产生的感受时,我会觉得自己沉浸在一种内在广阔的平静里,但同时我会更加专注于同他们的对话。起初,我以为我拥有的众多体验是我自己独有的,但后来我发现,这种现象——在活动时保持内心的安定——在长期冥想修习者身上是司空见惯的。

随着扩展意识的发展,我的生活在多方面开始有所改善(第二类变化)。这些转变在进行冥想修习几个月到几年的人身上得到了普遍的印证——不过,你会看到,激动人心的变化有时会在一个人修习超越冥想最初的几天内出现。我将在后面详细说明这个问题。此时此刻,我只想说,修习超越冥想使生活变得更轻松了,也使我变得更快乐了。不只是我明显地感觉到这两点,我的家人、朋友和同事也都感觉到了。我将这两类变化——意识的发展与一个人生活多方面的改善——统称为"超级心智"。

我突然想到,既然这两类变化都出现在我开始修习冥想之后,那么它们很可能是相关的。我想知道,发展中的意识——传统上被称为宇宙意识的一种高级形式——是否本身就是变化的动因。浸入冥想者日常生活的安定和宁静是否会影响他们的安乐，进而影响他们的行为和人际关系？这样的想法并不新鲜。几个世纪以来的先贤都持有这种想法，但现在这种想法来自我自己的体验，并且我注意到，一个人自己的体验往往会让先贤的智慧和专家的意见失色。此外，我们现在有技术和对心智的更好理解作为工具来为那些时代不可言喻的智慧提供可靠的数据支持。

我一直把自己的心智看作一间实验室，在那里，新奇的观察（对我来说是新奇的）使我充满了狂热的好奇，而好奇是贯穿我一生的动力。当年年轻的我第一次注意到，自己的精力和幽默感在短暂而黑暗的冬日逐渐枯竭，然后又在灿烂的春天重现生机。在阳光明媚的南非——我的祖国，我从未有过这样的体验，而我在旧国家和新国家的季节性反应之间的巨大反差帮助我首次描述了季节性情感障碍（seasonal affective disorder, SAD）。[2]事实证明，我只是数百万罹患这种病的人中的一个。

类似地，我感觉到冥想修习使我日常意识的质量发生了变化——各种好事开始发生。我再一次，像偶遇大自然之神奇的探索者一样，着魔般地想去发现关于它的一切，并分享我的观察结果，希望它们对别人也是有趣和有价值的。

下面，开始我的分享吧。

这是真的吗？

本书是一个宏大的承诺：超越冥想能让你成为生活和工作中的超人。我不知道你是怎么想的，但当我看到这样的说法时，我立刻产生了怀疑，就像我最喜爱的表妹洛伊丝那样。她曾听过我在伦敦做的一次关于超越冥想的报告。我猜她主要是出于家族关系才去听的，但我的报告令她印象深刻，以至她还自学了这项技术。当我一年后遇到她时，她看上去心情愉悦。她定时进行冥想修习，并认为冥想帮她摆脱了一段有害的长期关系。她说："当发现你说的是对的时，我很惊讶。老实说，我一开始以为冥想不过是做秀。"（这就是我爱家人的原因。他们会对你说一些别人出于礼貌而不愿说的话。）

在本书中，我会讲述很多伴随意识扩展而经历变革性转化的人的例子。这些人包括在他们所选择的领域表现出色的人，我认为这不是偶然现象。我现在认为，所有表现出色的人都有一个共同点，即他们自觉或不自觉地具有超级心智的品质和特征。也就是说，他们在压力下保持平静，并且对压力保持不寻常的弹性。他们关爱自己的健康，在创新和创造力上坚持高标准；他们热情地投入自己的工作，但在必要时也能超脱出来；他们谨慎地选择项目，牢记大局，忽略琐碎的细节。然而，要发展你自己的超级心智，你没有必要成为表现特别出色的人。重要的是发挥你自己的潜力，而不是符合某个理想化的标准。

我还将首次展示一项对600多名超越冥想修习者调查的结果，他们被问及自开始冥想修习以来他们的意识质量和生活质量的变化。我认识到，即使你接受这些有益的改变能够发生而且确实发生了，你也很可能会问，为什么这些改变必须完全通过超越冥想来实现。答案是，并非如此。达成同样结果的方法有很多。我相信，几乎每个人都有能力体验超越状态——超级心智的内在觉醒。超越状态是脑的一种自然状态，在有记录的文献中，来自不同文化传统的人都曾报告过这种意识状态（正如我们之后要讨论的）。不过，现在我们先处理一个明显的问题：如果通过其他途径也能达到这些状态，为什么我要特别推荐超越冥想这种技术呢？

在回答这个问题之前，我先告诉你我在纽约市哥伦比亚长老会医院常驻第一年里发生的一系列事件。每周有一个早上，我会首先对我的"长期心理治疗"患者进行常规治疗。这些治疗的目的是帮助病人并教授住院医生如何基于精神分析原则进行治疗，并且不鼓励提供直接的建议。我的分析主管在这个问题上相当严厉。"不要告诉患者要做什么以及如何做，"他告诫道，"引导患者自己解决。"

现在，我要提一下，这些早间课程安排在一栋建筑五楼的一间医务室里，那里的电梯晚些时间才会开始运行。不过，正如一位教员所解释的那样，有一个变通的办法：我应该到邻近一栋大楼乘电梯上五楼，那里的电梯提供早间服务。然后，经由迷宫般的路线穿过各种走廊，我可以通过一个不显眼的通道走进那栋门诊大楼。这使得生活变得更轻松——至少对我来说是这样。当我的患者（一个中年男人）爬了五层楼梯，脸色通红，气喘吁吁地来到医务室时，我已经在那里坐好，精神饱满，准备开始治疗了。这似乎不公平。可是我已被严厉地教导过不要告诉患者做什么和如何做。所以，我该怎么办？

当一个权威人士说"不"的时候，任何一个聪明的3岁小孩都会采取的一般策略是寻求另一个权威。而我就是这样做的。我把问题抛给另一个主管——一个对精神分析不感冒并且事实上对它相当反感的主管。我解释了自己的困境，并描述了那个秘密通道。"我该怎么做？"我问他。那个主管答复说："当然是告诉患者，患者不可能自己找到那个秘密通道的。"

尽管我认同帮助人们自己找到答案是有好处的，但我也知道在生活（包括心智生活）中有一些通道是人们很难自己发现的，并且自早先的那个教训之后，我总是在对患者有用的时候指出那些秘密通道来。超越冥想就是这样一个秘密通道，它是我所知的最简单、最轻松的通向超越状态的方法，一条通向超级心智以及由此而来的所有益处的捷径。因此，我怀着喜悦和热情与你们分享我所了解的超越冥想，希望你们能像我和我的患者一样从中受益。

为什么是本书？为什么是现在？

在写《超越》一书时，我想我已经说过所有关于超越冥想的值得说的话，所以你可能会问我还有什么要说的。《超越》一书专注于将超越冥想作为一种强大的技术，帮助人们解决问题——缓解压力和相关疾病症状。相比之下，《超级心智》的目的是帮助所有渴望过上更丰富、更有创意、更充实的生活的人——包括健康和成功的人，甚至表现极为出色的人。事实表明，超越冥想对脑功能产生的影响不单是缓解压力，它还能为我们打开一扇通向新的可能性的大门。

在这个充满挑战、压力越来越大的时代，我们需要在这个复杂的世界穿行的同时保持内在的平衡。为了做到这一点，我们常常求助并沉醉于近几十年里发展起来的技术奇迹。这些技术设备还在持续地激增，让我们以前所未有的方式接收信息、建立联系。然而，它们也会淹没我们，吞噬我们内在的空间和宁静，那是快乐和创造力蓬勃发展的地方。现在比以往任何时候都更需要找到一种方法来扩展我们的内在空间，在我们日常生活的狂热活动中注入一种喜悦的宁静。我希望《超级心智》能提供一张通往这个目标的路线图。

如下几个是我们要在本书中考虑的关键问题

- "意识"到底是什么？
- 意识能得到发展吗？它与超级心智是如何联系的？
- 什么是超级心智，它与宇宙意识是如何联系的？
- 意识发展起来的感觉是怎样的？
- 这种发展的身体信号是什么？
- 我们在这方面有什么科学证据？
- 除了带来的体验本身，意识的发展还有什么价值？超级心智带来的馈赠是什么？
- 在个性和职业上，超级心智能帮你变得更有效、更有创造力、更成功吗？
- 超级心智能帮你变得富有吗？
- 超级心智能带给你更大的成就和幸福吗？

玛哈里希和甲壳虫乐队

在传统的吠陀教义里，完全实现的超级心智——不间断且与日常生活融为一体的超越状态——被称为宇宙意识。我是在一个相当神奇的情景中第一次听到这个词的——在无线电音乐厅的一场音乐会上，前甲壳虫乐队成员保罗·麦卡特尼谈到了宇宙意识，并把它融入一段轻快的旋律，既令人难忘又令人振奋。这段简单的旋律源于瑜伽士玛哈里希·玛赫西对麦卡特尼的直接邀请："来吧，与我一起感受宇宙意识。"

麦卡特尼回忆起1968年他与甲壳虫乐队的其他成员去印度瑞诗凯诗（Rishikesh）拜访玛哈里希。那是一个动荡、充满代际冲突的年代，但如西蒙和加芬克尔❶所唱的，那也是一个"纯真的年代"。当时，"做爱而不是战争""权力归花儿"是随处可见的口号，这些口号抓住了那个时代的关键元素——越来越不受欢迎的越南战争、性解放，以及像爱与和平的理想一样纯真的东西最终可能比枪炮的影响力更大这样的观念。

在这种动荡的社会潮流中，标志性人物层出不穷，其中最出名的可能就是甲壳虫乐队。幸运的是，这些充满革命精神的年轻音乐家找到了一位杰出的精神导师，他是我们这个故事的关键人物——瑜伽士玛哈里希·玛赫西，一个身材瘦小、面容柔和、长发飘逸的人。他穿着传统吠陀僧侣的服装——白色飘逸的长袍——而且脖子上经常戴着一个花环。作为大圣贤布拉马南达·萨拉斯瓦蒂（Brahmananda Saraswati，即上师德夫）座下的大弟子，玛哈里希在喜马拉雅山学习了十三年，并从上师那里学会了古代吠陀的冥想修习技术。

玛哈里希把这项技术称为超越冥想，他相信这项技术有帮助人们的巨大潜力，所以他决定在全世界教授这项技术。他在这一点上出人意料地成功了，这在很大程度上归功于他的个人品质。他身边的人经常谈到他有出众的才智（他是一名专业的物理学家）和魅力超凡的人格，他似乎有无穷的精力，不知

---

❶ 编者注：20世纪60年代末风靡美国的流行二人重唱组合。

疲倦地工作着（他每晚只须睡几个小时），他总是让工作充满幸福感，此外他还着迷于周围的一切事物。他曾在个人和专业层面上深入思考过意识的本性，他是吠陀教义的权威。简言之，他既是一个创新者，也是一个完美的营销者——他不只是带给东西方一项强有力且古老的技术，还令人信服地将天真质朴与世故之人的娴熟技能结合在一起。

回想起来，这两个来自不同世界的标志性人物——甲壳虫乐队和玛哈里希——相遇是完全有道理的。甲壳虫乐队一直在寻找源自时代冲突的问题的答案，而玛哈里希有一个吸引人的答案，很简单：冥想能深入内心，并扩展你的意识。随着冥想修习的深入，你会改变，而你周围的世界也会随之改变。

意识的隐喻

要想让"意识"这样的抽象概念变得具象、可理解，我们就要使用隐喻赋予那些看起来非常模糊的概念形状和实质。我的一位明智的导师曾经这样解释无意识过程塑造我们生活的力量："无意识就像风，你看不到它，但你可以通过它吹动树枝和吹散草地上的树叶认识它的作用。"

在思考有意识的心智时，我们有一个更坚实的基础——根据定义，有意识的思想和感受是我们可以通达的——如果我们选择去注意它们。然而，就像无意识过程一样，有意识的过程也会吹动树枝。因此，还有一个重要的方法供我们评估我们有意识的心智过程，就是检查我们的生活。常言道："凭着他们的果子，就可以认出他们来。"[3]

《圣经》里的这句话让我想起玛哈里希最喜欢的格言之一："给根浇水，享受果实。"他提供了超越冥想这种方式来浇灌心智之根——滋养心智最深处的核心——而果实就是这个过程的成果。如何获得超越冥想的益处或许是你真正需要知道的。玛哈里希过去经常说："去冥想和行动吧。"而益处会自然而然地反映在你的生活质量上。

然而，如果我们想进一步扩展这个隐喻，我们可以把更高意识状态的发展看作根与果之间的所有中间步骤。正是这些高级意识体验（它们本身就是欢喜）及其带来的益处被我统称为超级心智。

另一个思考意识的方式是将意识当作我们借以活动和体验生活的媒介，好比鱼在水中游动。而河水是清澈的还是混浊的，是新鲜的还是苦咸的，会有很大的不同！我们意识的质量和它影响我们的方式是美好人生的关键所在。

一些人也把不同的意识状态比作戴着不同颜色的眼镜。红色眼镜会让世界看起来是红色的，蓝色的眼镜会让世界看起来是蓝色的。依照这个隐喻，超级心智会让你戴上无色的眼镜——以便让你看清每样东西，看清它的本来颜色。

考虑到我们所处的高科技环境，我们很自然地会用与计算机和手机相关的词语来描述超越冥想的效果。人们会说，冥想的作用就像"重启"或"复位"，而我也知道它们的意思。通常，当感到压力和疲惫时，一段超越冥想的修习就可以"给我的电池充满电"。随着时间的推移，我想到了两个新的（也更大的）与计算机相关的隐喻——超越冥想给我带来了"系统升级"，或者更恰当的说法是，带来的效果相当于一台"功能更强大的计算机"。简言之，就是超级心智。当我想到冥想时，我期待的不只是暂时缓解压力，而是培育意识、改善心智的功能和生活的整体质量。

在进一步讨论之前，我先澄清对超级心智的几点看法。第一，我并不是说它能让每个人都能做他们想做的任何事。我们都有局限性，这一点因人而异。确切地说，我指的是它能发挥你的潜能——这正是成功人士竭力想达成的。第二，我不认为超级心智是某个过程的最后阶段，就像说："现在我已经获得超级心智了，我已经达成了！"相反，我认为超级心智是一个持续成长的过程，在这个过程中，意识的发展与成功和安乐的不断增加相伴前进。

定义超级心智

既然我在书中频繁使用"超级心智"这个术语，那么先定义一下这个术语是有益的。我的定义如下：超级心智是一种意识的扩展状态持续发展的心智状态，随之而来的是压力的缓解、更健康的身体以及提高生活质量的个人品质的养成。超级心智的成长不局限于修习超越冥想的人，它还可以通过意识整合问卷来测量和刻画（参见第7章）。

本书指南

本书分为三部分：导论之后是第一部分，我会谈论新的意识科学（第2章）——一些有趣的进展把曾经的哲学猜想转变成可测量的现象，如脑电波追踪。我们会把这些新发现与关于意识成长的古老智慧放在一起论述，对于意识成长的古代智慧，我们现在也有了科学数据。

在第3章中，我将描述在我看来扩展意识的最可靠的技术——超越冥想。第4章讲述超越状态的主观体验，第5章论述与超越状态相关的生理基础。

在第6章中，我会介绍超级心智，描述从"重复的安定体验"发展到"持续的平静"的神秘过程——这些短语取自帕坦伽利的《瑜伽经》这本古代经书的题词。

然后，在第7章中，我会向你介绍我和我的同事们开发的意识整合问卷，它是用来测量超级心智的各种成分的，就像研究人员测量心理功能诸如抑郁、幸福、韧性和焦虑一样。我们用这个问卷调查了600多名超越冥想修习者，本书将首次公布问卷调查结果。

在第二部分，我会向你表明超级心智的馈赠是如何偶然地快速发生，而通常又是如何随着时间发展的。这些馈赠包括更健康的身体和更好的心智功能（第8章和第9章）、进入状态后的快乐和奖赏（第10章）、加速进行的内在成长（第11章）。在许多情况下，我们需要平衡两种看似相互对立的情绪力量——当放手有利于健康时，保持与世界的接触但不过度依恋。我希望向你展示这种微妙的平衡是如何作为超级心智发展的一部分自然而然地展现出来的（第12章）。然后，我会讲述一个奇怪现象，即人们在开始冥想后会感到自己变得更幸运，就像周围世界在支持自己一样（第13章）。很多人不清楚"超越"与"正念"（mindfulness）的区别，正念是另一种流行且有影响力的冥想方式。在第14章中，我会对这两种不同类型的冥想方式进行比较和对照。在第二部分的最后两章里，我会解释为何随着意识的成长人们几乎可以自发地获得幸福，有时甚至是获得财富，而这正是很多人竭力追求的两件东西（第15章和第16章）。

至此，我希望能激起你的好奇心，让你去学习更多关于意识如何以这种方式扩展，从而提供了这些看起来不可思议馈赠的知识。进入第三部分，我会讲超级心智的发展如何转变人们的生活，以及超级心智如何发展到这种程度：能让冥想者一天24小时不间断地持续体验这种意识状态及其带来的益处（第18章）——这是一种在传统中被称为宇宙意识的状态。尽管享受超级心智带来的巨大利益没有必要去拥有这种程度的扩展意识，但对这种完满意识形式进行预想的确很吸引人。

第19章会向你介绍一种不那么典型的意识发展方式——"超越的惊喜"，一种不请自来的（因此是无法计划的）强烈神秘体验，但会带来重大的长期影响。在最后一章"万物一体的宇宙"中，我会简要讨论超级心智如何超出我们个人的关注而持续成长，由此在个体、他们的同胞和宇宙整体之间提供一条更大的连接通道。

闲话少叙，欢迎你加入我们探索意识成长和超级心智的旅程。

2

意识科学

> 意识是世界上唯一实在的事物，也是最神秘的事物。
>
> ——弗拉基米尔·纳博科夫

当甲壳虫乐队成员拜访玛哈里希时，我正在医学院里努力学习。大多数学习医学的学生都知道，医学方面有太多的东西需要学习，可是并非所有要学的东西都是有趣的，甚至有许多学到的知识与之后的职业生涯完全无关。我早已忘记了学过的很多细节，却对一些不太重要的知识记忆犹新。例如，我喜欢那些听起来奇怪的单词，所以我可能永远不会忘记 zonule of Zinn（秦氏小带）❶或 canal of Schlemm（巩膜静脉窦），两者都是眼睛里不太为人所知却很重要的结构。同样，拉丁词也很吸引我，例如 substantia nigra 和 locus coeruleus，它们的意思分别是"黑质"和"蓝斑"，两者都是小而关键的脑区。

但如果扪心自问，我在医学院里学过哪些有关意识的知识，答案是，不是很多。我们的一般患者要么是有意识的，要么是无意识的，要么是处于这

---

❶ 译者注：由德国解剖学家约翰·戈特弗里德·津恩（Johann Gottfried Zinn）发现，医学上音译为"秦氏小带"，指的是睫状小带。睫状小带两端分别连接睫状体和晶状体。当睫状小带收缩时，晶状体凸度降低；当睫状小带舒张时，晶状体凸度升高。

两者之间的脑震荡、昏迷或麻木。我也同样缺乏精神科训练。当然，我们确实学过关于睡眠的包括其阶段和疾病的课程，也听过催眠讲座。我们还学过最新的精神疾病手册中列出的心境障碍、焦虑和其他精神障碍。老师教导我们探究人们的思想、梦和感受，甚至要尽量去理解它们来自哪里以及如何恰当地处理它们。我认为，尽管所有这些学习都涉及意识的内容——如果你愿意，也可以说是涉及意识这个主题——但它们不涉及意识本身。将意识本身当作研究和理解对象的课程还暂付阙如。

当代科学

当阅读法兰西学院的实验认知心理学教授、神经科学家斯坦尼斯拉斯·迪昂（Stanislas Dehaene）的《意识与脑》（*Consciousness and the Brain*）这部卓越的综述之作时，我发现，我的南非同事和我在之前的暗昧时代并非孤军奋战。依照迪昂的说法，20世纪80年代，当他还是学生的时候，科学禁止讨论"意识"一词。"当时我惊讶地发现，在实验室开会时，我们不允许使用这个C打头的词……不过，到了20世纪80年代末，一切都改变了。如今，意识问题是神经科学研究的前沿。"[1]

关于意识的文献数不胜数，其中大部分都带有思辨和哲学的性质，提出了诸多类似"究竟谁有意识？"的问题。丹尼尔·丹尼特（Daniel Dennett）在他的百科全书式的著作《意识的解释》（*Consciousness Explained*）中提出过这样的问题："人类的新生婴儿有意识吗？""青蛙呢？牡蛎、蚂蚁、植物、机器人、僵尸等又如何呢？"[2]在这本书中，我会避免冒险进入这样一个令人头晕目眩的领域。作为一名精神病学家和研究者，我更倾向于迪昂及其同事所采取的实证研究的进路。

迪昂总结了使意识从"哲学之谜转变为实验室现象"的三个基本要素。它们分别是"对意识定义的更清晰的表达；可以通过实验操控意识这一研究发现；对主观现象的新的尊重"。

假设让一幅图像在你面前的屏幕上非常短暂地闪现了一下，以至于它低于你的察觉阈值，（按定义）你无法看见它。另一种掩蔽图像的方法是将其与干扰图像配对，这样你就无法察觉到它（即使它正呈现在你面前）。相反，正如你所能想象的那样，同样的图像可以在你面前更长时间或者不受干扰地呈现，如此一来你就既能看见它，也能报告它的存在。

事实上，研究人员已经开展了一些研究，他们以不同的方式呈现图像，并测量人们的反应，既根据主观报告（人们报告他们看见了什么），也根据特定的脑变化（例如脑电波和各种成像方法）。接着，科学家将主观报告与脑测量关联起来，建立起表明意识的四个脑电波信号。如表2所示。

至于迪昂的第三个要素——对主观现象的新的尊重——多数精神病医生可能会说："确实是时候了。"临床医生从治疗（乃至医学诞生）之初就依赖患者对其有意识体验的报告——有时效果非常好。

下表详细列出了意识的四个脑电波信号，这些脑电波模式表明一个人对刺激的反应被有意识地体验到了。[3] 研究人员可以用一个简单的方法来确定被试是否有意识地体验到了刺激：询问被试。随后的脑电波追踪是通过贴在头皮上的电极来测量的。

表2

信号1	脑电波反应增强，并涉及多个脑区。基于对（被无意识记录到的）阈下刺激与对有意识地感知到的刺激的脑电波反应之间的差异，研究人员将这两种事件的效应分别比作雪球（无意识刺激）效应和雪崩效应。
信号2	对刺激的脑电波反应呈波状，有几个突起，很像一排起伏的小山。只有在有意识的测试（被试觉知到刺激）中，研究人员才会观察到第三个波峰特别大，即所谓的P300，通常在刺激呈现后约300毫秒开始出现。

信号3	在有意识的测试中，脑电波显示"γ波的功率在300毫秒左右开始大幅增加"。在无意识测试中，这种快频波长通常会在刺激后的200毫秒内消退。
信号4	当刺激被有意识地记录后，总是存在一个"跨皮层电磁信号的大范围同步"。达到意识水平的信息被脑判定为特别重要的。因此，不同脑区在同一时间向彼此呼叫是有道理的。

古代智慧：意识状态

尽管直到20世纪80年代后期大多数科学家都忽视意识研究，但不同传统文化背景下的圣者对这个主题的沉思已有数千年了。通常，不同的意识状态是根据主观体验——例如安定、无限和喜乐等感受——来定义的。现在，科学家正在使用现代技术——诸如脑电波和脑成像技术——来试图理解这些状态的生理基础。

本书主要关注源自古代印度吠陀传统的冥想，包括超越冥想修习者的脑变化，其他形式的冥想也与可测量的脑变化有关。例如，麻省总医院心理学助理教授萨拉·拉扎尔（Sara Lazar）及其同事利用磁共振成像技术测量了20位佛教"内观冥想"长期修习者和15位非冥想对照者大脑皮层的厚度。他们发现，与注意力和其他心智能力相关的脑区的皮层厚度有所增加，而这正是这种形式的冥想的核心所在。[4]

关于不同类型的冥想带来的脑变化的研究还有很多，这些研究值得考虑，但已超出本书的范围。除了比较和对照正念与超越冥想的第14章以及本章的最后几段，我多半不考虑那些论述佛教传统冥想的文献，这个议题留给比我更有资格的人去写。

我将在第5章和第18章详细介绍与超越冥想相关的脑变化，还会报告我自己连上脑电波仪器进行冥想时的体验，并很高兴地看到那些被预测的α波在我的脑中翻滚,并反映在记录纸上。

尽管技术在进步,但我不得不说,就我们目前的知识状态,主观报告仍然是描述意识状态最精确的方法。技术还望尘莫及。

三种意识状态是不言自明的:清醒、睡眠和梦——尽管甚至这些独立的状态内部也可能存在巨大差异(例如高效、安静的睡眠与片段式的、受干扰的睡眠)。这些意识状态伴随着特定的生理和脑变化。例如,梦的特征是快速眼动睡眠,在这种状态下,除了快速转动的眼睛,身体是静止的。其他睡眠阶段也伴随着特定的脑电波模式。

在这三种日常意识状态之外,还有其他状态被不同文化的修习者注意到,同样也被科学家注意到。例如,著名心理学家威廉·詹姆斯明确认可这些不同的意识状态,并认为,如果忽视它们,"就不可能对宇宙整体做出任何最终的论述"。

克雷格·皮尔森(Craig Pearson)的《至上觉醒》(*The Supreme Awakening*)中行文流畅地回顾了不同文化中的扩展意识的历史。一些文化认识到,意识的扩展状态可以根据复杂度、精细度或纯度的不同进行分类。皮尔森的书中有一个生动的例子:道家文献用上清、太清和玉清等状态来对应不同程度的意识发展。[5]

我在这里主要提到的是东方传统,但也有许多西方传统将冥想元素融入他们的祈祷和灵修。尽管我不在这里对它们详加说明,但如果不承认它们,那就是无视。

在这本书中,我主要关注意识的扩展状态。根据吠陀教义,这种状态是通过超越冥想修习出现的。我关注它的理由在于:首先,超越冥想是我通过亲身实践和直接观察所知的一种方法,并且科学表明,这种方法能可靠地诱发意识的扩展状态。其次,意识的扩展状态一直是古代吠陀意识研究的焦点,它已经被吠陀传统确认和分析了几个世纪。第三,我有幸能在今天与许多超越冥想者合作。他们给我提供了关键的数据和卓越的个人经历,这些数据和经历支撑和阐明了本书所基于的观察。最后，超越冥想在世界各地能以一种标准的、可复制的方式来传授。这使我更加相信世界各地的超越冥想修习者所描述的那种意识的进阶是共同修习方式的结果，因此很可能代表共同的脑机制。

按照吠陀传统，当超越意识不仅仅局限于冥想体验时，它会进入清醒状态，并逐渐展开。[6]正是这种意识的展开——连同其相伴的益处——被我称为超级心智。我们会看到，尽管这种展开是随着时间的推移而逐渐发生的，但也可能在一个人开始冥想后不久就出人意料地出现。

在继续讲述之前，先澄清超越冥想与一些流行的佛教冥想形式之间的差别或许是有益的，特别是我们在这里所关注的意识发展方面的差别。下图列出了三种主要的冥想类型的关键点（表3）。

表3

类型	集中注意力式冥想	开放监控式冥想	自动自我超越式冥想
媒介	意象或深刻的情感	呼吸、身体感觉、思想、感受	咒语
样例	慈悲冥想	毗婆舍那（佛教的正见观察）	超越冥想
主导脑电波波长（每秒周期数）	γ波（20—50）	θ_2波（6—8）	α_1波（8—10）

如上表所示，现代冥想修习者已经将各种冥想形式分为三个类别：集中注意力式冥想（focused attention）、开放监控式冥想（open monitoring）和自动自我超越式冥想（transcendental meditation）。[7]超越冥想属于最后一类。其他冥想形式通常要么涉及集中注意力（例如，集中注意力于一个意象、呼

吸或念头），要么涉及开放监控（引导心智专注于从感官、身体或脑中生起的特定刺激）。这两项技术（都属于正念的范畴）不同于超越冥想，超越冥想以系统的方式使用特定的声音即"咒语"来减慢和纯化心智活动，这是一种比集中注意力或开放监控更自动化的过程。

根据冥想专家克里斯·杰默（Chris Germer, 哈佛医学院的临床心理学家）的说法，意识状态的改变（称之为"禅那"）过去一直是佛教冥想的一部分，但这个元素在20世纪已经不再被重视。不过，禅那继续被人们传授和修习。利·布莱辛顿（Leigh Brasington）是一名佛教冥想的指导者，著有《正定：禅那实修指南》（*Right Concentration: a Practical Guide to the Jhanas*）[8]。他向我解释说，这些意识状态可以通过专注于30种不同的刺激获得，其中包括呼吸、咒语、慈悲念。然而，按照他的说法，其中没有一个状态与我向他描述的超越状态完全一致。[9]

本章概要

- 现代神经科学家以一种可进行试验研究的方式来定义意识。
- 科学家使用科学方法，特别是脑电波测量，定义了四种特定的"意识信号"。
- 根据古代吠陀传统，存在超出三个传统阶段（清醒、睡眠和梦）的意识阶段。
- 我们会在下一章详细讨论关于这些意识发展的"更高状态"的科学研究。
- 我们列举了三种主要冥想形式的诸要素。

我们将在下一章介绍超越冥想——一种通向超越意识的简单通道。

3

超越冥想：一条秘密通道

> 科学关乎的不是权威或白大褂❶，而是对方法的遵循。
>
> ——本·高达克

在导言中，我讲述了有关一栋医院综合大楼里有一条秘密通道的小故事。一旦有人告诉我有这条秘密通道，我就可以轻松地走进办公室，准备一早的治疗，而无须爬五层楼梯。

我们从儿时的故事书中了解到有这样的秘密通道。比如，在刘易斯·卡罗尔的《爱丽丝梦游仙境》一书中，年幼的女主人公掉进兔子洞里，发现了一把钥匙，或者穿过镜子，每一步都让她接近一个荒谬的奇境。近来的故事可以看看《哈利·波特》系列中的幻影移形：霍格沃茨魔法学校的学生在国王十字车站穿过一个特殊入口后登上开往霍格沃茨的特快列车，而普通的麻瓜❷则不知道也看不见这个入口，他们只能看到一堵砖墙。这似乎是人类幻想中的一个经久不衰的情节：我们幻想自己获得某种特殊的知识或能力，以便

---

❶ 译者注：特指人们对科学家，特别是实验科学家，有一种"都穿着白大褂"的刻板印象。
❷ 译者注：在哈利·波特系列故事中，麻瓜是魔法师或魔法界人士称呼没有魔法的普通人的专门用语。

穿越日常看起来很普通的物体，好似借助魔法进入另一个现实。

我想说的是，现实世界中也有很多秘密通道。把它们全部列出来是一项很有趣的练习，但现在我们只谈其中一个——望远镜。伽利略把望远镜对准星空，观察木星的卫星，从而推翻了当时流行的以地球为中心的宇宙理论。通过开发出一种方式，真理被揭示出来。因此，我们不妨以一种更平凡但类似的方式，通过一种方法来可靠地进入更高层次的意识。这里我们主要探讨的方法就是超越冥想技术。

为什么要进行超越冥想？

在考虑如何做一件事之前，我们不妨先问一问我们为什么要做这件事。我在这里列出了在自己和患者身上看到的超越冥想的潜在回报。这些观察结果有公开发表的科学研究成果作为支撑，我会在接下来的章节中分享这些观察结果：

- 改善身体健康（参见第8章）。
- 提高认知功能——包括创造力（第9章）。
- 提升多项个人品质。
- 改善人际关系（第11—13章）。
- 改进职场表现，以及在职业和财富上取得更大成功（第15章）。
- 增进幸福和自我实现（第16章）。

把这些益处记在心里，我们看看学习超越冥想都涉及什么。

超越冥想的修习

超越冥想的基本要素可归纳为如下几点：

1. 师从一位有资质的指导者学习这项技术。你可以从参加一个介绍性的教学课程开始，回答一些关于自己的基本问题，然后连续四天与指导者见面，每次见面时间达到90分钟。
2. 闭上眼睛，舒服地坐在椅子上，每天2次，每次20分钟。
3. 想想你的超越冥想指导者给你指定的传统咒语。

这看起来很简单，不是吗？嗯，它既简单也不简单。让我们更深入地考察一番。

为什么我需要师从一位有资质的指导者？

像很多对精确性有高度要求的实践活动——比如跳芭蕾、弹钢琴或者武术一样，超越冥想也需要由一位有资质的指导者来教授。超越冥想的指导者经历过广泛的训练，并有能力帮助各种类型的人尽可能轻松愉快地掌握这项技术。一些人很惊讶地发现，他们竟然能轻松学会这种能迅速产生深远影响的技术。比如，女演员卡梅隆·迪亚兹说，超越冥想不仅是她学过的最简单的冥想形式，而且也是她学过的最容易的事情。由于每个人的人生经历、脑和学习节奏都不一样，因此教学过程会依据个人情况而有所不同——有些人不像迪亚兹女士那样很容易地掌握了这门技术，而我就属于不容易掌握这门技术的那一类人。

几个世纪以来，正确教授这种精妙冥想形式的技术代代传承，现代冥想指导者继续一丝不苟地对待他们的工作。我非常荣幸能在一些卓越指导者的教导下学会这项技术，并从中获益，而我也希望我的家人、朋友、患者和读者能与我一样受益于此。所以我要澄清一点，你不可能从这本书（或其他任何书）中学会如何修习超越冥想。

在与学生交谈并得到他的背景信息后，指导者会给学生分配一个特殊的声音或咒语。这些没有任何意义的咒语是冥想修习古老且传统的一部分。历经多个世纪后，修习者发现这些咒语具有抚慰人心的积极正向的特质（超越冥想指导者将其描述为"能加持生命的"），它们有助于引导我们走向超越。一旦学生学会咒语，指导者会对学生的修习做几次检查，直到指导者和学生都确信这项技术已被恰当地掌握。整个过程可以在四天内完成，然后你就可以正式开始了。然而，我强烈建议你做定期检查，以确保这项技术对你有成效。当然，如果你觉得自己在这项技术上很吃力，或者没有得到预期的结果，就应该毫不犹豫地联系指导者。

为什么需要指导者？这个问题经常被问起，有时候这是一种礼貌的问法，人们真正想问的是，如果冥想技术非常简单，那么为什么还要花时间和金钱去学习它。

是的，这项技术简单而不费力，但对许多人来说，学习它可能是——至少最初是——复杂而令人困惑的！我就曾因低估了它的微妙之处而懊悔。超越冥想的中心目标之一是帮助冥想者进入超越状态，这是超级心智的关键。为了做到这一点，适当的技巧是必需的，这就要求我们向经验丰富的指导者学习，并定期与指导者沟通，直到一种有规律的、富有成效的实践方式被建立起来。我听过很多聪明老练的人的故事，他们虽然有学问，却没有获得他们想要的结果。即便是向超越冥想的指导者进行简短的咨询，也常常能使我们找出困难的根源，从而使冥想回到正轨。有时，冥想者会惊喜地发现，仅仅是一两个巧妙的建议就会带来不小的改观。

尽管我已经冥想了七年，我还是会惊讶于不断更新技术带来的巨大价值。几年前，我在这方面有过一次奇妙的经历。我和儿子乔希去南非参加一场家庭婚礼，我们有机会在约翰内斯堡待了几天。我拜访了那里的超越冥想中心，它是由薇琪和理查德·布鲁姆经营的。（正是薇琪三十五年前第一次教我冥想，我会在第19章中再次提到她，讨论那次突如其来的、戏剧性的超越体验。）她给我和乔希上的超越冥想复习课非常有深度和力量。此外，薇琪还着重强调了在早期教学中被忽略的一个要素。

她建议说："要花整整3分钟来慢慢结束冥想修习，从中脱离出来。这一点很重要，即使时间紧迫也要这样做，你需要花时间从咒语中抽身。"对于我来说这似乎是个奇怪的建议。咒语对于超越状态显然很关键，而超越状态就是修习的目标！尽管我听说一些人因为没有缓冲地太快结束修习会偶尔发生头疼，但3分钟的缓冲真的有必要吗？为什么她要这样强调呢？当我更深入地思考超级心智时，我才意识到超级心智的发展很大程度上依赖把超越状态移入日常生活。通过让超越状态和正常清醒状态有一定量的重叠（那3分钟），我们可以促进这两种状态的轻松融合，并促进超级心智的成长。然而，即便知道这一点，我也经常在冥想修习结束后马上站起来去做我的工作。这就得提一下指导者的另一个重要作用：不只是给我们提供新信息，还提醒我们注意那些我们已经"知道"却倾向于忽视的东西。

如今，对于我来说，和我的朋友、超越冥想导师鲍勃·罗斯一起冥想是一种偶然才能得到的享受。当我们一起冥想时，他会用一种特殊的检查流程来评估我的技术。他让我睁开和闭上双眼，并在我进入20分钟的冥想修习前询问我心智的状态。他有时对这一步甚至感到抱歉，正如他所说："你已经完全知道这个过程了。我的重复提醒希望不会让你感到被冒犯。"事实上我从未感到他是在冒犯我。我总是心怀感激。冥想技术一些小的方面很容易会因为粗心和分心而被忽略。对细节的提醒是非常有益的。当我们开始冥想时，鲍勃说："记住，每一次冥想都是不同的。每一次冥想都是新的体验，因为你每一次坐下来冥想时的身体都是不同的——或疲倦，或清爽，或焦躁，或平静。因此，冥想时放松一切体验，顺其自然地接受它们。"

鲍勃的指导让我想起佛教禅宗的一个表达——初学者心态。初学者心态是指用新鲜的眼光去看待周边情形——正如儿童的眼睛那样，不受记忆、期望、愿望或其他干扰因素的妨碍。禅师铃木俊隆说："初学者心中有许多可能性。在专家的心里，则没有多少。"[1]因此，鲍勃鼓励我放下随体验而来的一切偏见和期待。不知何故，当我这样做的时候，随之而来的冥想比以往任何时候都更深入、更安静、更容易。

让我们考虑一下鲍勃在检查我的技术时说的两个要素。

不要用力

一种承诺能改变人生的东西怎么可能是不费力的呢？很多冥想者用雪橇来解释这一点。对于老练的雪橇驾驶者来说，滑下一道缓坡是不费太多力气的，因为天然的重力就是最主要的驱动力。然而，学会如何做出微小的、实时的调整，以便成功地滑下山坡，确实需要注意力，也需要将身体投入进去。而一旦掌握技巧，驾驶雪橇就会是纯粹的快乐，一种近乎不费力的滑行——这就像冥想一样。一位娴熟的冥想者曾经这样说："我只是闭上眼睛，开始一段漫长而平稳的雪橇滑行。"

不过，修习超越冥想确实需要一种特别的努力——在你的日程表上划出时间，把日常生活中的很多竞争需求放在一边。做完这些后，只要你坐下来，像你被教导的那样进入咒语中，你就能享受到咒语带给你的轻松滑行。

矛盾的是，用力念咒（某个超越冥想指导者称之为"猛念咒语"），或者强迫自己完全"正确"地使用咒语，往往会适得其反。正如你的超越冥想指导者所教的那样，放松和不要太用力是成功通向超越状态的关键。

天真

当鲍勃在指导我如何达到冥想状态时第一次和我说"天真"的时候，我认为在那个场合使用这个词显得有些怪异。不过，它与"初学者心态"类似，都是传达一种纯粹和新鲜的感觉。我花了一段时间才理解"天真"一词在超越冥想语境中的意思。这个词本质上意味着"对结果没有期待"。从这一点上看，超越冥想不同于其他多数治疗方式——它们有预定目标，需要人们为达成目标而努力。超越冥想能在很多不同场合中帮助人们，但只有天真地使用它时——不带有特定的期待——才会有效果。

当我们坐下来修习超越冥想时，毫无疑问，很多问题会从我们心智的不同层面渗出来，多数是未完成的事务之类。当这些念头与超越状态的喜悦平静混合在一起时，它们就变得不再那么烦人、令人不安和难解了。冥想时体验到的超越状态——及其对身体和心灵的安定作用——（如果有规律地重复冥想）将会进入日常生活中，日常生活因此会变得更加轻松和充实。因此，"天真"的意思是在修习期间无须担负目标或期待，因为你完全可以信任冥想过程。

为什么每次必须修习20分钟？

这是一个刁钻的问题。你甚至根本不是非得冥想。我们中的许多人都持有一种怀疑甚至反对的倾向（以个人经验和职业经验来看）。为什么要20分钟？我也曾这样问过。为什么不是15分钟？或10分钟？简单的答案是，经过几个世纪的总结，冥想者们发现20分钟是非常有效的，这不只包括冥想本身需要的时间，还包括冥想修习之间的间隔时间。我经常深深地感激这些人的智慧，正是他们找出了超越冥想基本技术的最佳修习时长——20分钟足够达到效果，但又不至于打乱一个忙碌者的一天。

我们大多有一种用算术思考的倾向。比如，我们会认为15分钟是20分钟的四分之三，少一点也没什么大不了的，但这种想法可能完全错误。以我的经验，冥想的前五六分钟通常用来安定身心。（当然，我说的是自己的经验，其他冥想者大多有不同的经验。）然后是一段静止时间，最后的三分之一时间（7分钟左右）里我才享受到超越状态的完全的喜悦。想象一下，如果我剪掉最后五分钟会怎样。这就像错过了一场球赛、比赛或音乐会的最后四分之一。

我将错过最精彩的那部分，乐趣也会减少四分之一。

其他许多修习者也表达过对完整修习20分钟的需求和赞同。比如，电影导演马丁·斯科塞斯（Martin Scorsese）这样评价自己的长期超越冥想修习："它创造了一种秩序感，让我们优先考虑我们真正应该思考的东西……最后的大约六分钟时间让我获得一种从未体验过的平和。"

如果真的没法一次花20分钟做修习呢？答案是，尽你所能修习即可。不管时间长短，有冥想修习一定比没有修习来得好。

为什么一天冥想两次是重要的？

我的病人经常问我："为什么不是一天一次呢？"当然，一次也比根本没有要好，但我还是得说，很多经验丰富的指导者认为一天一次冥想的效果比不上一天两次的效果的一半。几乎可以说，早晨冥想（早晨冥想通常是两次中比较容易做到的）的效果到下午晚些时候就会消耗殆尽。另外，我们对冥想修习者的调查表明，更频繁地冥想非常有利于超级心智的培养（见第7章）。

著名喜剧演员杰瑞·宋飞修习超越冥想四十一年并获益良多。他说："我探索过很多不同的东西，也从中获益很多，但都比不上超越冥想带来的收益……特别是越到后来收益越大。"宋飞继续说到他前四十年的冥想修习："我只是在下午修习一次，那是我生活中持续了很长一段时间的事情。"

"我直接停止了早上的修习，因为没法理解为什么起床后还要做像休息一样的冥想修习。"喜剧演员宋飞这样说道。直到他遇到鲍勃·罗斯，鲍勃建议他早上也做修习。宋飞照做了，而且说坚持晨昏两次冥想改变了他的人生。

为写这本书，我就超越冥想和超级心智某些方面的问题拜访了鲍勃，对我们的对话有兴趣的读者可以在本书的附录1中看到我的提问和鲍勃的回答。

下午的超越冥想修习环节通常会由于一天下来堆积起来的压力和很多不得不做的事而被牺牲掉。我记得有一次拜访美国西海岸的一个超越冥想指导者。那天他和他的伴侣还有我一直在徒步，我们在晚餐前几小时到达他家。他的伴侣是一个讨人喜欢的女人，一个退休的儿童外科医生。她忙活着家务，然后转向我说："下午黄昏时，总是有很多事情要急着处理，我感觉我似乎要放弃冥想了。但我发现，如果我先冥想，就会更轻松地完成所有事情。"我经常想起她的话，特别是当我的患者抱怨说下午很难挤出时间去冥想修习时，我会给他这个好建议。如果有一丝可能，就决不要放弃下午的冥想修习。我觉得每天的第二次冥想就像是在当天给了我一个新开始一样，修习完后的当天晚上我会感到舒爽和头脑清晰。此外，通过坚持每天的第二次冥想，我保持了冥想修习的规律性，并获得了超级心智的益处。

我的老朋友兼冥想伙伴伊莱恩（第17章还会讲到她）从另一个视角来看待每天两次冥想修习的益处。她说："当我一天修习两次的时候，我感到在冥想时有更多的能量。我迫不及待地想要做下一次冥想，就像我年轻时对性爱的渴望一样。"她话语中带着咯咯的笑声，我们俩都大笑了一通。

结语

梵语经典《薄伽梵歌》里写道："你只能控制自己的行为，而无法控制其后果。"[2]这对我们现在的讨论的意义是，如果你的行动是实践过的并且是正确的，那么预期的结果就更有可能随之而来。具体而言，如果你以正确的方式、正确的时长和正确的频率做冥想，这就是控制住了你所能控制的一切，在多数情况下，这就足够保证你收获扩展意识这个果实了——一种可以滋养你一生的果实。

4

超出清醒、睡眠和梦的超越状态

> 至虚极，守静笃。万物并作，吾以观其复。夫物芸芸，各复归其根。归根曰静，静曰复命。❶
>
> ——老子[1]

意识曾经被比作海洋——深广无垠。依照这个类比，日常的清醒状态就像海洋的表面，可能是欢快而活泼的，正如阳光照射在永不停息的波浪上。然而，海洋表面也可能充满威胁，波涛汹涌、强大而危险。我们清醒时的状态以及其中所有的心境、沉思、希望和恐惧、胜利和灾难也都如此。它总是变化多端而不可捉摸。当然，当我们坐下来冥想时，无论我们身在何处，无论那一天在那一特定时刻发生了什么，那一刻我们的清醒状态总是我们冥想开始的起点。

是时候开始冥想了。我们舒服地坐下来，准备花点时间离开海洋波涛汹涌的表面。就像所教的那样，我们想着我们的咒语，它就像一个潜水钟一样

---

❶ 译者注：英文翻译为"Become totally empty Quiet the restlessness of the mind Only then will you witness everything unfolding from emptiness See all things flourish and dance in endless variation And once again merge back into perfect emptiness"，直译为中文为"变得完全空虚、安静，只有这样，你才会见证一切从空虚中展开，看到万物在无尽的变化中繁荣雀跃，并再次融入完美的空虚之中"。

越来越深地把我们带入最本质的自我——这是一个我们的思想很少到达的深处。那里是彻底的宁静，日常生活的骚动只是短短的一瞬。身体和心智可以以一种特殊的方式休息——不同于睡眠或其他类型的休息。这就是所谓的超越状态，即意识的第四种状态。

当你从这种状态中出来时，你可能会以一种特别的方式感到充满活力——这种方式不仅能让你精力充沛，还能帮助你以全新的热情来安排优先事项和集中注意力。

对于冥想过的人来说，这些描述会引起共鸣。没有冥想过的人则可以这样想象：前一分钟，你坐在椅子或长沙发上，下一分钟……平和、宁静。同时，你会感到全然的安定和无所不包、充满喜悦、漠然无悲。这就是我第一次体验超越状态时的感受。这种状态既有一种新颖的兴奋感，又有一种陌生的熟悉感。回头想想，我不该感到惊奇，因为在超越冥想中达到的这种状态就是我们内心深处的一部分。也许我们曾经偶尔瞥见过它，或偶然地短暂沉入其中。我们可能没有认出它，或给它起个名字，但是一旦我们重新体验过它，就很容易辨认出它了。

正如你能想象的，在我们体验这些深刻的心理变化时，脑和身体都在发生着重大变化。我很高兴地告诉你，对这些生理变化我们了解到很多——我会用整个下一章的篇幅来讨论，这里我只是想提醒你，我们在心智层面所经历的一切，都受到脑回路和身体运转方面相应变化的支持。随着新的成像技术和其他技术的进步以及用于分析数据的计算机系统变得更为强大，我们可以期待神经科学的指数增长——包括我们对冥想的理解。对于我们这些迷恋意识发展的人来说，这是个激动人心的时代。

那么，超越状态的一般要素有那些呢？在芝加哥洛约拉大学的斯特里奇医学院，我向一群修习过冥想的学生问过这个问题。他们兴致勃勃地答：安定、宁静、没有边界、没有念头、喜乐。简而言之，他们捕捉到了超越状态的本质精神。

进入超越状态其实是非常容易的。玛哈里希这样解释道："走向更大幸福的领域是心智的自然倾向。当朝着喜乐的方向前进时，心会感到这条道路越来越有吸引力。"他接着教导说，有所成就唯一所需的就是进行持之以恒的超越冥想修习。[2]

正如我在第2章提到过的，有很多不同类型的冥想，每一个类型对冥想者的要求都不一样，而它们似乎对脑也有不同的影响（下一章会进一步谈到这一点）。简单地说，冥想的三种主要类型分别是集中注意力式冥想、开放监控式冥想和自动自我超越式冥想（见第20页的表3）。在"集中注意力"类冥想中，冥想者把注意力集中在特定目标上，比如一个念头、一个意象或一个感受。慈悲冥想是这类冥想中一个最为人所知的形式。在开放监控式冥想中，冥想者会觉知到心和身体上发生的任何状况，通常以觉知呼吸开始。超越冥想属于第三类，即自动自我超越式冥想。"集中注意力"并不能准确地描述超越冥想技术，超越冥想是一种自动的超越方式。

论及超越的核心地位，超越冥想不同于绝大多数其他形式的冥想，因为它们不强调超越的重要性。不过，很多文化（可能不是全部）中的冥想者其实都很熟悉超越状态。本章开头引用的老子《道德经》中的一句话就漂亮地描述了这种体验，虽然它不是来自作为超越冥想源头的吠陀传统，而是来自中国道家——这也正说明了意识超越状态的普遍性。

当我们冥想时，心和身体都毫不费力地参与到这个过程中，随着我们从清醒状态进入超越状态而改变。身和心这两个领域的变化紧密地交织在一起。为了清楚起见，我将在下面的段落中分别讨论身和心的变化。请记住，它们是同时发生且相互影响的。你可以把它们看作在一起共舞。

超越状态下的身体

超越状态下，身体的第一个变化是呼吸变慢。我个人非常熟悉这种冥想时的缓慢呼吸。有时正在冥想时，我甚至好奇我是如何获得足够氧气的——当然，我其实并不是真的担心缺氧。可能我们在冥想时需要较少的氧气，因为我们的新陈代谢变慢了——虽然我还不知道有哪些好的科学研究支持这个观点。我想到一些可能的相关：我注意到，我在冥想时需要盖住我的肩膀以免感到寒冷（这可能是新陈代谢减慢的结果），其他冥想者也报告他们需要披肩或毯子。

除呼吸变慢，冥想时可能还会出现一些怪异的呼吸变化。比如，我在要进入超越状态时，会经常大口打哈欠——差不多就像我刚发现自己是多么累，多么期待休息的到来。就像人们在入睡或醒来的方式上有所不同，人们进入超越状态的方式也有所不同。而超越状态下出现的生理变化也会有所不同。

如果你在冥想时关注你的身体，你就会感到自己的肌肉放松，好像身体嵌模在椅子或沙发里。对于身体任意部位由于肌肉紧张而产生的疼痛而言，这种放松会使之得到缓解。事实上，所有种类的疼痛在冥想时都可能减轻——腹痛、头疼（甚至偏头痛）和脚痛都可能得到很大程度的缓解，以至于有时冥想一结束，疼痛已消失得无影无踪。

惊叹于超越状态中可能发生的深远的生理变化的同时，我需要告诉自己，超越冥想影响了交感神经系统，这是一种分布广泛的神经网络，遍布全身，影响着每一个器官。比如，我的鼻窦经常在超越冥想修习期间变得通畅。或许你也会在冥想时体验到一些出人意料又颇让你受用的生理变化。

超越状态下的心智

在我继续描述人们在冥想期间（以及超越状态下）的不同感受前，我需要强调一件事：你冥想时的超越体验的质量与你从规律的冥想修习中获得的收益大小可能毫不相关。

乍听起来这很难令人相信，因为我们会自然地认为奇异和不寻常的体验会是最有利的——但其实并没有证据证明这一点。我记得以前因为没有这种体验而非常失望,直到一个超越冥想导师兼友人打消了我的这个疑虑,并鼓励我坚持冥想。她向我保证说,我迟早会收获果实——而她是对的。

这里有几个非常有名的例子——人们报告了他们在超越冥想期间的平淡体验与他们的冥想修习的戏剧性结果之间类似的脱节。

艺术家敏蒂·魏塞尔称赞说,超越冥想把处于疲惫和无望状态下的自己转变为一个幸福丰足的女人。她还认为超越冥想改变了她艺术生涯的方向。在修习冥想之前,她已经做了很多年的画家。在经过几年持之以恒的超越冥想修习后,她转向玻璃雕塑工作,并因玻璃雕塑作品而出名。

不过,当我问她冥想期间有什么体验时,她说在冥想期间她内心几乎没有任何念头生起,只有一种开放感和空间感,以及一种似乎集中在她头部前方的美妙感受。

让我用杰瑞·宋飞的几句话来总结这个特别的观点,据他所言,他长期的冥想经历(2015年时他已冥想四十一年,并且还在继续)改变了他的人生。不过,他就其早晨的超越冥想修习这样说道:

> 我在人们起床之前做超越冥想修习,而这晨练带来什么感受呢?其实什么感受都没有。它什么作用也没有。我把握不到它。我也不懂为何如此。然而,差别来了:在当天的下午1点,我不再像往常那样困得直打瞌睡。

在此,杰瑞这个杰出的喜剧演员的话简明有力地表达了超越冥想对其生活的巨大影响,尽管其冥想修习本身是那么平淡无奇。

当身体忙着放松的时候,心里发生了什么呢?首先,不是所有的心理变化都是超越的。日常的念头来来往往,这是你闭上眼睛后会自然发生的事情。你坐着休息,这可能是你一整天中的第一次休息,这本身就让你感觉很好。

接着，咒语就冒出来了，你按所教导的方式去诵念它，每次冥想，咒语都可能以不同的方式来临。

既然我们已经有了这些重要的观点，让我们回到我的朋友、同事和资深冥想指导者鲍勃·罗斯这里。他这样解释脑如何与咒语共同作用："心本质上不喜欢'无事'可干。心喜欢思考、想象、设想、计划。思考咒语能牵住心，但因为咒语没有具体意思，执行辨别的智性因此无法卷入其中。另外，因为咒语是种舒缓的、支持生命的声音，并且修习者也被教导如何恰当地使用咒语，因此修习者能够毫不费力地、自然地、完全自发地接近心的更深、更抽象、更直觉的层面，而平常的清醒状态下很难达到这个层面。"

（冥想开始后的）一段时间内，纷繁的念头与咒语会相伴而行，然后可能只剩下咒语，然后……超越状态。这时你已穿过窥镜，进入第四种意识状态。那里很宁静、安定、平和。念头可能还会来来往往，但迟早……会安静下来……所有的念头都会消失。同时保持警觉和平和是多么神奇——警觉到事实上能让你听到针落地的声音。然而，在念头通常居留的地方却是空无一物。这就是为什么这种状态被叫作"纯粹意识"，因为你此时的意识某种意义上被梭罗[1]比作"一片由最纯净的水晶构成的宁静湖泊"，在此状态下，"无须用力，我们的内心深处自动向我们自己显现"。

通常，当我们思考某事时，我们就参与到一种"二元性"的过程中，其中，思考者与思想本身像两个分离的实体。甚至当我们思考自己的时候，只要心与作为反思焦点的自我的那个方面被体验为两个分离存在物，那么二元性就仍然存在。不过，在纯粹意识里，这种分裂却不会出现。

哲学家马丁·布伯（Martin Buber）把关系分为"我—你"关系和"我—它"关系，它们分别指代深刻的人际关系和不受个人感情影响的关系。当你超越时，我、你和它都融为一体。有一种"合一"的感觉。当我写下这些体

---

[1] 译者注：梭罗，美国哲学家，超验主义代表人物，著有《瓦尔登湖》。

验时，我想到一些人可能会想象一种与这种合一性或不二性相关的迷失感。你在哪里？它在哪里？我难道不会感到孤独吗？你确实可能会这样想。不过，我采访过很多体验过超越状态的人，从未遇到有人提到过这个问题。

偶尔有些人会在第一次冥想时感到小小的焦虑，这大概是因为冥想体验的新颖性。如果焦虑发生，就与你的冥想导师一起检查下，通常几分钟就能解决问题。不过，合一感对多数人来说是喜乐和放松的。修习者的自我感融入喜乐的空性中，最终又被各种充满活力的念头、感受和心智生活中的所有小细节所充满，就像本章开头的《道德经》引文所描述的那样。

就像我们的思绪来来往往，诸如我们的时间感和空间感等的其他边界（有时）也会来来往往。有人跟我说，他曾用手撑着坐在地板上，却感觉不到手的存在，同时并没有对跌落的恐惧。时间感的消失也很令人好奇。今天是星期三还是星期四呢？我在这里待了多久？在超越状态中，熟悉的时间之锚可能会消失。然而，大脑似乎有自己的闹钟来告诉修习者20分钟已到。当然，这闹钟不是绝对可靠的，如果你有重要的事要办，你或许可以使用冥想应用程序，它会在20分钟后发出一声微弱的蜂鸣声，然后自动关闭，而不像闹钟那样需要手动关闭。

洛约拉大学的学生认定超越状态的特点之一是喜乐感。这不是个平常的词，我们在日常生活中并不常用它，也许是因为它有一种超凡脱俗的特质。除了喜悦和幸福这些成分（表示快乐的词有很多），"喜乐"还传达出一种宁静和祥和的感觉。我不知道还有什么词能囊括所有这些成分，而正是这些成分共同塑造出超越状态。

少数人在第一次修习冥想时就能进入超越状态（详见下文），但对大多数人来说，是缓慢地达到超越状态的。我属于第二类人，几周后我才达到超越状态。记住这一点很重要，因为超越状态的愉悦是你持续冥想的动力，特别是在早期。如果没有这种动力支持，就很容易放弃，由此错失超越冥想所能带来的益处。好的超越冥想指导者的指导能带来的另一个关键影响就在这里。

有时，一个小小的技巧纠正就能加速进步；而有时，鼓励学生坚持下去就是学生所需要的全部。我有一个六十多岁的女病人坚持认为自己不能冥想。她说："我甚至无法安静地坐着。"然而，在给予她一些鼓励和简单的技巧调整后，她和她丈夫现在能很有规律地冥想，并爱上了冥想。

安定、平和、统一和喜乐——这些用来描述我们体验到的超越状态的词，也抓住了第四种意识状态的许多标准方面，不过也有很多例外。比如，一些人说他们进入了一种任何类型的觉知都消失的状态，直到意识恢复后，才惊讶地发现已经过了20分钟。我知道这听起来很像是打了个盹，但我自己也体验过这种超越状态，我可以确定沉入这种状态时的感觉并不像打盹。虽然我不能保证没有打盹，但我稍后的头脑清晰确实不是打盹后的那种清晰，并且我感到广泛的警觉，并准备好迎接当天的工作。其他人也报告了相似的体验。

因此，确实有人有过令人惊叹的超越体验，但是也要记住之前提到的警告，我这里再重复一遍：戏剧化的体验对于获得超越状态的益处绝不是必要的。事实上，鲍勃·罗斯跟我说，很多人体验到的还不能被认为是清晰的超越状态，但他们仍然热爱冥想修习，因为冥想修习给他们的生活带来了强有力且积极正面的益处。清晰的超越状态体验多数来自每天两次的规律性冥想修习。尽管超越状态可以在第一次冥想时就出现——超越躁动的思绪，进入更宁静的心智层面——但随着时间的推移，体验的清晰度和丰富性也会增加。

当听别人生动地描述自己炫酷的冥想体验时，特别是如果所有你能体验到的仅仅是安定、平静、喜乐和纯粹意识——这就是我身上最常发生的体验（当你思考它时，描述它的词真的是很多），一定要记得上述我所说的这一点。❶事实上，我花了很多年才完全接受不那么壮观华丽的超越形式的价值，而现在我终于相信其好处和下面你将读到的华丽体验所带来的一样深刻。

即便如此，我必须坦白，一种挥之不去的对超越状态的忌妒还是会突然

---

❶ 译者注：此处，作者是在反复强调不要试图渴望、追求戏剧化的冥想体验。

出现。最近的一次忌妒发生在我拜访我的朋友理查德·弗里德曼的时候。他是威尔·康奈尔医学院的精神病学教授，也是《纽约时报》的专栏作家。他对我说，他在修习超越冥想时有铜色的光注入他的内在空间。他说："我还看到了光幻视。"他说的是一些光点（就像轻轻按压紧闭的眼皮时可能看到的光点）。我的第一本能是问："为什么我没看到光幻视？"但我马上提醒自己，自从我开始冥想以来，即使没有眼花缭乱的视觉效果，我也有了很大的改变，然后忌妒就转变为了感激。

标志性的电影制作人兼资深冥想者大卫·林奇在他的书《钓大鱼》（*Catching the Big Fish*）[3]中给出了一个华丽的超越体验的著名案例。❶他说他第一次冥想时的感觉就像坐电梯的时候电梯缆绳突然被切断了。他真的就像是垂直落入喜乐的水池里。一些人读了这些充满狂喜的描写后感到没有信心，因为他们在冥想时从未有过如此动人的体验，更别说在第一次冥想时就体验到。然而，正如你从上面的论述中看到的，这种缺乏信心的感觉是没有根据的。

现在，在我给出这些事先的劝诫后，让我们看点有趣的东西：如下是我从意识整合问卷（见第7章）的回复中抽取的不同的冥想者对自己超越状态下的感觉的各种有趣的描述。

> 它有点像清明梦，像一种变异的意识状态，心此时就像是居中悬停于"意识的漂浮箱"中。
>
> ——一名来自约翰内斯堡的52岁男性

---

❶ 译者注：大卫·林奇，美国最具特色的电影导演之一。他的电影华丽、诡异，主题隐晦压抑，代表作有《穆赫兰道》与《蓝丝绒》等，富有拉美魔幻小说的超现实主义气质，致力于深刻挖掘日常现象背后的人性荒诞与生活荒谬。《钓大鱼》这本书的全名是《钓大鱼：冥想、意识和创造力》（*Catching the Big Fish: Meditation, Consciousness, and Creativity*）。

就像是我戴上了降噪耳机。我可以从耳中听到心跳声。我只觉知到白光包围着我。

——一名来自佛罗里达的 67 岁男性

我的感官被点燃了。空气变得更加芬芳。我充满一种与周遭一切相连的感觉，不论它们是有生命的还是无生命的。我充溢着喜悦和活着的意义感。

——一名来自马里兰的 63 岁女性

艺术家似乎尤其会经历生动的超越体验。我的一个 60 岁出头的女性病人莫伊拉这样写道：

当进入超越状态时，我经常感到充满活力的色彩一遍遍地冲刷着我。有时我会感到一种颤动的北极光。我这样说是因为那色调很生动，没有硬边界，且向上移动，给我填上美妙的色彩。当我完全超越时，我就记不得太多了。有时，我当下的绘画灵感会飘进飘出，但大多数时候，我都会有一种美妙的、宁静的感受。

经过 18 个月的冥想修习，莫伊拉的生活和绘画质量都发生了非凡的改变。她意识到她对表现颜色比对表现形式更感兴趣，并因此简化其绘画设计以体现这一新重点。莫伊拉向我展示了她最近的绘画，它们确实非常壮观、华丽。伴随着绘画风格改变的还有她生活方式的改变——她对生活方式进行了简化，来突出其生活里的优先事项——而且她越是持续重塑自己的生活，就越是对这种转变感到满意。

我们很容易得出这样的结论，即莫伊拉的艺术和生活上的有利变化与其超越状态下的戏剧性体验直接相关。然而，回想一下，艺术家敏蒂·魏塞尔身上也有类似的转变效果——无论是她的个人生活还是艺术作品——但其冥想体验相当平凡。这些名人逸事与脑电波研究的结果是一致的——冥想者的脑电波改变与其超越体验的奇异程度并无关系。

因此，如果你的冥想体验更像敏蒂而不是莫伊拉的，也不要丧失信心。没有证据表明特别的超越体验比不那么戏剧性的超越体验更能促进意识发展——超级心智的成长。我和我的多数病人的超越体验就是快乐但不令人兴奋的。真正令人兴奋的是超越冥想修习的效果——超级心智的产生和成长。让我把最后的话留给玛哈里希。有人曾问他，更深的冥想是否好于较浅的冥想。玛哈里希说两者都是好的。当继续问为什么时，他说："因为即使是浅泳也能把我们浸湿。"

在此，让我们总结下至此所学到的关于超越冥想修习期间心智和身体改变的内容：

- 在超越意识中，冥想者可能会体验到安定、宁静、无特定念头、（时间和空间上的）边界消失和喜乐。
- 呼吸减慢，肌肉放松，当下的所有疼痛可能缓解。
- 冥想期间的体验和念头的实际内容千变万化，但这些体验和念头与超级心智的产生和成长没有确定的关联。

在一般的冥想修习中和超越状态下各种体验都以其生理和心理改变为基础，下一章我们将对与冥想相关的生理与心理变化进行科学探究。

5

超越状态的生理学

> 我将像研究线、面和体等几何图形一样研究人的行为和欲望……
>
> ——巴鲁赫·斯宾诺莎

上一章我们讨论了超越状态的主观体验。本章我将解决的关键问题是，当人在冥想的时候，我们能从他的身体和脑中检测到哪些可以解释超越状态平静喜悦的变化。

在此，我或许该指明一下，我像多数精神病学家和神经科学家一样，认为心智与脑是同一组现象的两个方面。只要我们感受、思考或行动，就会有特定的神经回路进行相应的放电。我们把心智现象归为源自内在或周围世界的体验。我们可以用特定仪器测量脑现象。我们在心智领域和脑领域之间交替使用不同的语言，但自始至终我们都知道，它们代表的是同一个存在物。

因为人们在一生中的大部分时间里在心智框架中——思想、感受、记忆和欲望——体验自我，正是这些心智元素一起协作才创造了自我感。不过，人们不时地会觉察到脑在与心智平行运作——例如，当你做脑电波检查的时候，或者更常见的情况是，当你的脑出了点问题，并且你意识到你的自我感根植于神经元、突触和神经回路时。记住这一点，让我们来审视我们所知的超越冥想对身体、脑和心智的影响。

从身体开始

  德国哲学家弗里德里希·尼采强调身体智慧有助于我们理解自己。被很多人视为心理学之父的威廉·詹姆斯也同意这种说法。在他的那篇著名文章《情绪是什么？》("What Is an Emotion？")中，詹姆斯推测，当我们在树林里看到一头熊时，我们是先逃跑！而在逃跑之后，恐惧才会随之而来。按照詹姆斯的看法，我们是因为逃跑而害怕，而不是因为害怕才逃跑。如你可以想象到的那样，关于这个问题一直存在着无休止的争论，这种争论一直持续到今天。就当前的目的而言，我们不妨同意在冥想期间测量身体的变化可能会促进我们对冥想修习导致的生理和心理变化的理解。

  除了显著的呼吸变慢和不规则，最值得注意的生理变化来自对皮肤表面电流的测量，即所谓的皮肤电反应。皮肤电反应是神经系统唤醒的敏锐指标——当人紧张、焦虑或兴奋时，神经系统唤醒水平就会升高。它是多导生理记录仪❶或测谎仪的一个关键指标。当被问到敏感问题时，害怕说谎被抓的人通常会感到一阵焦虑，而皮肤电反应就会随之上升。当然，皮肤电反应也会因其他原因上升，测谎仪的准确性因此受到挑战。

  你或许好奇，为什么皮肤表面是用来判断一个人是否在说谎的恰当部位。这是因为，虽然我们通常认为出汗是一种双模身体功能——我们要么被汗水浸透，要么非常干燥——但事实上，皮肤表面的汗腺与我们的情绪之间有着非常精细的关联。即使我们的焦虑水平只略微上升，出汗的增加也足以增强皮肤上两个电极（皮肤电反应设备的一部分）之间的电流，并显示出一个向上的尖头信号。当我们放松时，出现的就是相反的情况。换句话说，皮肤电

---

❶ 译者注：多导生理记录仪是一种能够记录人体各项生理指标的仪器，可用于测谎。

反应的电流变化是由细微、实时的出汗变化引起的。

因此,我们可能会预测,当人冥想并进入超越状态时,整体的皮肤电反应会下降。然而,奇怪的是,在冥想者进入超越状态前,皮肤电反应会有一个明显上升。当弗雷德·特拉维斯(Fred Travis,一个卓越的脑电波研究者,我们很快会再提到他)第一次发现这个与预测矛盾的上升时,他怀疑自己的设备是否出了问题。他重复做了实验且检查了机器,上升再次出现——就在冥想者进入超越状态前,皮肤电反应上升。[1]

再三思索后我们认为,特拉维斯的矛盾发现(超越状态开始初的皮肤电反应的增强)并不像看起来那么奇诡。相似的例子是,人们发现觉醒水平会在入睡前一刻上升。这就像是进化会让身体和脑在你要入睡时活跃起来,以确认你的睡眠地点是安全的。当我观察到狗在小睡前会在地毯上转很圆的圈圈时,我总会好奇地想狗是否也有相似的情况。它们仿佛在上演一种古老的发现处所的仪式,以便能进入一种让很多人类忌妒的深度犬类睡眠。

催乳素:进入超越状态的中介激素

在我们继续讨论超越状态所涉及的脑变化之前,还有一个现象值得说说——冥想之后,血液中催乳素的水平会上升。催乳素是由位于脑底部的脑垂体分泌的。这种激素有许多功能,但这里特别有趣的一点是它能诱发一种平静的警觉状态,正如人们在进入超越状态时感觉到的那样。

托马斯·韦尔(Thomas Wehr)是我在国家心理健康研究所工作时一起共事的精神科医生和朋友。他观察到,当要求人们在黑暗中躺上长长一段时间,就像发明电灯前我们的祖先那样度过黑夜时,催乳素也会出现类似的上升。[2] 在这种环境中,人不是把睡眠体验为不间断的一整块(就像我们在现代生活中做的那样),而是体验为两块分开的阶段。[3] 在第一与第二睡眠阶段之间,韦尔的被试处于一种平静的警觉中,其中一些人把这描述为"水晶般清晰的意识"。这种描述很容易让人想到超越冥想期间或日常生活进程中升起的超越状态。

这种镇静激素的作用是什么呢？尽管我们确实没有一个完整的答案，但我们知道，在哺育期的母亲和孵蛋期的母鸡中都会出现催乳素水平上升的现象，因为这种情况下，保持稳定和冷静是非常重要的。也有一些人类数据表明催乳素或许能带来心理益处，例如韦尔研究的参与者报告说，他们觉得自己的思维更加平静和清晰了。

处于超越状态的脑

身体在超越冥想期间，特别是在超越状态下会发生变化，比如呼吸变慢、肌肉放松、皮肤电反应降低和催乳素上升，那么这期间脑中发生了什么呢？脑电波记录表明，α 脑波的密度会增加——这是一种与平静的自我反省有关的慢波形式。当人们处于超越状态时，α 脑波密度的增加在前额叶皮层——这是一个位于额头后的脑部位，[4]它对于调节冲动和提升判断非常重要——最显著。当脑的功能正常时，前额叶皮层与其他脑中枢的联动顺畅协调。事实上，由于前额叶皮层对于脑的执行功能发挥着核心作用，因此它也经常被称为脑的首席执行官。通过逐渐舒缓前额叶皮层，α 节律的强大通量或许加强了这个重要的脑结构。当我们考虑超越体验（起初只出现在超越冥想期间）开始贯穿于日常生活时脑中所发生的事的时候，我们还会再次回到这个观点上来。

在最近的一项脑成像研究中，研究者使用血氧水平依赖功能磁共振在 16 个熟练的超越冥想修习者与 16 个控制被试之间做了比较。在冥想期间，进入冥想者的前额叶皮层部分（以及其他一些脑区）的血流会增加，这个结果符合超越冥想会增强脑的这个主管部位的观点。[5]

我想介绍的另一个方面是脑电波的一致性，即不同脑区的脑电波模式之间的关联。不同脑区之间的脑电波越是相关，一致性程度就越高。在超越冥想期间，α 波频率范围内的脑电波一致性增加，特别是在前额叶皮层上的。挪威的哈拉尔德·哈龙（Harald Harung，当时是奥斯陆大学学院的助理教授）和弗雷德·特拉维斯在挪威进行的研究发现，在商业[6]和体育[7]领域更有成就的人在额叶区表现出跨若干波长的更高程度的脑电波一致性。[8]换句话说，这些增强的一致性是在被试在睁眼执行任务时发现的。相似的脑电波现象也出现在长期冥想者处于清醒状态（睁眼）的时候（我们会在第18章讲到这一点）。

总之，冥想期间，特别是超越状态下所看见的脑变化主要分为两大类。第一，反映深度放松的身体和脑的变化。这类变化可能是冥想者所体验到的压力缓解的基础，这种体验大多在第一次冥想后的几天内开始。这种压力缓解会带来多年的影响，并且可能也是超越冥想利于心血管健康和带来其他健康益处的原因。第二，发生在冥想期间的脑节律的变化——尤其是前额叶皮层的 α 节律密度的增加和跨越整个皮层的 α 脑电波一致性水平的上升。这些脑电波改变或许解释了（至少部分解释了）有规律的超越冥想修习者的脑功能如何会表现得更好。

去见大巫师

当我考虑写这本书的时候，我很清楚我需要去拜访一次玛赫西管理大学的弗雷德·特拉维斯的实验室，特拉维斯就是本节标题中所说的大巫师，之前我们讲过他的皮肤电反应研究。可以明确地说，世上没有人比他更了解脑电波模式和超越冥想之间的关系了。我来到了弗雷德实验室，它坐落于一栋黄砖建筑中。弗雷德也刚好骑自行车到达，他以标志性的微笑向我打招呼，这比巫师的形象要顽皮多了。他穿着便装和凉鞋，还戴着自行车头盔，浓密的头发从头盔两边冒出。他把我带进了他的实验室，并向我介绍了一位昵称叫尼奥的助手——"尼奥"取自电影《黑客帝国》(*The Matrix*)中的一个角色。如此种种的奇异之处让我感到兴奋，仿佛进入到另一个宇宙中。

弗雷德让我与尼奥待在一起，他把一些电极贴在我头皮的不同部位上，并连上一个脑电波监视器。他首先让我做一些电脑上的任务测试，同时记录我的脑电波反应。然后他让我闭上眼，冥想10分钟。在这期间，我要在完全陷入沉思时按下一个按钮，然后再回到念咒环节。这让我能标记下冥想修习期间的特殊体验。

在这次冥想期间，我经历了一次对我来说的独一无二的体验。我感到被光所布满，就像是在闭眼时还能看到房里的灯光明亮地照耀着。在测试结束后，我开始怀疑自己的这个体验，质问自己是否是为了给书添个好故事而编造了这种体验。不过接下来我笑了，因为想到如果我打算写得戏剧化点，那么我的表现是多么糟糕啊。如果体验中的光是彩色的、生动的、闪烁的和蜿蜒的不是更好吗？但是，不，它们看起来就像普通的办公室荧光灯。

当我报告我的体验和随后的想法时，弗雷德以实事求是的口吻说道："如果你看见光，那就是看见光。"并且没有再问任何问题。经过反思，我才明白他为什么对我的超越体验的具体内容不感兴趣。正如我之前说过的，在人们的超越状态下的感官错觉与超越冥想给他们的生活带来的改变之间只有很少的关联，甚至没有关联。

在完成了弗雷德的研究计划后，我和尼奥一起看了我的数据，发现我冥想的脑电波反应与预期完全一致：在超越冥想期间，α节律主导了额叶区，α节律的一致性也有所增强。当然，虽然与预期一致，但我还是很高兴。我做过和看过很多研究，有时数据与预期并不一致，所以与预期一致，总是一件令人高兴的事情。

α 波、β 波和 γ 波

现在也许是告诉你一些关于不同脑电波节律与它们所对应的觉知状态的事情的最佳时机了。不过，脑电波节律与觉知状态的对应关系并不是完全严格的。自然中很少有东西是完全严格的。在任何给定时间里，不同脑区的脑电波节律会有所不同。因此，当我们说特定脑电波节律与特定状态相关时，我们指的并非完美的对应。相反，我们指的是一种特定类型的脑电波节律会在大多数被试身上占据主导地位。

在我拜访弗雷德·特拉维斯的实验室期间，我受邀参加了一个世界级电生理学家关于脑电波的演讲。我很高兴在表4（下图）中与你分享我从他那里学到的关于不同脑电波节律以及通常与各种脑电波节律相关的觉知状态和主观体验的知识。

该表中显示的脑电波节律与主观状态的配对讲述的还是一个不完整的故事，因为其他很多主观状态没有被包括在内（比如焦虑、狂喜、解离，仅举几例），而且不同的主观状态可以共有某些脑电波节律。

表4

节律名	波长（每秒周期数）	主观状态
δ	0—4	睡眠（多数是深度睡眠）
$θ_1$	4—6	困倦 / 做梦
$θ_2$	6—8	内部心理过程，开放式监控
$α_1$	8—10	超越冥想（矛盾的 α）
$α_2$	10—12	闭眼休息
β	16—20	专心
γ	20—50	集中注意力

如上表所示，α 节律分为两个波段：与超越冥想相关的 α_1 或"矛盾的α"，以及人们在闭眼休息时的 α_2。因为两种 α 波都在休息状态下出现，你可能会认为两者都与脑代谢减少有关。然而，代谢减少只出现在 α_2 主导的时候。当 α_1 主导时，比如超越冥想期间，脑代谢其实是升高的——因此才被称为"矛盾的 α"。这种矛盾状态或许反映了超越冥想期间经常有的混合体验：在一段超越冥想中，活跃的念头和安静的超越状态会在不同时间交替出现——甚至同时出现。

正如人们所预料的那样，不同的主导脑电波模式刻画了不同形式的冥想（见上表4）。毕竟，每个形式都要求完成不同类型的任务。比如，慈悲冥想主要与高水平的 γ 波——一种与预期的积极注意力相关的快频波——相关，因为此时的冥想者专注于向自己和他人传递慈爱的信息。源于佛教传统的慈悲冥想属于集中注意力式冥想这个广泛的类。其他例子包括将注意力集中在一个心智意象上，比如一朵花、一团火焰或眉心上的一个光点。

在开放式监控冥想中，冥想者主要表现出在脑额叶区的 θ_2 波的增加。这正反映了集中注意于内在体验（如呼吸）时所需的内在加工活动，而这就是这种冥想形式的核心。而开放式监控和集中注意力通常被认为是正念冥想的形式。

与每种冥想类型相关的不同脑电波特征只是区分各冥想类型的若干因素之一，而这表明对特定修习者来说，它们的作用是不可互换的。

让我们总结一下，经科学研究表明，超越冥想期间身体和脑发生了哪些变化

- 血液中有舒缓功能的催乳素水平上升。
- 脑电波研究表明：（1）脑额叶区的 α_1 脑电波增加；（2）前额皮层的 α 脑电波一致性增强。

- 前额皮层和其他脑区中血流增加。

正如超越状态会引发特定的脑电波变化，宇宙意识——对超级心智的持续体验——也会引发脑电波变化，我会在第18章讨论这一点。不过，现在让我们更深入地研究一下超级心智的发展。

6

从超越状态到超级心智的非凡转化

> 玄之又玄,众妙之门。
>
> ——老子

在我冥想修习的这些年里,我身上发生了一些变化,这些变化如此细微,以至于我常常察觉不到它们——当然,尽管我注意到自己似乎不再那么为日常压力所烦扰。如果有人冒犯我或对我无礼,我也不会像过去那样发火,而是本能地采取另一种态度——认为事情可以等到第二天再说,而多数情况下事情到了第二天似乎就不值得再追究了。周围的人对我更友好了,一切都变得更容易了。但所有这些感觉起来都没什么大不了的。而通过他人——我的家人、朋友和同事——的观察,我才知道自己有了多么巨大的改变。

在继续往下讲之前,我有责任说明一下,我本人还没有到达觉悟的高峰。像其他人一样,我还在进行中。不过,我已经不知不觉地在获取幸福和自我实现的道路上取得了显著的进步。随着时间的推移,我越来越清楚地认识到,冥想远不只是缓解压力。我也通过冥想来维持和促进超级心智为我带来的改变。

我一直鼓励我的许多患者进行冥想,很大一部分人真的坚持冥想,并取得了很好的结果。有时我们会在冥想课程期间讨论他们的冥想体验,而且我在他们身上看到的与从我身上看到的一样，远不只是压力得到缓解，更像是我以前经常从精神治疗中看到的治疗师所说的"自我力量"（ego strengths）的增长，即各种积极的人格特质的发展。很明显，超越冥想不只是让我的患者放松，还帮助他们变得更好。神奇的是，正是在讨论他们的超越体验时，我第一次有觉知地将他们所描述的状态反射到自身。具体地说，在我们讨论的时候，我会开始进入一种超越状态——一种清醒的平静。然后我在这种状态中主动聆听并思考患者所说的话，并在恰当的时候给予回应，但同时体验着安定。直到有一天我认识到，我开始在超越冥想之外觉知到超越状态与清醒状态的融合——我第一次觉知到超级心智的来临。当我体验到这种新的意识状态时，一种巨大的兴奋涌上心头。

那时我所感受到的喜悦让我想起了我第一次在冥想中觉知到超越状态时所体验到的那种平静的自信与狂热的喜悦相混合的新颖状态。请允许我重复我在《超越》一书中对这种感受的描述。

> 这是一次临界体验，就像我认识到自己会游泳的那天一样欣喜若狂，那时我的脚真的远离了浅水区的池底，四处划水而不下沉；或者像我发现没有人给我扶着自行车自己却骑了半个街区（那个时候还没有辅助轮）。而在所有这些情况下，我都需要在看到任何回报之前坚持不懈。

我第一次体验到超级心智的时候也是如此：体验到发现什么东西时的欣喜若狂——当然，就这个意义来讲，一个人可能会在"发现"任何自然奇观或天才之作时有这种体验。济慈在其诗歌《初读查普曼译荷马有感》（On First Looking into Chapman's Homer）中优美地描述了这种内心状态：

> 那时我就像天空的守望者
> 一个新的星体划入了我的视野，

> 或像强壮的科尔特斯,以鹰隼之眼
> 凝视着太平洋,他的随从
> 面面相觑,带着狂热的臆想,
> 他默然伫立在达利安山巅。❶

即使是现在,当我回忆第一次的超级心智体验时,仍然能感受到一种安定笼罩着我,伴随着这个安定的还有能量、专注力和一种能处理任何所遇之事的感觉。我的朋友瑞·达利欧(Ray Dalio)修习了几十年超越冥想,他是桥水协会对冲基金的创始人,在第15章中我提到了他对这种感受做的一番很好的描述。如瑞所说的,超越冥想让他感觉自己就像一场战斗中的忍者,在忍者的体验中事物以慢动作向他袭来,因此很容易一个接一个地将它们处理掉。

因此,本书的主旨是探索超越冥想在提升身体健康和处理压力之外的益处。或者说(或另外),我接下来要关注的是意识的发展和由此产生的多重益处,我把这些益处统称为超级心智。我很好奇接下来会发生什么,因为现在我很清楚,意识可以一直扩展下去。我相信很多人都对此着迷,并希望本书能为这趟神奇而刺激的旅程提供一张路线图。

我要与你们分享的很多东西都不是全新的。事实上,它们来自有几千年历史的吠陀教义。不过,就像很多伟大的经典一样,它们的意思不是一看便懂的。例如,不久前我看到了吠陀基础文献系列奥义书之一《慈氏奥义书》中的一段文字:

有一种东西超越于心智,

---

❶ 译者注:这首诗描写了诗人从一开始认为自己阅历甚广的踌躇满志,到发现《荷马史诗》这块新大陆后无比激动,再到最后由于有所领悟而默然不语、陷入沉思。这些心理变化使诗文跌宕起伏、令人回味。而其中发现《荷马史诗》时的激动之情就类似于本书作者要表达的发现自己体验到超越心智时的那种欣喜若狂的感受。

> 但又静静地居留于心中。
> 这是超越思想的至高奥秘。
> 让我们的心智在此停留，
> 而不要在其他地方停留。[1]

当我第一次读到这段文字时，我立马爱上了这句对超越状态的描述："超越于心智，但又静静地居留于心中。"这种对通过某个神秘入口到达另一个世界的感觉的描述是多么精妙啊！因此也就不必惊讶于文中所说的我们应该停留在某处。但是不要在其他地方停留？我做不到这一点。

怎么可能有这种事情呢？我感到奇怪。我一直认定只有专业的冥想行家或古鲁上师才承受得起停留在超越状态的奢侈，有工作要做、有家人要照顾以及得谋生的忙人不可能如此。但随着时间推移，当我再遇到这些句子时，我就体验到一种神奇的快乐，一种成熟的成年人再次读到多年前读过的经典时的那种神奇的快乐。你有过这种经历吗？随着生活阅历的累积，你会以全新的方式去领会曾经读过的文字。

上面摘录的奥义书内容就是描述我的。我现在已经领悟到一整天（或在一天里的某些时间里）保持超越状态是可能的，即便是在日常的生活之中。因此，奥义书似乎是在指涉宇宙意识，即全面建立起来的超级心智，而在写本书的过程中我遇到过一些一整天，甚至是在处理他们忙碌而成功的生活时都享受着超越状态的人。

从超越状态（一种最初只在超越冥想修习期间被体验到的状态）到超级心智的进程，以及它的很多方面，在不同人身上存在很大差异。有些人甚至在训练的头四天内就明显表现出超级心智的发展，通常表现为感知或深刻的心理态度的变化，而这些很难用纯粹的压力缓解来解释。一个急诊大夫坚信她所工作的重症病房变亮了，她猜可能是因为换了新的照明设备或新涂了墙漆，但其实两者都不是。当人们开始冥想后，世界往往会变得更明亮，无论是从字面上还是象征意义上来看。不过这样的早期变化还是个例。对多数人来说，超级心智带来的变化会缓慢、精微和渐进地发生，但最终它们的累计效果可以是强大的，甚至是变革性的。

随着意识的持续发展，一些冥想者会在清醒时体验到安定以及其持续带来的益处，即超级心智。这个意识发展的遥远目标便是第18章的主题。

在下一章你将会看到对600多名超越冥想修习者进行问卷调查的结果：修习冥想越久、越有规律，其超级心智就越能稳定发展下去。这种进程让一些冥想者把超级心智的发展比作复利：超级心智倾向于随时间以几何级数发展。我自己的超级心智的成长就是如此。

在进入下一章之前，让我们总结一下本章内容

- 随着有规律的冥想，修习者会体验到超越状态扩展至清醒状态中。
- 结果是一种超越状态与清醒状态的交织（共存），这本身可以产生喜乐感受，也能产生我们将在之后章节讨论的大量实际益处。
- 意识的变化及其带来的益处共同构成了超级心智。
- 当一个人的意识发展到超越状态能持续存在时，我们就说这个人处于宇宙意识的状态中。

7

意识整合问卷

> 如果你不能测量某物，那么你也无法理解它。
>
> ——H. 詹姆斯·哈里森

尽管意识发展是一个古老的概念，尽管玛哈里希和其他人也已经用丰富的描述阐明了其要素，[1]但它至今仍未得到科学的刻画。它能被测量吗？它会随时间变化吗？如果会，是如何变化的？它的要素和预测因素有哪些？最重要的问题可能是，意识的成长是如何影响人的生活的。对于其他心理状态，这些类型的问题都曾被问过，而且也已经有成熟的方法来找出答案。行为科学的很多领域都开发出了各种问卷量表，这些问卷量表对于理解和测量诸如焦虑、抑郁、韧性和幸福等体验都很重要。因此我很好奇"为什么不用类似的方法来测量超越冥想对更高意识的发展和冥想者生活的影响，即测量对超级心智的影响"。为此，我和同事制定了意识整合问卷，见附录2。[2]

由于开发调查问卷和调查方法涉及的定量元素和统计数据可能超出了大多数读者的兴趣范围，所以我将这些技术信息放到了尾注里供那些喜欢钻研这些东西的人参考。让我利用这一章与你们分享那些不会增添技术细节负担的最有趣的调查发现。另外，本章的结尾总结了我们在调查中最重要的发现。

从玛哈里希对高阶意识状态的教导入手，弗雷德·特拉维斯、格瑞·吉尔（Gerry Geer）和我，连同许多其他超越冥想学者制定了一个项目列表，我们事先把它分为两个子量表，一个测量意识发展的各方面（意识状态量表），一个测量超越冥想对个人生活影响的各方面（生活影响量表）。我们把对这两个量表的综合取名叫"意识整合问卷"，这是因为我们的主要目标之一是评估意识发展（量表1）如何影响个人生活并整合到个人生活中去（量表2）。你可以在附录2中找到现行的量表，自己做一下，看一下自己在两个不同子量表上的得分。这两个量表的项目也在下面的图1—4中列出，图中显示了每一项有多少比例的答卷人答了"是"以及体验者的体验频率。

尽管我们调查中的这些问题针对的都是答卷者修习冥想期间的情况，但问卷稍作修改和组织后就可以应用于任何人。比如它可以在人们开始冥想或从事任何可能改变他们意识状态或生活的实践之前作为一种基准测量来检查他们之后变化了多少。

测量超级心智

我们使用一种叫调查猴（SurveyMonkey）[3]的网络工具对607名冥想者进行调查并分析了数据，[4]这些人来自美国和南非不同的超越冥想中心。在回答问题的人中，大约有80%来自美国，20%来自南非。选择这两个地点可能看起来很奇怪，但只有这两个地区的超越冥想指导者足够友善地去鼓励他们的学生完成问卷。女性回答者比男性回答者多一点（52%对48%）。调查对象的超越冥想修习时长各异，平均冥想时长是4年。（对被调查人群背景变量的更多细节感兴趣的人请参阅尾注。[5]）

受访者对意识整合问卷的一项回答"是"后，再选择回答这一项体验的频率。为了便于分析，我们把频率分为很少发生、经常发生和频繁发生三类。[6]

如前所述，我们用统计学方法开发了两个量表来评估超越冥想对个人生活的影响：意识状态量表和生活影响量表。[7]通过适当的统计学方法（因子分析），我们进一步把生活影响量表分为三个方面：（1）自然的加持；（2）内在成长；（3）进入状态（图2—4）。[8]

超越冥想对意识发展的影响

下面的统计图显示了构成意识状态量表的各个项目（列在图1下，连同各项中作肯定回答的回复者的人数比例）。图里的柱形表示那些作肯定回答的回复者所报告的体验频率。接下来的另外三个图（图2至图4）也用同样的样式呈现数据。[9]

图1

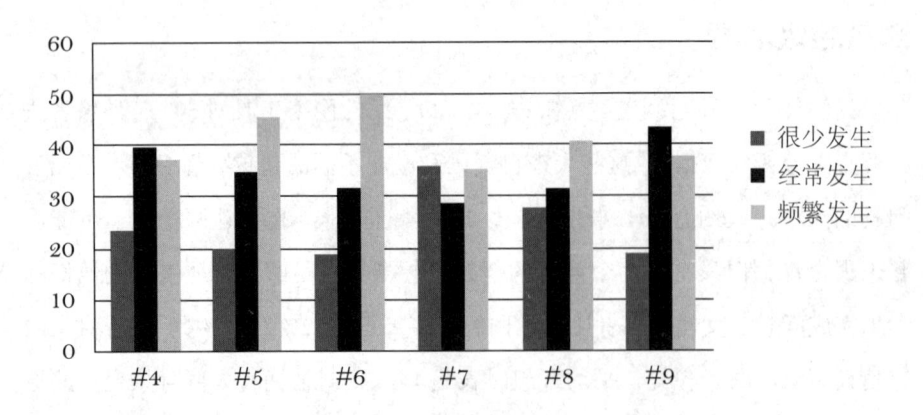

意识状态

项目	很少发生	经常发生	频繁发生
#4	24	40	37
#5	20	35	46
#6	19	32	50
#7	36	29	35
#8	28	32	41
#9	20	44	38

此图和下面各图里的项目号对应意识整合问卷中的项目号。

图1中的关键数据：

4. 冥想修习时的平静和镇静体验（95%回答"是"）
5. 普通清醒体验时的安定感（92%）

6. 一种脱离日常生活的悲欢沉浮的"真实自我"感（85%）
7. 体验到一个更生动、色彩更丰富或更细腻的世界（78%）
8. 受到这种生动体验的持续影响（61%）
9. 睡眠质量的改变（76%）

你可能已从阅读、冥想修习或者这两者中熟悉了上面的项目。

在此，我想让你注意一下上面所示的最后三项：涉及对世界的体验更为生动的那两项和睡眠质量的改变这一项。之后我们再继续看有规律的超越冥想修习对个人生活影响的其他方式。

增强感官体验

有一次晚上冥想之后，我去家附近散步。尽管还是盛夏，晚上却出奇的凉爽，伴着雨后的湿气。回来时，我沿着花园的小路朝家门口走去，并在经过整个夏季的生长而比我高的花朵之中站立片刻，也可能是更长时间。

花儿产生水汽，创造出它们自己的局部氛围。突然，醉蝶花映入我的眼中，仿佛要伸向我。它们有着粉红和白色的细长花瓣，像从外太空来的物种。此时的空气像温柔的手一样轻抚着我的脸。旁边的木槿花傲然挺立。

站在那里的片刻间，我感觉时间好像消失了，我、花儿以及湿润的空气都成了一幅挂毯的一部分。

当我打开门进入房子后很长时间里，这种强烈的体验还在伴随着我——生机勃勃的花朵、凉爽湿润的空气和盛夏的夜景，在我开始进行我的例行事务的时候仍然在我眼前鲜活地呈现着。此后的许多日子里，每当我跨过门槛进入那所房子时，又会体验到当时的那种心境。

我从未有过上述的神秘体验，但冥想使我的感官和对周遭世界的觉知更加敏锐,就像其他很多人报告的那样。最终,当意识随着重复而有规律的冥想而成长时,感知通常会变得更生动、更富有细节和光芒四射。让我们听听其他超越冥想修习者在意识整合问卷中对这种体验的报告吧。

以下是精神科医生理查德·弗里德曼(Richard Friedman)的一些想法,他是回答问卷的人之一(他当时已经修习了差不多三年的超越冥想):

这种感觉就像感官过滤器被打开了,比以往更多的信息涌入感官。我看到的东西变得更生动、更强烈,更细腻。比如,在最近一个阳光明媚的下午,我独自坐在乡间房子前的石头门廊上,听着鸟鸣,感受着阳光和云彩。不知怎么搞的,我陷入了幻想,然后认识到自己已经在那里坐了一个多小时,欣赏着大自然,沉浸在重重狂喜中。那一天很快就过去了,然后我自问:"今天我做了什么?天啊,你这也没做,那也没做,而这些是你本应该做的。"而你知道的,其实这些并不重要。我很满意我的体验,它非常美好。要知道我是个A型人,即那种喜爱在最后期限和压力面前冲锋陷阵的人。因此,我只能把这归因于冥想或者牙仙子的影响。至于是哪个,随你选。

其他几个意识整合问卷的受访者也报告了与自然场景相关的体验:

- 最为我注意到的是,一切都显得更明亮、更清晰,特别是飞过的鸟儿和天空中的云朵。我感受到对自然之美的强烈觉察。
- 我被自然中令人窒息的日落美景击中了。
- 我在州际公路上开车,一些树吸引了我的注意。它们只是作为次生林的白杨,没什么特别的,我之前见过很多次了,但这一次它们看上去完全不同。它们焕发着不可思议的白色光芒。

有时，这种感知涉及的是日常器物：

· 我在禅堂的女洗手间里，我的目光落在隔间门上那个简简单单的插销上。它似乎是最美丽的物体。当我不由自主地产生这种欣赏时，我知道我更敏锐的感知又开始发挥作用了。

· 今天早上在制作咖啡的简单任务中，我注意到了光线在水面上的折射。这对我来说很迷人，并让我敞开怀抱拥抱这一天中的快乐。

· 最近在纽约布鲁克林，我开始注意到街边那些锁在路灯杆或篱笆上的老自行车。即便是这些看似简单的东西也给我带来了非常私人而真实的美感。

你可以在第4章或第19章里找到更多在冥想修习中或自发而意外地出现的感官增强体验。

去睡吧，去观照

在问到睡眠改变（第9项）时，我们对于"观照"（witnessing）出现的频率特别感兴趣，这是一种人同时处于入睡和醒觉的状态（第18章会更多谈及这种奇妙的现象）。我们并没有用诱导性的方式提问题，我们只是问："你发现自己的睡眠质量或睡眠体验发生什么改变了吗？"我很乐意进行这种模糊的提问，因为这样能收到包含人们在开始修习超越冥想后的各种有趣的睡眠改变情况的完整谱系。

大多数人（76%）报告在开始冥想后有睡眠改变。其中有几乎一半人给出了具体的描述，这让我们能确认他们睡眠变化的本质。

最常见的报告是有关睡眠质量的提高——睡眠总体上变得更深、更长、更让人精力充沛。一位女士写到，她在第一次超越冥想修习后体验到"此生从未有过的最好的休憩。当我醒来时，我感到：'哇，这是一种真正的人的感觉。'"另一个人根据观察认为："更多的冥想会让睡眠质量好很多。"

对超越冥想有助于睡眠的赞美有很多表达方式。比如，有人这样说："自从做了一周的冥想，我再也不需要安眠药了。"她这个观点被很多人认同。一名快乐的修习者说："能睡个通宵就值回所有的超越冥想课程费了。"一些人则把更容易入睡与能够放下白天的忧虑和挂碍的能力直接关联起来。

最具戏剧性的回复来自一位受严重创伤后应激障碍折磨的女士。她写道：

> （冥想）对我的睡眠的影响是巨大的。在开始冥想的一年前左右，我被袭击过，被勒到经历"濒死体验"的程度，这致使我每天晚上都会经历暴力性的噩梦。我的伴侣是个超越冥想指导者，他在那次袭击中差点被杀死，他提议用超越冥想来解决噩梦问题。一个月的冥想后，噩梦真的完全消失了。

很多人描述了在开始超越冥想后做梦模式的改变，包括噩梦消失和体验到更多生动的梦。一些人报告说开始做清明梦——一种有意识但同时又在做梦的混合状态，做梦者知道那些体验是梦，也知道自己（非梦的自己）在经历梦。在少数案例中，一些人报告了清明梦对我来说很新颖的一个方面——控制梦的结果的能力。一位女士写道：

> 做梦期间我有时会有控制力。我能思考自己的选择，并作出能改变梦结果的决定——尤其是在那些我多年来反复做的梦中。另外，我也没有那么多焦虑不安的梦。

另一个人写道："梦变得更清明。有时，如果我不喜欢梦中的故事线，我能改变梦的内容！"

我读到这些回复后总的感觉是，在开始超越冥想后，修习者的睡眠变成了一种整体上更愉快的体验，使他们更少受到失眠和噩梦的困扰。的确，睡眠对于很多人来说变成了一天24小时中快乐的一部分。虽然我可以引用许多受访者的话来说明这一点，但我打算只选择其中几段。

- 我享受睡眠。自从开始冥想，我的睡眠质量更好了。不愉快的梦变少了——事实上，我现在几乎不做不愉快的梦了。虽然我不能说我能"观照"梦，但我能体验到夜晚是宜人的。
- 我会带着深刻的领悟从梦中苏醒，梦更像是个愿景，向我揭示了生活的品质。我喜欢这些梦境/愿景，因为它们把人际关系和生活事件潜在的意义带到我的意识表层中来。
- 我在睡眠中笑得更多了——这是一种发自内心的愉悦欢笑，有时甚至会把我唤醒。

读这些对清明梦和睡眠中愉快的心境转变的第一人称描述时，你可能会像我一样好奇：这些改变是否代表了"观照"的开始。正如之前提到过的，"观照"指的是一种人即便是在睡眠的时候仍然有觉知的状态（第18章对这种有趣的现象做了更详细的描述）。老练的超越冥想指导者凯蒂·格罗斯（Katie Grose）曾经观察到，人第一次体验到"观照"通常是在睡眠周期的过渡期间——打瞌睡、进入和离开梦境时，或睡眠和清醒之间的困倦时刻。因此，清明梦（知晓自己在做梦）可能是"观照"发展的一部分。

随着时间的推移，观照会扩展到整个晚上。在286个为我们有关超越冥想和睡眠的问题提供了叙述回答的人中，有48个（约17%）幸运儿报告了观照的发生。以下是他们的一些描述。

几乎就在开始超越冥想修习后，我比以前体验到更多生动的梦。这只持续了几个月。最近的发展是产生了一种有趣的"能力"——我不知怎地能觉知到我在睡觉，并且没有做梦。它就像一种有觉知但心里没有任何念头的状态——一种非常闲适的状态。通常这些时刻会伴随着一种光感，没什么特别的，就只是一种有舒适的光环绕着的感觉。

尽管我醒来时神清气爽，但我感到自己在睡觉时并非真的睡着了。清醒与睡着之间的差别曾经是巨大的，但现在变得微妙起来，以至于我几乎不能确定我大概是何时入睡的。当醒来时，我觉知到自己正慢慢穿过一个带给我强烈喜乐感的"地带"，并在当天早晨伴着这种感觉去做第一件事。

在睡眠期间有一种纯粹意识，似乎我是在冥想而非在睡觉。

当一个人学会超越冥想并修习一段时间后，指导者会教一些"高级技巧"（更多信息参见附录1里我对鲍勃·罗斯的访谈）。一些回复者称赞这些技巧中的"夜间技巧"能改善睡眠和提升观照。如果你想学这种高级技巧，你应该去找你的超越冥想导师。

在阅读完所有意识整合问卷中关于睡眠问题的回答后，我对超越冥想对睡眠的深刻影响更加叹服。现在我比以前更倾向于向我的失眠患者推荐超越冥想。不过，有时我的患者已经学过了，但他们的修习还不规律。如果你是这种情况，你应该考虑与你的超越冥想指导者深入交流一下，持续地尝试一天做两次超越冥想（比如坚持两到四周），以充分利用你已经花费的投资。意识整合问卷的数据证明了有规律的修习是非常有价值的，正如我们将会在下面所看到的。

最后，睡眠数据让我更确信这些开放式问题的价值。如果我们把睡眠问题局限地指向观照体验，那么我们可能会错过很多有价值的信息。

超越冥想对个人生活的影响：超级心智的馈赠

对意识整合问卷中涉及超越冥想对个人生活影响的项目进行统计分析后得出了三个方面，下面几个图展现了这些方面。我会用三章来详细讲述每一方面：自然加持（第13章）、内在成长（第11章）和进入状态（第10章）。

图2

自然加持

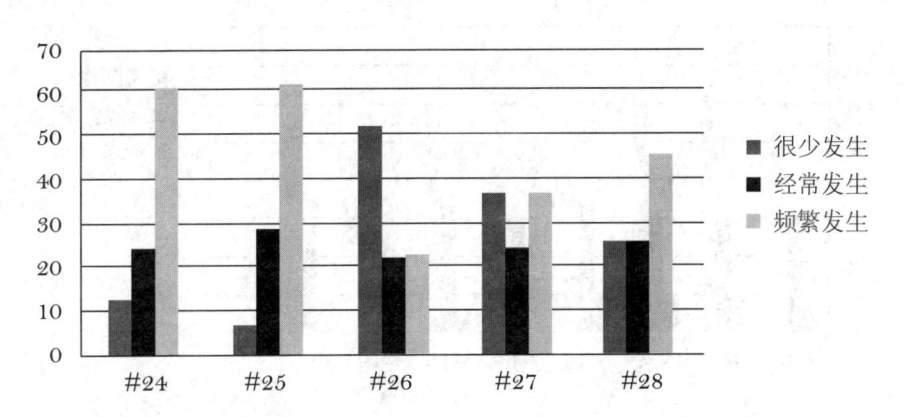

图2的关键数据：

24　更健康的选择（85％认同）

25　人际关系上的变化（89％）——几乎都是有利的变化*

26　能被他人察觉到变化（72％）

27　财务状况的变化（55％）——几乎都是有利的变化*

28　感到更幸运（72％）

*在这些有意模糊设计问题（比如人际关系上的变化）的例子中，我们可以从回复者的叙述中读出变化的方向。

我们用"自然加持"这个术语来描述那种事情变得更轻松容易的感觉。你有了更多的"好运"。宇宙似乎在与你合作。有人认为，之所以随着超级心智的成长产生这种效果，是因为你能更有效地驾驭你的内在力量和外在力量了。人们似乎更愿意帮你了。第13章会用来讲"自然加持"这个概念。

图3

内在成长

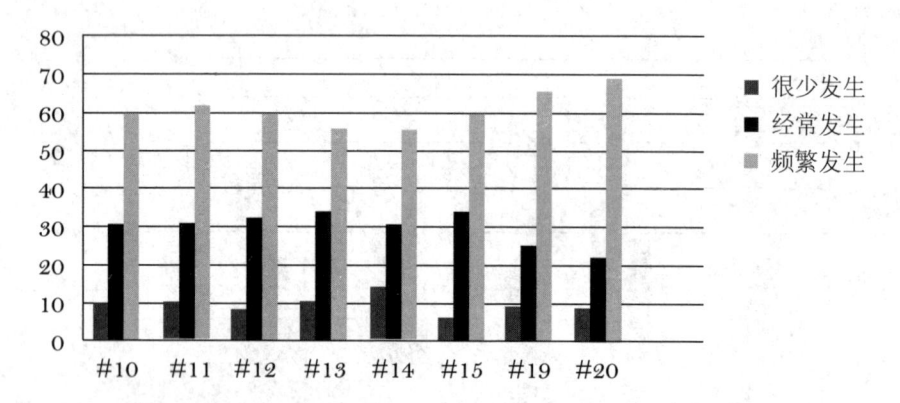

	很少发生	经常发生	频繁发生
#10	10	31	60
#11	10	31	62
#12	8	33	60
#13	10	34	55
#14	14	31	55
#15	6	34	60
#19	9	25	65
#20	9	22	69

图3的关键数据：

10　正念增强（94％认同）

11　安乐水平提升（94％）

12　从不愉快事情中恢复过来的能力提升（95％）

13　对快乐事情的反应提升（84％）

14　不过度依恋事物（88％）

15　更充分地在场和参与（91％）

19　对自己之所是和之所有感到更满意（90％）

20　更有力量做真实的自己（90％）

29　与社群、世界和宇宙的关系更紧密（85％，对这个项目没有询问频率）

图 4

进入状态

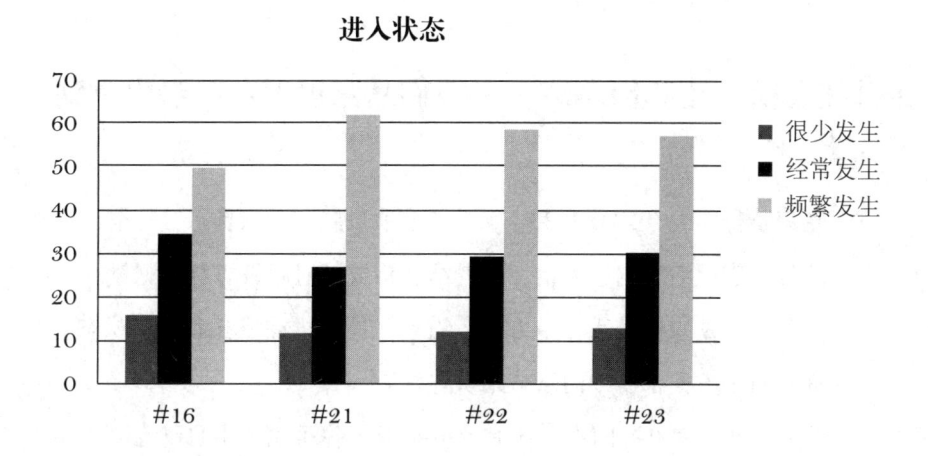

	#16	#21	#22	#23
很少发生	~16	~11	~12	~13
经常发生	~34	~27	~29	~30
频繁发生	~49	~62	~58	~57

图 4 的关键数据：

16 进入状态（85%）

21 工作能力提高（86%）

22 更容易做好事情（85%）

23 更有效率或创造力（83%）

预测超级心智的发展

什么能预测意识的发展呢？通过使用恰当的统计方法——在此是多重回归分析——意识整合问卷告诉我们，有两个背景变量与意识成长和超越冥想对个人生活的影响——超级心智的成长——显著相关，即超越冥想的持续时间和频率。[10]这正是熟练的冥想者和超越冥想指导者会告诉你的：长期有规律的修习能让你享受到更规律的超越体验和超级心智的成长。

此外，意识越是发展，超越冥想对个人生活的影响就越大（反之亦然）。

如果你想看看自己在意识整合问卷的两个量表上的表现，你或许会有兴趣自己完成意识整合问卷（参见附录2）。

在继续之前，让我们总结一下我们从意识整合问卷中学到了什么

- 意识整合问卷有24个项目，其中6个项目属于意识状态量表组，18个项目属于生活影响量表组，两者结合构成了对超级心智的测量。
- 生活影响量表再分为三个方面：自然加持、内在成长和进入状态。后面对每个方面都有专门章节来讲述。
- 附录2里有完整的问卷，还有评分指导，你可以测出自己在两个量表上的得分。
- 两个量表的总分——你愿意的话可以称之为超级心智得分——趋向于随着修习的持续时间和频率的增加而提高。换句话说，长期有规律的超越冥想修习是培育超级心智的最好方法。
- 意识成长和超越冥想对生活的影响之间有很强的相关性。

现在我们已经探索了意识的发展，接下来让我们看看这种发展能为你带来什么。欢迎阅读第二部分"超级心智的馈赠"。

第二部分

超级心智的馈赠

Super Mind

8

连接身体与心智

> 你的身体比你最深刻的哲学更有智慧。
> ——尼采

> 照顾好你的身体。那是你唯一的居所。
> ——吉姆·罗恩

《超越》出版后，有一段时间，我和我的朋友兼禅修伙伴、电影制作人大卫·林奇一起巡回宣传。大卫曾写过《钓大鱼》一书，这本迷人的著作收集了他从自己的生活和艺术中汲取的洞见。他在书中承认，自己的很多见解得益于冥想。活动的安排通常是我先发言，之后他发言。我表现得中规中矩，而他则风趣幽默。他会这样开头："我刚开始拍电影的时候，有人觉得我的电影很黑暗，就建议我去看心理医生。"然后他会指着我说："现在，我就和一位心理医生一起旅行了。"你能想象得到，我们玩得很开心，观众似乎也很喜欢。

每次大卫与我一起演讲的时候，你总是可以看出来，大部分观众是因为他而被吸引到这个活动中来的。看看那些看起来富有艺术气质的年轻男性，他们留着长发,带着笔记本电脑,还有那些穿着潇洒反叛的年轻女性。通过他们的灼灼目光就能知道,他们都是些怀有抱负的艺术家和电影制作人。正是对着这些人,他开始了他的演讲,大概是这样开始的——

他说:"关于艺术家,有这样一个神话:艺术家都是些住在阁楼里受苦挨饿的家伙。实际上,这么说都是为了博得女孩的芳心。男人认为,女孩看到他受苦挨饿,就会为他难过,然后会给他做碗汤,接着很快他们就会一起吃饭,然后事情便都接踵而来了。再然后,他就开始创作了!把这作为一种创作手段纯粹是虚构。如果你住在一个寒冷的阁楼里,饿得要命,还患有偏头痛、腹部痉挛和腹泻,我可以向你保证,你不会完成任何有价值的艺术作品。相反,要想有创造力,很重要的一点是你要感觉良好,身体得到休息,身体和情绪都得到良好的滋养。"

大卫当然是对的。身体健康是拥有创造力的先决条件,也是我们认为的美好生活的其他方面的先决条件。斯坦福大学的生物科学与神经科学教授罗伯特·萨波尔斯基(Robert Sapolsky)撰写了大量关于压力对身体和脑负面影响的文章——事实上,这些文章最终汇成了一本书,这就是可读性很强的《斑马为什么不得胃溃疡》(*Why Zebras Don't Get Ulcers*)。[1]如果考虑到压力会导致心血管疾病,而要想把氧气输送到身体的各个器官,健康的血管则是必要的,那么你对书中提到的那些深远影响应该不会感到惊讶。在下一章,我们会进一步考虑压力对脑以及脑功能的影响。

为了生动地说明身与心之间的联系,请看下面的小插曲。

梅根·费尔柴尔德:完美的高昂代价

很少有哪个圈子像职业芭蕾舞界那样竞争激烈。有成千上万的年轻女孩立志要成为大型舞蹈公司的首席舞蹈家,但只有极少数人获得了成功,梅根·费尔柴尔德(Megan Fairchild)就是其中之一:她17岁时被纽约市芭蕾舞团录取，19岁成为独舞演员，20岁成为首席舞蹈家，她的职业轨迹是任何一个怀有抱负的芭蕾舞演员的梦想。然而，对于一个充满幻想的新舞者来说，可能不那么明显的事实是，要想达到并保持这种水平的成就，必须要不断掌控住艰难的局面。正如梅根所说：

> 芭蕾舞的世界接近于不可能的世界，因为这是一个力求完美的世界……永远不会有"够了"的时候。……芭蕾舞圈就像一个高压锅。我们一起成长，但我们也在角色上相互竞争。

在她职业生涯的某个阶段，意想不到的事情发生了——她开始间歇性晕厥。当她感到有压力时，她就会昏倒。而昏倒会使她感到忧虑，因为不知道下一次什么时候又会发生。显然，她不可能在这种折磨下继续当芭蕾舞演员了。

就在这个时候，她的芭蕾舞导师建议她去试试超越冥想，此时她的导师已经修习超越冥想一段时间了。在上完第一节超越冥想课后，梅根立刻感觉到她胸中的能量稳定下来了，好像她处在"另一种波长"上。过了几天，她丈夫说："你完全变了一个人。"不久，她就觉得不再需要她丈夫帮忙控制情绪了。她自己能管理它们了。

有一次，她的狗咬破了她的手指，手指开始流血时，梅根觉得好像晕厥快要发作了，但是她的身体自己恢复了正常，她没事了。就在她接受这个采访时，她已经有两年没有晕厥了。

压力、健康与超级心智

古罗马人留给我们一句格言："健康的身体里才有健康的心智。"(mens sana in corpore sano）。从那以后，人们对这句话就有了广泛的共识。这句话即便放在最基本的层面上看也是对的：如果你感到不舒服，你就无法享受你的生活。如果你的血管阻塞，流向心脏、脑和其他关键部位的氧气太少，就会产生病痛和残疾。

然而，在一个更微妙的层面上看，有一个健康的身体可以让你在工作和生活等各个方面都蒸蒸日上。同样地，身体上的不适也可能暗示或加剧痛苦和功能失调。你脖子和肩膀上的紧张感不仅来自整天弓着背坐在电脑前，每次你的老板对你大喊大叫或有些事出了差错——甚至是可能出了差错——都会加剧这种紧张感。这种感觉就像一颗螺丝钉在你的肌肉里转动。老板质问你："你为什么还没有完成任务？"这时，你的太阳穴上方的肌肉会收紧。"我告诉过你多少次了不要那样做。"现在，你感觉紧张感在你的下背部。"你怎么才能在今天结束前完成所有的事情？"你的眉头皱成一团，痛苦的信号传回给了脑，脑记录下了焦虑和绝望。

当我们开始了解超越冥想对冥想者生活的影响时，了解它对身体的巨大影响是很有用的。也许没有比高血压的例子更能证明这一点的了。高血压被称为"无声杀手"，理由很充分：说它"无声"是因为你四处走动很久都不会意识到自己的血压太高；说它是"杀手"是因为高血压可以而且确实会导致心脏病发作、中风和死亡。通常我们是用药物来治疗高血压，但现在美国心脏协会也批准了超越冥想这种治疗方法。具体而言，是将它作为一种治疗高血压的辅助疗法；不仅如此，美国心脏协会还把它作为其他某些医疗方法的一种替代，具体视情况而定。

在超越冥想影响血压的研究方面让我着迷的一件事是，[2]数百名研究对象在早上和晚上冥想，而在一天中的不同时间测量血压。所以，很明显，超越冥想对血管的影响在冥想后还会持续几个小时。人脑和神经生理上的变化无疑为超越冥想对心脏和血管有深刻影响的说法提供了支持。就开始超越冥想后几个月内血压可能发生的变化来看，这些发现还表明，一个人开始做超越冥想后不久，其神经系统的放松就能延续至超越冥想环节之外的时间里（扩展意识的生理证据）。

研究人员好奇这种降低血压的作用是如何被调节的。最有可能的解释是冥想稳定了交感神经系统，而交感神经系统（就像你可能知道的那样）负责协调所谓的"战或逃"反应。对于我们的祖先来说，这种反应的触发因素可能是草丛中的一条蛇、一只猩猩的攻击，或者是附近山脊上的敌军。虽然像这样的事件现在很少见，但对大多数人来说，我们适应良好的交感神经系统仍然会以同样的方式做出反应。面对威胁时，它会启动所有系统，并为战斗或逃跑做出大规模反应。身体只有在威胁解除后才会安定下来——前提是个体存活下来了。

如今的压力往往相对较小，但会重复且频繁地出现：截止日期的压力、财务上的担忧、家庭中的烦恼、早上上班途中那些喜欢加塞的好勇斗狠的司机。然而，这些导致的结果往往会累积下来，最后可能使你动弹不得。就像格利佛在利立浦特醒来时发现自己被成千上万根细小的线固定住了一样——虽然任何一根线他都能轻易折断。可想而知，现代人也同样被无数的小压力压得喘不过气来。它们加在一起，可能会让人难以招架，以至于引发一些人"战或逃"的反应——例如那些在截止日期压力下长时间工作的人，或者那些不得不在失误的代价非常高昂的环境中（比如急诊室或金融部门）做出仓促决定的人。在这种情况下，交感神经系统可能没有时间在下一次压力到来之前平静下来，所以它一直保持着亢奋和准备状态，等待着下一次的压力刺激。我还记得我作为一名实习医生时那种紧握拳头随叫随到的感觉。在一天结束后，我回到医生宿舍，上床睡觉，试着睡一会儿。然而，我辗转反侧，心里想："如果我随时都可能被电话吵醒，试着睡觉还有什么意义呢？"

研究人员在两项独立的研究中分别测试了超越冥想修习者组和非冥想对照组交感神经系统的反应模式。在每一项实验中，研究人员都将被试置于一种令人不安的刺激下，并通过皮肤电反应测量其对交感神经系统的影响，我们在第5章中已对此进行过讨论。在一项研究中，大卫·奥姆-约翰逊（David Orme-Johnson）和他的同事使用惊魂的噪声作为刺激，[3]而在另一项研究中，丹尼尔·戈尔曼（Daniel Goleman）和加里·施瓦茨（Gary Schwartz）则使用一部与职业安全相关的恐怖电影作为刺激，其中有降临在粗心大意的工人身上的血腥画面。[4] 两项研究得出了同样的结论：冥想者在受到令人不安的刺激时，皮肤电反应会急剧上升，然后很快回到基线水平。然而，在非冥想对照组中，皮肤电反应的反应不仅上升和下降的速度更慢，而且显示出假警报峰值，这表明他们的交感神经系统即便在威胁过去之后也无法完全稳定下来。

因此，要理解有规律的超越冥想修习对健康的益处，可以把它作为交感神经系统的浪涌保护器——它能缓冲现代生活中反复出现的对冥想者的压力刺激。

在《超越》一书中，我总结了超越冥想保护我们身体以及治疗我们的疼痛、痛苦和忧伤的诸多方法。我建议那些有兴趣更广泛地回顾这些益处的读者可以参考我之前的著作。现在，让我来盘点一下这些好处，并总结一下其中最令人印象深刻的发现。当我查看文章列表时，我仍然对这些发现所基于的数十篇高质量文章感到惊讶。根据现有的有力数据，我将好处分为"可靠的赌注"和"有趣的可能性"。

可靠的赌注

至少受到一项对照研究支持的心血管益处（不算降低血压）：
- 降低处于风险中的人心脏病发作和中风的风险
- 延长寿命
- 减少颈动脉粥样硬化
- 提高对血清胰岛素的敏感性
- 延迟左心室增大

有趣的可能性

由趣闻逸事证明的益处有：
· 头痛，包括偏头痛
· 不自主运动障碍，如帕金森病和妥瑞氏症
· 其他疼痛症状

由玛哈里希管理大学的研究人员罗伯特·施耐德（Robert Schneider）领导的研究小组率先提出，超越冥想有助于延长心血管寿命，支持这个结论的数据尤其令人印象深刻。曾经有一项短期研究，研究对象被随机分为超越冥想与健康教育两组，10年后对这些被试的死亡记录进行回顾性研究时发现，超越冥想组的（由各种原因造成的）死亡率降低了23%，心血管疾病造成的死亡率降低了30%。[5]这些结果更加令人惊讶是因为研究人员在最初的试验后没有跟踪他们的研究对象，因此也不知道超越冥想组的人是否在继续冥想。

值得称赞的是，在这项回顾性研究之后，研究人员对55岁及以上的非洲裔美国男性和女性进行了随机对照研究，这些研究对象都有患心血管疾病的风险。同样，其中一些患者接受健康教育辅导，而其他人学习超越冥想。在平均5年之后，[6]施耐德的团队分析了患者"硬终点"——心脏病发作、中风，以及（最硬的终点）死亡的记录。而超越冥想组的灾难性后果的减少又一次令人震惊——所有终点加起来显著减少了45%。这一发现更令人惊讶，因为所有的研究对象都接受了标准治疗，比如降低高血压和胆固醇的药物疗法，以及饮食控制和锻炼辅导。

在一项特别有趣的对照研究中，洛杉矶西达-赛奈医疗中心的安帕罗·卡斯蒂略-里士满（Amparo Castillo-Richmond）和他的同事发现，超越冥想实际上有助于逆转心血管疾病的恶化。[7]通过对138名高血压患者进行一种特殊类型的超声波检查，[8]他们检测了颈动脉内膜的增厚情况——颈动脉是

颈部向脑供血的重要管道。结果,在对照组中,颈动脉内膜持续增厚6—9个月,而在超越冥想组则发生了逆转。冥想者的颈动脉内膜厚度变小了,变得更正常了!

我常常想,如果每天吃两次令人反胃的药能显著降低过早死亡的风险,我愿意这么做。然而,正如你们当中修习过超越冥想的人所知道的——以及那些读过前面章节的非冥想者可能会认为的——超越冥想的确是一种令人愉快的药物。正如喜剧演员杰瑞·宋飞所指出的,关于超越冥想最大的谜团之一是,为什么那些开始修习并从中受益的人会选择停止修习。我认为对此的解释有时相当老套乏味,比如,人们变得忙碌,其他的优先事项取代了冥想。然而,如果你考虑到长期利益,你就不太可能让如此宝贵的资源溜走。另一个人们停止冥想的原因是他们的技巧可能会变得生疏,这就降低了这种体验的回报。

虽然超越冥想的优点之一是容易学习和实践,但也有一些精妙的技巧可以使它最大限度地发挥作用。因此,如果你发现你的修习不如以前那么令人获益良多和耳目一新,不要犹豫,联系附近的超越冥想中心(www.TM.org)检查你的技术。请记住,第一次付款后,所有后续援助都是免费的!

超级心智:一个有益于健康的重要习惯

我们反复做的事造就了我们。

——亚里士多德

正如亚里士多德几千年前指出的,我们的生活由我们的习惯所塑造。无论好坏,我们的习惯造就了我们。在某种意义上,这个观点与本书的整个主题产生了共鸣。如果你每天冥想并且处于超越状态两次,这种有规律的超越冥想将把其安宁、平和还有极乐等特质带入你的日常生活。超越状态会在清醒、睡眠和梦中建立起来。随着这一过程的推进，外部事件将不再干扰你对自己那种无限的超越自我的内在体验。

还有其他许多习惯也对我们的健康和安乐很重要——从早上刷牙到晚上用牙线洁牙这类习惯。的确，一想到为了保持身体、情绪和财务健康要做那么多事情，我们可能会产生畏难心理。因此，在意识整合问卷中，我们询问人们，开始冥想以来，他们在生活中是否做出过更健康的选择——比如改掉坏习惯或开始养成好习惯。总的说来，85%的人回答"是"；进一步询问那些回答"是"的人，60%的人说他们"频繁"这么做，25%的人说他们"较常"这么做。

人们报告了一系列已经改掉的坏习惯，这令人鼓舞。正如一位男士所言：

我以前抽烟，现在不再抽了。我过去常喝酒，现在我偶尔喝杯酒。我过去常吃垃圾食品，现在我更喜欢健康的食物。我过去常常熬夜到很晚，现在我晚上10点以前就睡觉。

一位女士则着重强调饮食行为上的变化：

我开始吃得更健康了。我是一个嗜糖者，我决定停止吃糖。我开始吃更多的蔬菜和水果，不吃糖，然后瘦了30磅❶之多。此外，我一直在定期锻炼。

下面是一位女士坦率提供的另一个例子：

当我开始修习超越冥想的时候，我喝很多咖啡，吸毒，酗酒，有一

---

❶ 编者注：1磅≈0.45千克。

些随便的性行为，任意熬夜，忽视我的营养状况或者毫无意义地节食，无缘无故地地乱说脏话，在男性面前感到很紧张，经常感到很沮丧，并且拿自己与别人作不好的比较。我将不快乐藏在心里，但实际上有时会以一种痛苦的状态突然爆发出来。对于所有这些行为、思想和情绪上的习惯，我并没有试图去改变其中任何一个，但随着超越冥想技术的应用，它们在时间的流逝中消失了。

在《超越》一书中，我汇总了一些令人印象深刻的文献，这些文献论述了超越冥想在帮助不同类型成瘾患者方面的价值。大卫·奥康奈尔（David O'Connell）和查尔斯·亚历山大（Charles Alexander）就这一领域出版了一本专著，[9]对酗酒、吸毒和吸烟成瘾的人进行了研究。研究显示，冥想组比对照控制组的人恢复得更为成功。

上述三个意识整合问卷受访者的例子在相似性和差异性方面都很有趣。首先，那位男士简单地告诉我们一系列习惯变得更好了。在第二个例子中，一位女士下了一个决心："我是一个嗜糖者，我决定停止吃糖。"然后，她实施了一项计划，以成功地执行这个决定。而在某种程度上，第三个例子是最令人震惊的：一堆不健康的习惯似乎没有经过积极的努力就消失了。

我经常遇到类似最后那位女士对超越冥想的反应。一个著名的例子来自广播节目主持人霍华德·斯特恩（Howard Stern）。他在开始冥想的一个月内就自发地改掉了每天抽3.5包香烟的习惯。令人印象更深的是，他甚至在脚踝骨折后也没有再犯，而这本将顺理成章地成为他恢复吸烟习惯的借口。针对任何形式的成瘾（无论是物质上的还是行为上的）的12步疗法在其中一步——第11步——上认可冥想的价值。

我的一个朋友是一个曾经吸烟的超越冥想指导者。他告诉我，他问过他自己的超越冥想指导者是否应该戒烟。他的指导者回答说："不要停止吸烟。只是不要在你不想抽烟的时候抽烟就行。"我的朋友发现他不再像以前那样经常买烟了，然后想抽烟的时候就向朋友要。他的朋友们很快就对他不断的索要感到恼火，问他为什么不自己买。他说："因为我正在戒烟。""好啊，那就戒啊！"他们说。然后，他确实戒掉了。

按下暂停按钮

尽管戒烟或戒除任何癖嗜——无论是对某种物质成瘾还是对某种行为成瘾——都是困难的，但超级心智的发展似乎使得我们不再那么需要解决这些成瘾问题的方法了。要理解为什么如此，其一是要认识到我们总在试图调节我们的内在状态。例如，如果我们工作累了，我们可能会喝咖啡；如果我们在工作日结束时精神亢奋，就想去喝一杯葡萄酒。12步疗法会识别出对成瘾者构成危险的四个内部状态形容词——饥饿、愤怒、孤独、疲惫。事实上，我们的意识状态会不断流动，促使我们寻求对功能失调的补救措施（比如酒精、烟草、冰淇淋、毒品、赌博等）。在面对诱惑时，"暂停"是一个有用的提醒，它试着以一种更健康的方式来纠正潜在的冲动——比如饥饿、愤怒、孤独和疲惫等。

超级心智提供了一种不同类型的持续"暂停"——一种内置的暂停能力，考虑一下下一步想做什么，而不是不停地做下去。马里兰大学医学助理教授帕米拉·皮克（Pamela Peeke）是一位治疗食物成瘾的专家，也是位超越冥想修习者，她同意这种观点，并经常向她的患者推荐超越冥想。"它帮助人们按下暂停键。"她说。说到上瘾，不必要的行为往往是由冲动驱使的。如果冲动可以延迟，行动就更容易避免。虽然你可能觉得你就要抑制不住地爆发了，但就像我们所观察的超越冥想修习者所表现的那样，定期冥想所带来的内在平静在某种程度上会保证你不会爆发出来。通常，在你内心深处会有个声音告诉你，你可能会没事——这就是稳定成长的超级心智的一部分。

稳定我们的内部状态有助于消除坏的解决方案导致的连锁反应。通过帮助我们在面对挑战时保持冷静，在长时间的轮班工作中保持警觉，甚至在没有刺激的情况下保持专注，使我们感觉状态良好且稳定，身体机能运作正常。我在这里要强调的是，正如超级心智通常不是全有或全无的现象一样，这些控制和保障措施也不是无懈可击的。从长期来看，我们做得如何将取决于我们的压力水平、生活质量、（重要的是）我们冥想的规律性和其他健康习惯。

皮克在她的书《治愈饥饿》(*The Hunger Fix*)[10]中提到了某些脑区来解释这种转变是如何发生的：“我的每一位客户都能从超越冥想中受益，因为它增强了生存所必需的前额皮层的功能。”前额皮层是位于额部后面的那部分脑区，它对良好的判断、明智的决定和有效的执行功能都至关重要。

皮克指出，对此的证据就是，她的患者的奖励系统（由多巴胺受体调节的脑愉悦回路）被他们上瘾的食物所劫持，就像吸毒成瘾的人那样。[11]被劫持的多巴胺受体削弱了前额皮层的重要功能，比如延迟满足和做出正确决定的能力。

在思考超越冥想可能在脑中哪些部位发挥作用时，另一个值得考虑的区域是脑深处被称为基底神经节的中央区域，它的演化可以追溯到非常久远的时期。基底神经节对包括人类在内的所有动物的习性发展都有影响。因此，尽管没有直接的证据来证明，但我们可以合理推测，超越冥想可以通过协调基底神经节的功能来帮助培养良好的习惯。

查尔斯·杜希格（Charles Duhigg）是《习惯的力量》(*The Power of Habit*)一书的作者，这本书很有用，可读性也很强。[12]他将那些能影响其他习惯的习惯称为"拱心石习惯"（keystone habits，拱门的拱心石是中间顶部那块呈三角形的石头，用来固定其他所有的石头），因为这些习惯可以帮助人们更容易地改掉坏习惯，养成好习惯。在我的实践中，我经常遇到一些人想要改善生活的方方面面，却不知道从哪里开始。我经常建议他们从拱心石习惯开始——像你所想象的那样，超越冥想就是这种拱心石习惯。其他的拱心石习惯包括按时睡觉和起床、保证充足的睡眠和光线、坚持有规律的运动、保持良好的饮食习惯、限制酒精和兴奋剂的使用。

我们很容易看到日常习惯的改善将如何转化为健康状况的提高以及医疗费用的下降。罗伯特·赫伦（Robert Herron）曾是玛哈里希大学的一名研究人员，他对魁北克一家保险集团支付的医疗费用进行了研究。他领导的这项研究发现，在开始修习超越冥想后，人们的医疗费用显著下降。[13]

很明显，随着时间的推移，有规律的超越冥想修习可以改善身体的各个方面，尽管这些形形色色的变化究竟是如何发生的还是个谜。人们很容易将积极的变化归因于"压力减轻"——就目前而言，这是事实。但是当我考虑到超越冥想所引起的心智上和身体上的变化的复杂性时，这种解释似乎过于简单化了。我的思绪又回到了我和大卫·林奇一起参加的巡回售书之旅。

我愿意谈论超越冥想如何帮助我变得平静和放松，以至于"我不再会为小事而烦恼"。大卫则有不同的感觉。有一次，他说："诺曼说超越冥想能让他平静下来，这种老生常谈的说法让我想吐。我不想要平静！艺术家想要维持住他们的敏锐、活力和驱动力。这就是超越冥想带给你的——巨大的能量储备、更深入的想法以及在做事的过程中获得巨大的快乐。"

当你思考随着意识的发展而产生的所有健康益处时，你可能会同意超越冥想可以让我们超越古罗马的"健康的身体里才有健康的心智"这种观念——现在我们可以在一个超级身体里追求超级心智。

在我们继续之前，让我总结一下这一章的主要内容

- 健康的身体对于最佳的心智健康和超级心智的发展是必要的。
- 压力是导致多种疾病的主要因素。
- 大量研究表明，超越冥想对治疗高血压、改善心血管健康和延寿有好处。
- 超越冥想也可能有助于缓解其他身体问题。
- 超越冥想帮助我们的身体达到平衡，改善我们的健康状况。这为情

绪平衡提供了一个重要的基础。超级心智的发展包括身体和情绪的平衡。
- 伴随着超级心智的发展而来的习惯改善和更健康的选择，也会给身体带来其他好处。

在下一章，我们将目光从超越冥想对身体的影响转到对心智的影响。

9

塑造一个更好的脑

> 答应我,你要永远记住:你比你以为的更勇敢,你比你看起来的更坚强,你比你认为的更聪明。
>
> ——A. A.米尔恩

我们是否像米尔恩所说的那样,比我们想象的更聪明呢?如果是这样,我们如何获得宝贵资产并充分利用它们呢?在本书中,我们将遇到一些人,他们说超越冥想提高了他们的能力,使他们生活得更充实、更成功、更快乐。在本章中,我们将检查一些证据,包括逸事趣闻和实证证据,这些证据表明超越冥想确实可以增强某些脑功能。如果是这样,那就可以解释一些令人称奇的故事了。

回忆过去和现在的事情

在纽约市的"都市禅意"(Urban Zen)高档活动中心,房间里挤满了人,卡梅隆·迪亚兹是大卫·林奇基金会举办的活动的贵宾。迪亚兹是一名正式的超越冥想从业者,她看起来与往常一样容光焕发。她随意地穿了一身黑色衣服,金色的头发拂过脸颊,热情地与观众分享着她的超越冥想体验,像这样:

在洛杉矶动物园停车场所在的山谷里,温度大约是90华氏度❶。山谷里有一顶帐篷,帐篷下是一辆车,我坐在车里,开着灯。窗户开着,没有空调,温度大约有1000度❷。我有一段独白要说,我却不记得台词了——我本来知道那些台词的。我确信我知道那些台词。我已经说了一百万遍了,但是我就是记不起来。它们完全丢失在……不知道什么地方。我突然认识到:"不行,我需要25分钟。我只需要25分钟。"我跑回我的拖车,重启自己。我冥想了20分钟,然后回到车里,看着那些可怜的家伙——他们拿着沉重的设备,汗如雨下。他们看着我,好像在说:"我恨你!快把台词念对,这样我们才能离开这里。"我是说他们的眼神看起来真的怒气冲冲。我不想让他们失望,我想念对我的台词。当我回到我的拖车重新启动后,我记起来了,我成功了。我终于记起来了,谢天谢地。我不得不说,20分钟后我们就离开了那里。

迪亚兹在"都市禅意"的演讲将超越冥想的力量描述为一种挖掘记忆的技术,让观众们听得入迷。

她描述的这种"记起遗忘掉的台词"的经历,让我们感觉既陌生(毕竟我们当中有多少人曾在洛杉矶动物园拍过电影?)又惊人地熟悉。有多少次,你在脑中搜索一个词、一个电话号码或者一首熟悉的诗的第一行,却发现它……有时在那里……有时不知所踪。剩下的问题是,它去哪里了。我们如何才能把它找回来。

迪亚兹的故事之所以能产生共鸣,是因为我们中的大多数人有一种感觉,即我们的脑拥有一个巨大的宝库,只要我们能更有效地发掘这个宝库,我们就会过得更好。也许就是在这个意义上,出现了这样一个都市神话(已经被

---

❶ 编者注:约为32摄氏度。
❷ 译者注:这里表示非常热,非实际温度。

彻底拆穿了），即我们只使用了我们脑的10%（然而，很多自助书承诺，可以以几杯拿铁咖啡的价格解锁剩余的90%）。尽管对于任何一个对脑有一些了解的人来说，这些百分比似乎都很愚蠢，但这个想法蕴含着真理的种子，也许正是这颗种子牵引出这个神话。这个真理即，我们确实有未开发出的潜力，所以或许我们可以比自己想象的更聪明。

虽然没有人能确切地说出为什么一个人会一时忘记了某件事，后来又记起来了，但我们确实知道，压力对记忆的影响有好有坏，而且我们对脑的潜在结构也有一些了解。事实上，我们的老朋友前额皮层似乎再次参与其中。在动物身上的研究表明，特定的神经化学通路被过度的压力激活时，会导致前额皮层的严重损伤。[1]具体而言，即会导致分泌过量的多巴胺和去甲肾上腺素。通过减轻压力，超越冥想可以降低前额皮层中这两种关键神经递质的浓度，从而改善认知功能——比如记起电影剧本中遗忘的台词。

压力减小时这种脑功能得以改善的效果，可能会让你们中的一些人记起所谓的倒U形曲线。这条曲线表明，少量的压力或焦虑可以提高表现，但大量的压力会让表现变得更糟。如果你关注倒U形曲线中的下降部分（曲线上显示焦虑增加但表现下降的部分），就很容易看出超越冥想如何减轻压力并降低前额皮层中的关键神经递质浓度，从而使脑更好地工作。

在洛杉矶动物园的那值得记住的一天里，究竟是什么脑机制在起作用，我们不得而知。但最重要的是，20分钟的超越冥想迅速而彻底地恢复了卡梅隆·迪亚兹的记忆。她本能地找到了正确的补救办法，果然奏效了。

其他许多超越冥想修习者都推荐在处理有压力的任务之前先做冥想。梅根·费尔柴尔德——纽约市芭蕾舞团的首席舞者，每次演出前都会做超越冥想，托尼奖得主凯蒂·芬纳兰（Katie Finneran）也是如此。演员、歌手、舞蹈家休·杰克曼（Hugh Jackman）也是如此，他说："我在主持奥斯卡颁奖典礼之前进行了冥想。我上台前会冥想。当我在电影片场的时候，我在早上和午餐时间冥想。这就像一种重启。"在片场，导演马丁·斯科塞斯会例行在面临一个又一个令人精疲力尽的日子前进行冥想。

但这里有一个显然的事实：要让超越冥想有效果，并不需要你很出名或成为名人。任何学过超越冥想的人都可以获得这些观察报告中的益处。我可以想象一个建筑师、教师、急救员、图书馆管理员——任何人，真的——在一天开始的时候都能从超越冥想中受益。如果你是一个定期冥想的人，你已经处于有利地位了，因为超级心智带来的安宁已经是你的一部分，与你的日常活动共存了。而如果危机出现，你可以利用一次超越冥想休息来扩大那种收益。

分心：注意力缺陷多动障碍与超级心智

在离开有关记忆的话题之前，让我们看看其他几个例子，这些都是超越冥想促进记忆明显改善的例子。我有一位女性朋友是一名医科学生，她发现超越冥想大大提高了她记住课程作业所要求记住的大量信息的能力——但她修习超越冥想的原因并非为了提高记忆。她被诊断患有注意力缺陷多动障碍，这种疾病使她很难集中注意力。正如你所能想象的，如果你在专注某件事上有困难，你就不能很好地记住它。注意力问题会干扰记忆的存储和检索。超越冥想的一个好处是让她过度活跃的思维安定下来——即使是在她不冥想的时候也如此——这有助于她更好地集中注意力，从而更好地记住她所学的东西。

尽管目前还没有专门针对注意力缺陷多动障碍的大规模超越冥想对照研究，但由萨里娜·格罗斯瓦尔德（Sarina Grosswald）、比尔·斯蒂克斯鲁德（Bill Stixrud）和他们在华盛顿特区一所学校的同事对10名11至14岁容易分心的学生进行了一项小型试点研究。[2] 尽管这项研究规模较小，而且没有对照控制组，但其结果得到了教职工的好评。教职工发现，学生不仅变得注意力更集中，而且也不那么冲动了。例如，有一个男孩刚开始学习的时候几乎不能安静地坐在椅子上，但现在他能够集中精力阅读完一整本书了，这让他的母亲感到惊讶。比尔·斯蒂克斯鲁德是华盛顿特区的一名神经心理学家兼长期超越冥想修习者，一个男孩告诉他："在学习超越冥想之前，如果有人在大厅里撞到我，我就会打他。现在我则会问自己应不应该打他。"

在一项独立的对照控制研究中，弗雷德·特拉维斯和他的同事们调查了超越冥想对脑电波的影响。这项研究的研究对象为18名学生，年龄从11岁到14岁，他们都被诊断出患有注意力缺陷多动障碍。[3]之前关于青少年多动障碍的研究已经确定，症状的严重程度与 θ/β 波比值——θ 波和 β 波两种脑电波波长的简单比值——高度相关：症状越严重，这个比值越高。[4]在特拉维斯和他的同事的研究中，这18名学生被随机分为修习超越冥想组和等待三个月再学习超越冥想组。对他们的脑电波在研究开始时和三个月结束后（在对照组学习超越冥想之前）进行了测量。正如预测的那样，研究人员发现，与对照组相比，超越冥想组的 θ/β 波比值在前三个月显著下降（见图5）。对照组学习超越冥想后（三个月后），其 θ/β 波比值也下降了。

结论：经过三个月的修习，超越冥想对注意力缺陷多动障碍症状和脑电波产生了显著的影响。[5]

图5

θ/β 波比值

[图表：横轴为"开始冥想前"、"3个月"、"6个月"；纵轴为0到14；两条曲线分别为"超越冥想组"（实线）和"控制对照组"（虚线）]

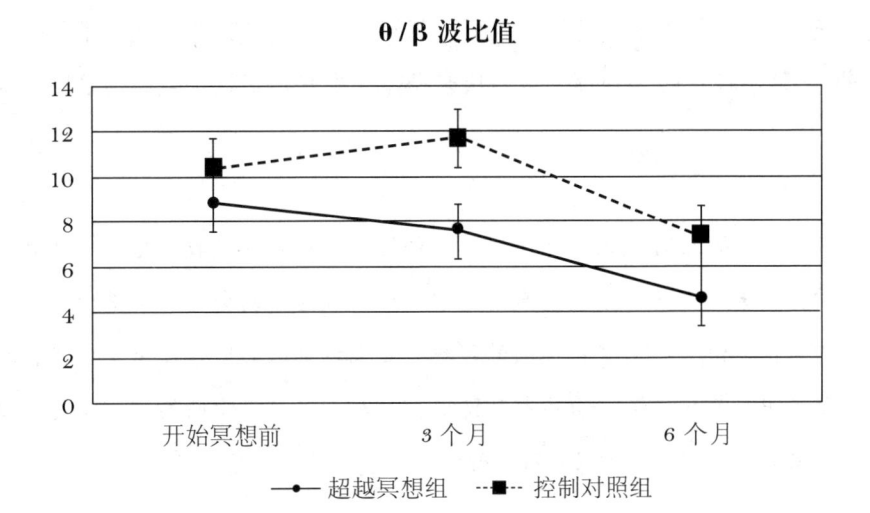

我们这个疯狂的世界

然而，你不需要正式诊断为注意力缺陷多动障碍就会在这个充满干扰的世界里丧失注意力。正如我的一个朋友所说："现在我觉得我们都有点多动症。"古话说得好："欲速则不达。"这是造成这种问题的一部分原因。我们在尝试"多任务处理"的过程中往往完成得是更少，而不是更多。然而，多任务处理导致的低效率问题可能并不是我们最担心的——更糟糕的是，当我们试图同时处理一些不那么重要的事情时，往往会牺牲掉一些必要的东西，比如，在确保我们发给死党（永远最好的朋友）的短信足够诙谐有趣的同时闯了红灯。当你同时处理多项任务时，你会失去权衡轻重的能力——这是一个潜在的致命错误。研究表明，我们以为我们可以同时处理多项任务并保持高效，但是我们错了。对每一项任务投以零碎关注更有可能使每一项任务都无法正确完成。这就是超级心智发挥作用的地方：它让我们慢下来，让我们不那么疯狂，同时提高我们的警觉性和注意力。其结果是改善了注意力和分清轻重缓急的能力。

比尔·斯蒂克斯鲁德在他的日常实践中看到了"我们广泛使用技术所带来的思维失控、注意力分散和思维麻木这些影响"，他对此表示强烈谴责。他补充道："我们需要给持续的刺激一剂解药，而超越冥想就是非常重要的解药。"他不仅从临床观察，也是从亲身体验中知道了这一点。他是这样描述的：

> 当我冥想时，我记得什么是重要的。有时候我想我应该早点停止我的冥想来处理一些紧急的事情，但是后来我意识到会有时间来处理所有的事情，最重要的是完成我的冥想。当我这样做的时候，事情会在我的脑海中按轻重缓急将自己整理清楚。对我来说，不中断冥想，而是坚持到底并收获回报，对我是有好处的。

就我个人而言，我现在也不敢相信我总能找到我的手机和其他重要物品，这些东西曾经总会在心烦意乱的迷雾中不见踪影。虽然我找回丢失物品的能力还远未达到一流水平，但不知何故，我变得更加专注，也不那么容易把它们弄丢了。而且，我现在喜欢放慢脚步，以把事情做好。这种感觉不那么疯狂，反而更令人满意。当我们在第14章讨论超越状态与正念之间的关系时，我们将进一步探讨注意力的问题。

工作记忆

就连很多人认为难以改善的工作记忆，也可能屈服于超越冥想的力量。我的一位患者大卫是一个成功的商人，他的例子就证明了这一点。大卫总是为自己出色的工作记忆能力而自豪——比如他需要记住一串电话号码，而这串号码长到需要找到一支铅笔（那支铅笔去哪儿了？一分钟前它还在这里！）记下来。大卫来找我是因为他患有抑郁症，我给他服用了抗抑郁药物并进行了心理治疗。几个月后，我和他都认为他在各个方面都完全恢复了——除了他的工作记忆，他以前的工作记忆非常好。现在，他的记忆力应付日常生活完全足够，但当他要在短时间内记住一长串数字时，他便发现自己失去了原有的能力——直到他学会了超越冥想。在最初几周的修习中，他的记忆技能恢复了，而恢复时间恰好与他开始冥想的时间一致。

记起你不知道你已经忘记的10件事

我最后一个关于超越冥想修习对记忆有益的例子很不寻常。你多久会想起一件你不知道自己已经忘记的事？我的一个朋友就遇到过这种情况，在我要描述的事情发生的两天前，她和她的丈夫用他们的旧车换了一辆新车。他们都是非常能干的专业人士，有条不紊地清理了那辆旧车（一次在家里，一次在车库❶），清除了所有的垃圾和杂物，并收拾好了他们想要保留的一切——至少他们是这么想的。两天后，我的朋友在做晨间超越冥想时，突然想起挂在挡风玻璃上的车里后视镜后面的简易通通行证还在车上。取回通行证是一项需要付出的工作，但很值得，因为这避免了由此而来的费用支出。

我发现这个故事是超级心智运作的一个很好的例子，因为它简单而清晰地说明了在冥想过程中事物有时是如何浮出水面的，而我们在白天的明亮光线下无法察觉这些事。随着超级心智的发展，这样的洞见甚至在超越冥想修习环节之外也会更频繁地发生。这个故事是我们通向下一节的一座很好的桥梁——下一节关于创造力，它部分依赖于意想不到的见解和新奇的联系，而这些都是自发而神秘地出现的，并且可能对解决问题至关重要。

超级心智与创造力

> 创造力是充满乐趣的智力。
>
> ——来源不明

我们中许多人都很愿意培养自己的创造力，它是智力功能的一个非常宝贵的方面。许多有创造力的人似乎对超越冥想很感兴趣，并提出了这样一个问题：这种修习以及由此产生的超级心智，可能会对创造力的发展做出怎样的贡献？所谓"创造力"，我认为是指有能力建立意想不到的联系，或者以新的方式看待平常事物，或者发现不被他人注意到的不寻常事物，并认识到它们的重要性。创造过程的下一个阶段是大胆地坚持这种新的认识——常常会面临反对或嘲笑——然后不顾阻碍地追求和实现这个想法。

我有幸与一些非常有成就和创造力的超越冥想修习者讨论过创造力。他

---

❶ 译者注：意思是在家里清理汽车内部物件，在车库清洗车体。

们从个人角度称赞了超越冥想让他们更有创造力——有时这一点的发生很有戏剧性。我采访了他们当中伟大的古典吉他演奏家兼资深超越冥想修习者莎朗·依斯宾（Sharon Isbin）。她确切地告诉我在她的公寓见面的最好时间（她的公寓位于曼哈顿上西区，从那里可以俯瞰哈德逊河），那个时间见面正好可以避开建筑工人在改造附近公寓时发出的砰砰声和钻孔声。她对连续不断的喧闹声有过度反应，在讨论了超越冥想在缓和这种反应方面的价值之后，我们打开了话题面。当我问她是否认为超越冥想提高了她的智力和创造力时，她是这样回答的：

我想智力是很难量化的，但是无论你是在写一篇文章、学习或表演一段音乐，还是准备一场演讲，都需要你投入极大的专注力，并尽可能高水平地发挥你的才能。我觉得超越冥想不仅让我能更好地利用自己的内在资源，也让我更有创造力。我经常在超越冥想修习中，无论是在修习中间还是在修习快结束时，突然对我曾提出的问题有了答案。或者有了一个以前从未想到过的主意，而且我认为还是一个很棒的主意！它就发生在超越冥想期间。所以对我来说，这证明了超越冥想是一个能够激励和培育创造性思维的过程。

作为一个音乐家，我会问，什么是创造力。它解释起来很复杂，但不知为何，当你在写作或说话时，你会突然想："嗯，这是个好主意。我以前从来没有把这个想法和那个想法联系起来。"它就这样流动着，发生着，你会对自己的表现感到惊讶。同样的事情也发生在音乐上——我正要演奏，突然，有一个乐句的一个转折或玄妙之处让我感受到那种融入身心的美感。这可能是你以前从未做过的事情，它就这样发生了。这是一个表演者的创造力。一名作曲家的创造力则是不同的，因为实际上你是在构思这些音符，就像作家在纸上写下文字一样。我觉得所有这些都反映了超越冥想的力量。

创造性的工作有时会突飞猛进，但更多的时候是由一系列小决定推动的，每一个决定都是由创造者对预期结果的总体愿景所指引的。细节逐渐到位，工作就完成了。这是我从两位超越冥想修习者那里学到的，他们在各自的领域都是创造性方面的巨人：瑞·达利欧，桥水基金的创始人；马丁·斯科塞斯，一位伟大的美国电影导演。他们都是长期超越冥想修习者，都将自己的创造性的成功归功于超越冥想的影响。达利欧指出，在他选择的职业生涯中——处理世界金融市场——成功来自作出的一个个好的决定。同样，斯科塞斯也谈到了为拍出好电影做好所有细节的重要性——例如，为特定的场景挑选合适的背景音乐。

疏通创造力

我的个人体验与这些故事之间有很强的共鸣。在冥想时或冥想后不久我有多少或大或小的顿悟是无法计算的。下面是沿着这些线索得出的另一份有趣的观察报告。有时候我坐下来要写作，但是写不出来。正如作家威廉·斯蒂伦（William Styron）所说："糖浆倒不出来。"通常，当这种情况发生时，我就做超越冥想，而当我回到我的办公桌前时，会感到一些东西被疏通了。于是，神奇的事发生了：糖浆可以自由地倒出来了。在更长的时间框架中看，在开始冥想后的八年时间里，我在写作上的功夫越来越流畅。我更清楚我想说什么，恰当的词语流动着，写作更容易完成了。许多不同领域的人也告诉过我类似的故事——当他们觉得创造力受阻时，他们是如何依赖超越冥想来解除障碍的。

在由大卫·奥姆-约翰逊和金提索（kim-tim So）在台湾完成并发表的一项重要对照研究中，研究人员分别将三组青少年分为修习超越冥想组和对照控制组。[6]本章将在后面对这项重要研究的细节进行更完整的介绍。然而，在此，值得注意的是，用来衡量不同干预措施效果的一项测试是创造性思维测试——画画，这被认为是对全脑创造力的一种衡量。根据这三组研究，修习超越冥想的参与者在研究过程中表现出比对照组更大的创造力增长。

一个明显的问题是，在脑的层面发生了什么呢？弗雷德·特拉维斯和他的同事们（在第5章中提到过他们）的工作可能会给我们一些线索。你可能还记得，这些研究人员表明，冥想过程中的超越状态是在开始冥想后的几个月内发展起来的，并伴随着相关的脑电波变化，比如 α 波的增加和额部 α 波一致性的增强。另一方面，在眼睛睁开时，也就是在有动态活动存在的情况下显现出来的与超越冥想相关的脑变化需要更长的时间来发展。后一组脑变化包括：

· 脑额叶区的脑电波一致性，不仅是 α 频率上，而且是更快的 β 和伽玛频率上的一致性，与执行任务有关。

· α 波功率增强——这表示内在处于安宁状态，即使是在人们执行任务时也是如此——这是超级心智的一个关键特征。

· 通过使用大脑对各种任务的电反应来衡量可知，对脑的利用更有效了（第18章对此有更详细的描述）。

然而，重要的是要认识到，对于脑功能我们有多少是不知道的，而要解释清楚超越冥想对认知惊人的效果，还有多少脑功能是有待发现的。我之所以强调脑电波的变化，是因为这是大多数与脑相关的超越冥想研究的重点。但是其他脑系统可能发挥的作用也值得考虑，包括一些尚未被描述的系统。以最近被称为"胶质淋巴系统"的脑系统为例——这个术语是由丹麦生物学家梅肯·内德加德（Maiken Nedergaard）创造的，他在罗切斯特大学医学院领导了这一领域的研究——该系统能迅速将淀粉样蛋白等废物从脑中排出。[7] 在老鼠身上进行的研究表明，睡眠期间清除脑中废物的速度会加快。[8] 研究人员猜测，这或许可以解释为什么睡眠具有如此好的修复作用。就我们所知，超越冥想可能通过这个系统——和/或其他无数系统来发挥其作用。但即使对其机制没有任何了解，超越冥想这项技术对认知的非凡效果也是显而易见的，正如许多超越冥想修习者将证明的那样。

场独立性

拥有创造力需要的一个特质是"场独立性"，即不过度依赖其他人的影响而从内部产生创意的能力。正是脑功能的这一方面吸引了沃尔特·齐默尔曼（Walter Zimmerman），因为自从开始修习超越冥想，他这方面的改善最大。齐默尔曼曾是超越冥想指导者，修习冥想已有数十年之久。他在修习冥想几年后就看到了这种效果，当时他在一场测试中取得了高分，该测试评估的是人们在多大程度上不受视野中内容的干扰。

如今，齐默尔曼是一位非常成功的能源期货交易员，他发现自己的场独立性是一项无价的资产。他看到看涨的人被乐观信念冲昏了头脑，相信股票永远不会停止上涨——直到市场急剧下跌使他们陷入绝望；他看见卖空者过早抛售或长期做空，结果在股价不断上涨时垂头丧气。当别人身上各种各样的情绪到处肆虐时，场独立性使齐默尔曼能够以一种充满兴趣的、超然的态度观察市场。在观察事态发展的同时，他根据经验和所观察到的不断变化的数据对具体的买卖交易进行计算——这就是一种创造力，其涉及了对模式、数字和人类心理的洞察。

正如你可能已经注意到的那样，场独立性听起来很像超级心智——安宁进入心灵，人不受外部波动的影响。齐默尔曼将自己比作赫尔曼·黑塞（Hermann Hesse）的著名小说《玻璃球游戏》（*The Glass Bead Game*）中的中心人物。在这部小说中，一群精英知识分子在玩一场极其复杂的游戏。这就是齐默尔曼所描述的他的场独立性，这种独立性使得他在积极且成功地从事其复杂职业的同时能够保持冷静超然的价值尺度。我很清楚他的工作与生活之间的平行关系（我相信他也是如此）。

创造力与意识整合问卷

为了结束我们对意识扩展和创造力的考查,让我们从意识整合问卷出发评估我们的发现。绝大多数(83%)的受访者表示,自开始冥想以来,他们的创造力有所增强,其中57%和30%的人表示,他们创造力的增强频繁发生,或者经常发生。以下是他们的一些叙述性回复,之所以选择这些回复,是因为它们突出了创作过程的各个方面,而受访者将这些方面直接与超越冥想修习联系起来。

- 我脑子里总是有很多想法,但是当我需要它们的时候,却把握不住它们。一切都变得混乱不堪,然后我就会不知所措。现在我觉得我的头脑中有一个过滤器或归档系统,可以帮助我整理并组织我的想法。冥想之后,我的创造力增强了。

- 我的工作效率提高了很多,并且开始了过去几年来仅存在于想象中的创造性工作。大约十年前,我对一部电影有了一个想法,但只有在冥想了几年之后,我才能够完成它,而这一切都毫不费力地实现了。

- 在我开始冥想之前,作为音乐系作曲专业的学生,我在作曲方面真的有很大困难。在修习冥想后不久,情况发生了改变,如今任何一种创造性的工作对我都几乎没有什么难度。它(创造性内容)只是一直在自己流淌出来。

- 我可以用更少的时间完成更多的事情,拖延少了。很多事情我第一次做就做得很好,所以很少重新来过。现在我做三份工作,还在写一本书,而且不知怎的,一切都完成了。

- 我一直想成为一名艺术家。我16岁高中毕业,在完全没有准备好的情况下,17岁上了大学。我患得患失。我退学了,在学会冥想之前,我没有再创作任何艺术作品。现在我是一名在全国各地展览自己作品的雕塑家，我希望有一天能用我的艺术谋生。

- 自冥想以来，我的创造力从一个悲伤者的倾诉发展为丰富的想象力的迸发。我的创造力不再用于个人宣泄。相反，它来自洞察、愉悦感和深刻感受。我的效率更高了，因为我知道了什么不重要、什么重要。

- 《纽约时报》专栏作家、精神病学家理查德·弗里德曼发现，自开始冥想以来，他的专栏质量有了明显改善。他最近的几篇专栏文章的一个显著特点是"更具煽动性、更引人入胜、更具创造性和胆识"。"我不太担心别人是否觉得它们有趣，也没有和别人核实过。我只是写我的。"

- 一位画家说："当一个艺术家在画布上涂了一笔时，他会与那个痕迹产生共鸣——不管它是否奏效，是否达到了预期的效果，是令人满意还是令人不安。自从开始冥想，我与自己的绘画之间产生了更强烈的共鸣和更紧密的联系，这给了我很多乐趣。"

那么，让我们来数数人们所说的超越冥想改善了他们创造力的几种方式

- 它帮助他们整理和组织信息，把构思的草图变成完整的艺术作品。
- 它带来了新的想法、新的联系和新的重点（哇，这个想法比我认识到的更重要！）。
- 它帮助有创造力的人找到开始的起点（问题的前沿）或者就下一步该做什么启发他们。
- 它帮助人们开始（克服拖延）并完成项目——开始和完成都是创造力的常见障碍，通常与焦虑有关（比如对失败或成功的忧虑）。
- 它促使想法与行动流动起来（关于这一主题的更多信息可以在第10章"进入状态"中找到）。
- 它将动力的轴心从恐惧（如果我不成功，坏事就会发生）转向热情（进行第一次演出不是很棒吗？）。

- 它让人们有信心去冒险。
- 它增加了与自己创造性作品联系的乐趣。

显然，许多不同的脑功能都参与推动这些改善的发生。关于这些特定的脑功能是什么的问题，下面描述和讨论的对照研究将提供一些见解。

抛开趣闻逸事不谈，现在让我们来看看两组最令人印象深刻的研究——它们将冥想与不同的脑功能联系起来。这两组研究分别在相隔数千英里❶的中国台湾和美国进行。两组研究人员都对同一个基本问题感兴趣：如果一个人找来一群基本正常的年轻人，教其中一半的人修习超越冥想，同时对另一半人则作为对照组处理，那么会产生什么差异呢？如果有，你会在6到12个月后在他们的心理功能上找到吗？换句话说，超越冥想不仅能使有问题的人脑功能正常化——就像许多研究表明的那样（例如，对有焦虑问题的人）[9]——还能增强健康个体的脑功能？这两组在两个不同地区进行的研究都试图回答这个问题。

三组对学生的研究

心理学家大卫·奥姆-约翰逊和他的研究生合作者金提索（当时他们两个人都与玛哈里希大学有合作）进行了三组引人注目的实验，并在2001年发表了他们的研究结果。[10]这三组研究由三组相互独立的中国台湾学生参与进行：其中，两组学生在上高中，而第三组在上高中层次之上的技术学校。一共有362名学生参与了实验。这三组为期6至12个月的研究采用了同样的6项标准化心理测试（见下表5）。

---

❶ 编者注：1英里≈1.6千米。

表5

量表名称	测量的功能
施皮尔伯格状态-特质焦虑量表(STAI)	焦虑：既是一种状态（当时的心境），也是一种特质（一种更稳定的指标）。
文化公平智力测验（CFIT）[1]	流体智力：与前额皮层调节的执行功能相关，也与学术成就相关。
检测时间（IT）	刺激被转移到短期记忆时信息处理的速度
建设性思维测验（CTI）	实践智力[2]：被认为是用来预测爱情、工作和社会关系成功与否的指标。
镶嵌图形测验（GEFT）[3]	场独立性：指的是产生思想和创意基于内部而非外部过程的倾向。如果一个人掌控了流体智力，这个测试就能预测他的学术成就。
创意思维-绘画作品测试（TCT-DP）	据说是用来衡量全脑创造力的。

让我们依次看看这些实验。在第一组实验中，平均年龄为16.5岁的154名学生被分成三组：那些有兴趣参与超越冥想研究的学生被随机分为超越冥想修习组和小憩休息组（冥想与小憩花相同的时间），而那些没有兴趣学习超越

---

[1] 译者注：此处，为了与常见的译法一致，选用"文化公平智力测验"这个译名。实际上，更合适的译法是"无文化差异智力测验"。它是一种排除掉包括种族、国别和社会阶层等环境与文化影响而设计的智力测验，通常是非语言性智力测验。

[2] 译者注：这个概念出自斯滕伯格的成功智力理论，其《成功智力》一书对它进行了集中阐述。具体而言，实践智力指的是个体在实际生活中获取经验知识和背景信息，以及定义和解决问题的能力。与通常我们经由教学、授课等方式获得显性知识不同，这种智力涉及一种较难获得的、需要个人体悟的隐性知识，因为这种知识没有那么客观、普遍、通用，反而需要亲身经历后基于对相关情景和模式的领悟才能获得。

[3] 译者注：镶嵌图形测验又名隐蔽图形测验，属于场独立性与场依存性测验。它令被试在较复杂的图形中用铅笔勾画出镶嵌或隐蔽在其中的简单的图形。容易完成者为场独立型，而完成较为困难者为场依存型。

冥想的学生则组成第三组。经过6个月的超越冥想修习，超越冥想组中的学生在7项测试中的6项（记住，STAI量表给出两种焦虑测量）中表现都明显好于小憩组，而在各个方面——全部7项测试中，表现都远胜过无兴趣组。

第二组实验同样在中国台湾进行，118名年龄稍微小的女学生（平均年龄14.6岁）被随机分为三组：超越冥想组、静观冥想组和无处理对照组。这两种类型的冥想由两名不同的指导者教授，他们都修习并相信自己教授的冥想形式，这有助于控制预期和安慰剂效应。6个月后，超越冥想组在7项测量中的6项中表现显著优于无处理对照组，在7项中的5项（包括状态和特质焦虑测量这一项）中显著优于静观冥想组。静观冥想组的学生在7项测试中的两项中表现好于无处理对照组。除了重复了第一组实验的几个发现，这组实验倾向于证实并非所有类型的冥想都能产生相同的效果。

在第三组实验中，将99名接受过职业技术指导的男性学生（平均年龄17.8岁）——他们的专业都是技术制图——随机分为两组：超越冥想组和无处理组。一年后，超越冥想组在所有7项测量中表现都明显优于无处理组。

客观地看，在行为研究中，干预组的表现全面地——在大多数（如果不是全部）指标上——优于控制对照组，而且在三组相互独立的研究中都是如此，是极不寻常的。换句话说，这些非常积极的研究本质上是相互重复的。作为一个见过许多行为研究的人，我发现这些结果，无论是在研究的广度上还是在一致性上，都是惊人的。

为了评估超越冥想组与对照组对比出的效应，研究人员汇集了所有三组研究的数据。你可能还记得，在行为科学中，若一种效应的值大于等于0.8，它被认为较大，0.5为中等，0.2为较小。[11]超越冥想组与对照组对比的效应值从0.77到0.34不等，从高到低排列如下：

- 创造力（0.77）
- 实践智力（0.62）
- 场独立性（0.58）

- 状态焦虑（0.53）
- 特质焦虑（0.52）
- 检测时间（0.39）
- 流体智力（0.34）

总的来说，经过6到12个月的超越冥想修习，创造力方面产生的效应为"较大"❶，实践智力、场独立性、状态焦虑和特质焦虑方面产生的效应为"中等"，检测时间和流体智力方面产生的效应为"较小到中等"。

研究人员把记录了他们研究结果的论文寄给了该领域的顶级期刊之一《智力》(Intelligence)。我猜审稿人认为这些数据看起来太好了，不可能是真的，因此他们用了两年时间才发表了这些数据！在高知名度的同行评议期刊上发表论文的价值之一在于它增强了人们对数据真实性的信心。

除了作者的资质、期刊的声望以及审稿人在接受稿件前对数据的仔细检查，还有其他原因让我认为这些发现是可信的。在过去的十年里，我已经看到数百名超越冥想修习者（包括我自己）在创造力、场独立性和实践智力方面取得了进步——有时是显著的进步。此外，关于智力，重要的不仅仅是你有多聪明，还有你的智力运用得有多好。正如我们刚刚关于记忆所讨论的，压力过大、狂躁或注意力分散都会严重损害记忆功能。这一点同样适用于智力的其他方面——所有人都能从保持警觉和敏锐时放慢自己的内在节奏中受益。

在军事学院冥想

诺维奇大学（Norwich University），即佛蒙特军事学院（the military college

---

❶ 译者注：作者是根据0.77四舍五入为0.8得出这一点的。

of Vermont），是美国历史最悠久的私立军事学院。你可能没有想到它会成为一个研究超越冥想对军官训练潜在益处的地方——但它确实是。2011年，诺维奇大学心理学副教授卡罗尔·班迪（Carole Bandy）开始了一项随机对照研究。他询问哪些入学学员有兴趣参与，并一共招收到70名新生。其中，60人（约四分之三为男性）进入研究，被随机分为接受超越冥想训练组和对照组。两组人都像往常一样进行军事训练和其他学习。[12]

作为背景介绍，以下是班迪对诺维奇大学新生训练的描述：

> 对学生来说，这是一段非常有压力的时期，他们必须经历在我们的文化中非常陌生的训练，它的很多方面会造成人心理上的不熟悉感。他们必须直视前方，服从命令，不能看他们的长官。他们必须以特定的方式走路和吃饭。他们一边做这些，一边开始大学课程，大学课程比高中课程难很多。

超越冥想组的人在开始训练前的那一周被教会冥想。他们作为一个小组，每天修习两次超越冥想，每周7天。在两组人员处于基准状态下时，对他们进行了大量测试，包括问卷调查和生理测试，如脑电波、眼球追踪和行为任务。在超越冥想训练2个月后和6个月后分获两组随访数据。同时，脑电波和眼球追踪测量也被重复进行。

第二年对一批新学员进行了全面的复制研究。

在撰写本文时，只有问卷数据可供讨论，但已经可以说结果很显著：第一年，两个月过后，每个仪器都显示出发生在超越冥想组的有利的显著变化。具体地说，与对照组相比，自我报告的抑郁水平有显著下降（根据贝克抑郁量表测量），[13] 即使在基准状态下分数是正常的。换句话说，没有证据表明这些学员在刚到学院时压力很大。也有证据表明，压力（通过压力量表测量）和状态焦虑（通过STAI[14]）减少。尽管超越冥想修习者与对照者之间的大多数差异在两个月后变得明显，对于特质焦虑（STAI的另一个测量项目）则花了更长的时间来记录差异，因为差异在6个月后才显现出来。

广泛使用的心境状态量表（Profile of Mood States，POMS）[15]显示超越冥想组整体情绪障碍水平有显著降低。与此同时，人格的所有积极方面都得到了改善。

积极的情感（感受）与建设性思维的增强有关。认知（思维）和情感相互关联，这一点毫不奇怪。根据建设性思维量表，有证据表明情绪和行为应对水平都有所增强。

根据特质心理韧性量表（Dispositional Resilience Scale，DRS-15，这是一个非常稳定的量表）的测量，[16]超越冥想组在两个月时的心理韧性也有所增强。有趣的是，在基准状态下，诺维奇大学的学生与美国和斯堪的纳维亚的大学生在这项测试中的得分区间相同。换句话说，有规律的超越冥想修习似乎能显著提高大学生的韧性。

总体而言，建设性思维以及行为和情绪应对水平（以建设性思维量表衡量）也显著增强。

超越冥想组几乎所有的变化在2个月时都很明显，到6个月时，所有的变化都得到了持续和增强。

这里有一个惊人的事实：在第一年的研究中获得的所有发现在第二年的研究中得到了重复。

在第一年结束时，超越冥想排在16个排中排名第一，当你想到他们对比对照组的表现的时候，就知道这并不奇怪，反而是对这些纸笔测试的一个很好的验证。

教导学员的超越冥想指导者大卫·佐贝克（David Zobeck）非常友善地分享了一些被分配到超越冥想小组的学员的经历，这些小组成员现在在各自的军事领域中稳步前进。下面是对这些学员的一些有代表性的评论。

- 托德是一名即将升入大四的学生，自参加这项研究以来，他成了一名定期冥想者。他说在压力大的时候，他能放慢他的思维，做出更周到的决定，而不是受情绪的影响。（你能发现这里被强化的前额皮层在起作用吗？）他还说，在冥想期间，他的考试成绩提高了，需要的睡眠更少了。（佐贝克补充说，候补军官可能到晚上11点才能睡。由于必须在早上5点之前起床，通常会睡眠不足。）托德的结论是，超越冥想在他进入海军后将成为"执行现役任务的出色工具"。

- 詹姆斯是最早学习超越冥想的新兵之一，他已经从训练和课程中毕业。他说："对我来说，很明显，冥想能极大地提升能量。超越冥想有助于增强我的韧性和耐力。它驱散了我头脑中的迷雾。它对我来说是一种能量储备；我从不觉得累。毫无疑问，超越冥想让我对做的每件事都更清晰。"写这篇文章时，詹姆斯正在美国海军在线攻读硕士学位。

- 福里斯特是一名中尉，他发现超越冥想有助于他的体能训练："当我在进行常规体能训练前冥想时，我总是能得到更好的结果，因为它能减轻我的压力。超越冥想带给我心智的深度平静。"

- 安德鲁目前是一名少尉，他报告说，在专注力和学业上也有类似的改善，但他补充道："我最关注的是超越冥想提高了我的创造力。我写音乐、诗歌和故事。当我冥想时，我的写作障碍立刻消失，我变得更有条理，并能够接触到更开阔的心智层面。"

当佐贝克一个接一个地赞扬候补军官时，他对学生的热爱是显而易见的。"我不能把他们分开看，"他说，"这就像在看一个星系——他们都是明星。如果我再打五十个电话，我就可以给你五十个更闪亮的结果。"

我发现有趣的是，所有这些研究对象一开始都不是有问题的人。他们都是中国台湾的师范生和诺维奇的候补军官，后者的耐劳性程度特别高（根据标准化测试被确认为正常）。在所有这些情况下，不可避免地得出了一个简单的结论：定期修习超越冥想——以及由此产生的超级心智的发展——可以提高积极的心理素质（如积极的情绪、认知功能和韧性），降低消极的心理素质（如抑郁和焦虑）。对行为科学的研究者来说，这五组数据的彼此印证令人吃惊。事实上，我想说，超验冥想是我作为一名研究人员和执业精神病学家超过三十五年的时间里遇到的最有效的提高安乐感和各方面功能的干预方法之一。

在接下来的章节中，我们将进一步探索超级心智的馈赠。当我们这样做的时候，记住作为这些馈赠基础的超越冥想的许多生理和心理方面（与脑相关）的益处。

在往下进行前，回顾本章的几个重点很有用

- 在两个大洲进行的这两组对照研究之间间隔有十多年之久，但结果都表明，超越冥想在促进身体和心智都健康的年轻人的各种各样的心理技能方面表现都优于各种控制条件。
- 在中国台湾一所学校和美国一所军事大学进行的这些研究发现，超越冥想增强了以下心智能力：创造力、实践智力、场独立性、状态焦虑和特质焦虑、心境、韧性和应对能力。
- 许多逸事表明，超越冥想对创造力和记忆力有好处。

10

进入状态

> 在体育运动中，你必须专心致志，尽可能地集中注意力，让状态走向你——然后突然间，你就进入状态了。
>
> ——巴里·齐托

那是2012年国家联盟冠军赛。旧金山巨人队与圣路易斯红雀队交手，在七局四胜制的比赛中，巨人队以1∶3落后。这是第五场——生死战——巨人队的巴里·齐托正站在投手丘❶上。齐托曾经是奥克兰运动家棒球队的年轻投手，一颗冉冉升起的新星，曾三次入选美国职业棒球大联盟全明星赛，并在2002年作为联盟最佳投手获得著名的赛扬奖。随后，他与巨人队签署了一份被大肆宣传、价值数百万美元的合同。在巨人队，齐托也曾有过低谷，但现在他又回到了巅峰。实际上，这场冠军赛的命运取决于他在巨大压力下的表现。对任何一位投手来说，命运的赌注都不可能再高了。

《超越》出版后，我与巴里成了朋友。他和他的妻子安布尔（那时还是他的未婚妻）学习了超越冥想，并定期修习。因我们之间友谊的缘故，我第

---

❶ 译者注：投手丘，职棒比赛术语，指一个专门让投球手站立投球的区域，通常是一块裸露的土墩。

一次对棒球产生了兴趣。我在南非长大,由于南非与英国的历史关系,板球在南非风靡一时。当我在美国说起在电视上看"a baseball match"时,我的朋友都笑了。每个人都知道这是一场游戏(game),而不是一场比赛(match)[1]——我的用语暴露出自己是个外国人。但现在,慢慢地,我明白了这个游戏的微妙之处,尤其是从投手的角度来看。快速球和曲线球的机制以前对于我而言只是漂亮说辞——现在则变得非常有趣。我喜欢变速球的欺骗性,它看起来像一个快速球,但通过实际上更慢的移动来迷惑击球手。

现在,当我看到我的朋友向对手掷出这些颇有威胁的球时,我的注意力会被吸引住,并敏锐地意识到,投手与击球手之间的战斗与其说是一场身体对抗,不如说是一场智慧的较量。下面看看巴里如何描述这场决定命运的比赛:

> 在圣路易斯,我们以1:3的比分落后,处于劣势。红雀队的球迷挤满了球场,他们占有主场优势。他们拥有强大的阵容、丰富的季后赛经验,并在前一年赢得了世界大赛的冠军。这是我在职业生涯中作为投手所拥有的最大机会。我的目标不是超越自己,不是试图弄清楚比赛中或赛后会发生什么,而是每次投球时都尽可能地进入状态,不允许有一次投掷时我没有全神贯注、全力以赴。如果我能做到,那么不管结果如何,那晚我都能睡得很好。

对方投手是兰斯·林恩,巴里说:"他在圣路易斯的这几年里状态神勇,所以我想所有开盘赌球的庄家那天都认为圣路易斯会击败我们。"

当我观看比赛时,我完全沉浸在正在展开的剧情当中。就像被施了魔法一样,巴里的投球似乎正朝着他想要的方向前进。他的内心发生了一些变化,从他的投球中就能明显地看出来。他是这样描述自己的内心体验的:

---

[1] 译者注:指英式英语和美式英语中习惯用法的不同。

我认为对一个投手来说，最困难的事情是真正地专注于手头的任务，尤其是当这场任务意义重大时——对生活中的人们来说也是如此，例如，如果这项任务会以某种方式让你升职或降级。很多时候，我们在那一刻开始无法专注，视角变得模糊笼统。所以在那场比赛中，我把注意力集中在我投出的每一个球上。赛前在投手练习区热身时，我尽可能把注意力放在每一次投掷上。这种状态一直持续到比赛中，所以我觉得时间过得很慢。在投球时，在棒球比赛中，因为比赛会让你很快提速，所以我们试着让比赛慢下来。当比赛节奏比站在观众席上观看比赛的某人感觉到的快得多时，你的控制力就会减弱。

巴里回答了我关于在那场关键的比赛中他作为投手的内心过程的一些问题。以下是我的问题和他的回答：

"你是如何让比赛'慢下来'的？"

我只是尽力稳住呼吸。我采用一种有条不紊的呼吸模式，因为当比赛节奏加快时，你会开始呼吸过快。所以我做了一个深呼吸。我认为对我而言比赛节奏慢下来并不是因为我在让它变慢，而是因为每一次投球我都聚精会神。所以我投出的球之间似乎都间隔了整整1分钟，实际上可能只有15或20秒。

"在那场比赛中，你是否觉得自己'进入状态'了？"

啊，是的，肯定是的。没错！这个状态的微妙之处在于，当你进入它的时候，一旦你意识到它，通常你就不在它里面了。因此，从事体育运动的人会说："你必须专心致志，尽可能地集中注意力，让状态走向你——然后突然间,你就进入状态了。"

巴里对这种状态的描述让我想起了超越状态,因为一旦你问自己是否处在超越状态,那么你就已经不在了。他说:"你必须让状态自己走向你。"这让我想起超越冥想修习中的"不要用力"。巴里表示同意,他说:"是的,在这两种情况下,你都不能强迫自己进入状态,因为一旦你试着强迫自己,就永远不会成功。"

"进入状态让你很惬意吗?"

是的,但我认为那与人们可能认为的不同。不是"哇!这太有趣了!"。它令人惬意是因为你完全投入到你的工作中。惬意之处在于你正按照你想要的方式执行任务。

"执行任务进入状态包含哪些要素?"

具体对于投球而言,你必须非常冷静,完全放松,让工作多年的肌肉记忆来接管一切。你必须专注于你的目标和你想要投出的这一球。本质上,这一投只与你和接球手的手套有关。其他一切都消失了。

"如果有人想听你关于如何进入状态的建议,你会告诉他什么呢?"

我想说你不能保证你将进入状态。你所能保证的是那些在你自己的掌控之中的事。很多时候,当你在做这些事的时候,你就进入状态了。所以我想说的是,一种缓慢的呼吸模式能让你扎根于当下,也让你的身体非常自在放松。但最重要的是觉察到当下的自己。如果你发现自己思前想后，就重新集中注意力并专注于当前重要的事情上。在棒球比赛中，我们常说一个缩略语"WIN"，即"What's Important Now?"（现在什么是重要的？）的首字母缩略语。因为当你在投手位置上时，你有球要投，之前发生了什么并不重要，五分钟后，甚至五秒钟后会发生什么当然也不重要。这些都在你的控制之外。你唯一能控制的时刻就是现在。

在季后赛对阵红雀队时，巴里已经修习了差不多两年的超越冥想。我问他是否认为超越冥想修习有助于他在棒球比赛中进入状态并取得成功。下面是他的回答：

是的，当然。当你在球场上的时候，掌控好自己就是一切；处理所有的干扰——那些冒出来的不同声音会让你失去平衡。超越冥想对我来说是一个很好的修习，因为它让我熟悉内心的平静，让我活在当下——只要念着咒语，让一切将要发生的事情顺其自然地发生。你知道那句古老的格言："控制你所能控制的，无关紧要的琐事就由它们去吧。"❶ 这很像超越冥想——在冥想时你唯一能控制的就是咒语。其他的事情就在我们身边自然而然地发生了。

巴里把超越冥想对他比赛的影响和对他生活的影响联系起来：

我认为超越冥想是伟大的，因为它给了我们一天几次放慢生活节奏的机会。如果感觉周围的事情绕得我们晕头转向，我们可以去这个安静之处，让心中的一切平静下来。

---

❶ 译者注：英文为"Control the controllables, and let the chips fall where they may."。"let the chips fall where they may"是英语中的习惯用语。"chips"是指小的碎木片，一个人在砍一棵树的时候，小木片就会无法控制地溅往四方，然后掉到地上。

当你在做超越冥想的时候，很多情况下你可能已经度过了艰难的一天。你可能一直在思虑家庭事务或工作中的一些事情，或者某人令人担忧的健康状况。事情在你的脑海中翻江倒海。所以当你进入那句咒语，让其他一切都顺其自然时，你是在给自己一个机会，让自己在那20分钟里静下心来。

"超越冥想如何影响你的日常生活？"

当你觉得自己开始提速，开始过度纠结某一个问题，或对过去念念不忘时，做出调节反而更容易。超越冥想给你提供了一个工具箱，以一种次级效益的方式让你能够进入一种觉知状态，如果你没有每天花时间减速，你通常就不会有这种状态。

虽然我们没有提及它的名字，但很明显，巴里谈论的是超级心智——修习超越冥想带给他的宁静和安止注入了他的棒球练习和日常生活。纷乱的念头和分散的心神都平息下来了。即使眼睛是睁开的，脑也变得更有条理。进入状态变得更加容易了。

顺便说一句，巴里和巨人队以5∶0[1]击败了红雀队，并最终赢得了国家联盟冠军赛和2012年的世界大赛。巴里出色的表现拯救了这个赛季，赢得了队友、媒体和球迷的一致好评。巴里那天的投球很好地说明了"进入状态"的价值。

进入状态：关键要素

虽然巴里·齐托对"进入状态"的描述具有代表性，但我们还是一起看看

---

[1] 译者注：这里的5∶0与前面的1∶3并不矛盾，这里是指第五场生死战的得分，而1∶3是之前系列战的大比分。之后，巨人队以4∶3赢得冠军赛，进入了总冠军赛。

这种运动中的超越状态对其他一些从事体育运动和表演艺术的人发挥着怎样至关重要的作用。请注意巴里在他的描述中已经捕捉到的一些关键要素：

- 平静的警觉状态
- 专注度
- 处在当下
- 一种自信的安乐状态
- 不深思熟虑，让经过反复排演的自动流程发挥主导作用
- 高效率

进入状态对男运动员和女运动员都很重要，尤其对那些在他们的领域中处于顶尖水平的运动员。竞争非常激烈，所以每一步、每一秒都很重要。以下是一些传奇冠军的著名讲述。

罗杰·班尼斯特（Roger Bannister），世界上第一个突破1英里跑4分钟大关的人，讲述了他历史性的运动表现：

> 我的腿似乎没有遇到任何阻力，好像被某种未知的力量推动着。
>
> 我们似乎走得很慢！……
>
> 我是如此放松，以至于我的心智几乎脱离了我的身体。没有一丝紧张……
>
> 当我的心智接管了身体时，这一刻我有点喜忧参半。它远远跑在我的身体前面，
>
> 把我的身体往前拉。我觉得那是我一生中最重要的时刻。没有痛苦，只有运动和目标的伟大统一。世界似乎停滞不前，或者根本不存在……
>
> 在那一刻，我觉得这是我把事情做到最好的一个机会……
>
> 在我听到报时声音之前，我就知道我做到了。[1]

另一个优秀运动员解释进入状态时感觉如何的例子来自伟大的网球运动员比利·简·金（Billie Jean King），她描述了一个"完美的击球"，如下：

> 我几乎能感觉到它来了。通常，这种情况发生的前提是，一切都刚刚好，观众数量很多，充满热情，我的注意力高度集中，似乎能将自己从混乱的球场上转移到一个完全平和与安静的地方。我知道每一拍球的去向，它常常看起来像篮球一样大、一样清晰，就像一个我不想错过也不会错过的庞然大物。我完美地控制了比赛，我的节奏和动作都很出色，每件事都处于完全的平衡状态。[2]

我要感谢意识扩展状态方面的专家克雷格·皮尔森在他的著作《至上觉醒》中收录了这两位伟大运动员的个人描述。皮尔森将运动员所描述的意识状态与我们对宇宙意识——每时每刻都伴随我们的超级心智——的理解联系起来。

皮尔森在评论班尼斯特的描述时写道："在宇宙意识中，一个人的觉知建立在超越的寂静之上，即使在动态的行动中也不会被动摇。其生理机能在双重模式下运转，即使是在活动时也能得到休息，就像班尼斯特所描述的那样。"[3] 在评论比利·简·金时，皮尔森再次提到了她"轻松而卓越的表现、内心的宁静和超越的安乐"[4]——这些意味着她瞥见了超级心智。

现在我没有证据证明班尼斯特或金曾经修习过超越冥想或任何类似形式的冥想。因此，强调超级心智可以通过许多不同的方式发展似乎正是时候——也许所有体育运动的优秀运动员更加倾向于通过朝着一个目标进行专门训练和严格练习来发展这种力量。

现在让我们转向另一个人类勤奋耕耘的领域，在这个领域中，进入状态是非常重要的，也是被高度重视的，这就是艺术领域。

进入状态与艺术

作为这本书调研的一部分，我采访了几位艺术界人士，他们都是坚定、资深的超越冥想修习者。我问他们冥想修习是否有助于他们"进入状态"。以下是我们的一些交流内容。

我问演员、歌手、舞蹈家休·杰克曼是否能理解"进入状态"这个表达，他是这么说的：

> 我完全能理解。我是个不得志的运动员，真的。在任何事业中都处于巅峰状态的能力，就是找到方法来管理各种欲望、期望、来自外部和他人的压力。压力能在一定程度上激励人，但对大多数人来说，压力使人衰弱，因为你失去了那种放松的感觉。而在我的工作中，放松和活在当下的能力是关键，而这两者完全靠冥想获得了强化。事实上，放松就是一切。

我问托尼奖❶获奖女演员凯蒂·芬内朗（Katie Finneran），进入状态是否是她工作的一个重要部分。她是这么说的：

> 百分之一百万是。事实上，有时候，如果我在舞台上迷失了自我，我会做一些与超越冥想非常相似的事情来重新聆听和回到当下。我知道，如果我在舞台上疲惫不堪而急切地希望表演结束，就说明我不在状态；而如果我忘记了时间，表演突然就结束了，就说明我进入了状态。超越冥想对我的帮助最大。这是帮助我回到进入状态的那一刻唯一可以使用的工具——特别是在拍电影时，因为人们可以在电影中或电视上看到你

---

❶ 译者注：即安东尼特·佩瑞奖，是美国戏剧协会为纪念该协会创始人之一安东尼特·佩瑞女士而设立的，被视为美国话剧和音乐剧的最高奖。

做的一切。你不想表现得太多，因为摄像机总是会拍下所有的东西。我发现，在拍摄前做超越冥想总是能帮助我做出忠于内心的选择。

我对凯蒂在登台之前如何使用超越冥想非常着迷，我请她多说一些。

我要到演出开始后十五分钟才上台，所以我先去做好发型，然后等我返回来后，我就冥想。冥想之后，我几乎不需要待在那里等待上场。我了解这部戏，所以一旦我进入角色并进入状态，一切似乎都安排好了。如果我太用力，那么表演就成了一种痛苦的挣扎。这会让我精疲力尽，笑不出来，也无法向观众传递我的信息，然后演出就可能不会那么顺利。但如果我能进入状态——超越冥想占据了其中很大的一部分——我就几乎不再关心结果如何。我已经做了所有的工作，所以我只需要活在当下。

在上一章中，我们在提到了古典吉他手莎朗·依斯宾，她描述了超越冥想对她的创造力的影响。在这里，她谈到了超越冥想如何促使她进入状态：

如果我演奏时处在最佳状态，我就会有种入了神的感觉。我不去想我早餐吃了什么，不去想谁可能在观众席上，甚至不去想手指放在哪里。我沉浸在流动的音乐中。我与音乐合二为一，感受着来自观众、音乐的能量——它们都融合在一起。我觉得超越冥想在很多方面推动了这个过程，因为当你在冥想，处在那种极乐的状态中时，你便与宇宙能量合为一体。而且这与我在最佳状态时的感觉很相似。

上一章我们提到的纽约市芭蕾舞团首席舞者梅根·费尔柴尔德认为，超越冥想"帮助我忘记了自己"。梅根的话听起来很像巴里·齐托——或者任何依靠精湛技巧的自动执行的艺术家或运动员——她说："舞蹈就发生在你身上。你的身体有肌肉记忆，它就这样动起来了。这更令人享受。"

日常生活中的进入状态

到目前为止，我们一直考虑的是进入状态对有特殊天赋的人的影响。然而，如果我在此停下，那么我的讨论就非常不公平，不仅是对这个主题不公平，对众多有着常规的生活和工作，同时享受"进入状态"的人们也不公平。我就是其中一个例子。我经常在社区附近进行快步走锻炼。我的路线是不变的，不需要考虑去哪里。如果天气既不太热也不太冷，特别是如果我有幸碰上清风拂面的天气，我的心就会进入状态，这种状态包含许多上述种种描述所讲到的要素：平静的警觉、专注（于某件事）、自信的安乐感，以及不假思索就能执行的反复排练过的自动过程。我看到许多熟悉的面孔。我们彼此问好。我无法假装知道他们在想什么，但许多人都在幸福地微笑。他们也进入状态了吗？我很好奇。

我的一个转录员朋友（她碰巧是超越冥想修习者）告诉我，当她的手指轻松地在键盘上飞舞时，她感到了极乐。文字从录音带上的声音转到越来越多的手稿上。这是一个流畅、轻松、令人振奋的过程，感觉非常像超越状态——平静而专注，时间和空间没有了边界。这是一个在行动中达到超越状态的例子，换句话说，这就是超级心智的例子。然而，很明显，她同时也进入状态了——这是另一个这两种心智状态相互重叠的例子。

为了理解定期超越冥想修习在帮助人们进入状态方面的价值，我们再次查看了意识整合问卷中的回复。我们发现，绝大多数冥想者——85%！——报告说，自开始冥想以来，他们感觉更加能"进入状态"了；其中82%的人报告说，他们较常或频繁有这种感觉。这种感觉并不局限于特殊的活动。相反，这种感觉是这些人日常体验的一部分。下面是一些例子：

- "活在当下"概括了我进行大多数活动时的感受。无论活动多么简单和平凡，我都有愉悦感。

・在工作中，我经常能顺利地、毫不费力地切换任务。我觉得自己效率很高，工作好像一点都不费力。

・如果我在树林里给鸟或其他动物拍照，我会全身心投入。

・我感觉更有活力，与自己和周围的事物联系更紧密了。这是纯粹的愉悦。前几天我在切菜时进入心流状态，我以前从来没有像那样切过菜，但我希望这种情况再次发生。

・洗碗比以前有趣多了。

"心流"（flow）是由克莱蒙特研究大学心理学和管理学教授米哈里·契克森米哈赖（Mihaly Csikszentmihalyi）通过他的著作《心流》（*Flow*）推广开来的。[5]然而，这个概念其实非常古老，可以追溯到孔子和道家，甚至更早。中国古代用来描述"心流"的术语是"无为"，意思是"自发进行的精湛技巧"——经过多年的练习，技艺高超的动作可以毫不费力地完成。在吠陀教学中，"自发的正确行为"这一术语也有类似的内涵。

进入状态的表现

在意识整合问卷中，有衡量超越冥想对一个人生活影响的问题。你可能还记得，我们在分析了对所有这些问题的回答后得出了三个方面：（1）进入状态；（2）内在成长；（3）自然加持。

"进入状态"包括四个项目：除了我们在上一章和这一章已经讨论过的，还有另外两个项目可以考虑进入"进入状态"组："工作和努力状态有所改善"和"更容易完成任务"。这些项目分别得到86%和85%的受访者的肯定，他们中几乎所有人都表示这两项体验较常或频繁发生。

他们的即兴回答往往非常相似，可以总结如下：

・一切都变得更容易

- 事半功倍
- 专注力增强
- 条理性变强
- 更好地安排优先事项
- 更少被焦虑束缚
- 平凡活动不再那么无聊
- 可以坚持更长时间
- 更容易切换任务
- 更有效率
- 人际交往能力增强，使工作环境更加轻松
- 对工作更有动力和更加投入

如果你回想一下上一章，想想随着时间的推移，那些修习超越冥想的人有多少技能和脑功能得到了重塑和扩展，那么就能明白，工作变得更容易、效率变得更高是说得通的。我们将在后面的章节，尤其是第15章"冥想与丰足"中回头来看这些观察报告。然而，现在，让我们进入意识整合问卷中"对生活的影响"的第二个方面——内在成长。

本章要点总结

- 调查数据和趣闻逸事（包括一些高绩效人士的逸事）都表明，超越冥想有助于人们"保持在状态中"。
- 这可能与超越冥想修习的自发性质有关，这种自发性质可能反映在冥想所需的自动且不费力的技巧上。
- 迄今为止，还没有针对这一点的对照研究。

11

内在成长

> 有时候，我无法让眼前美好的时光耗费在任何工作上……在那些季节里，我就像玉米在夜间生长一样活着，这比任何手工劳作都美好得多。
>
> ——亨利·戴维·梭罗

我们如何成长？无论我们问的这个问题是关于生理变化还是心理变化，这个成长过程都是一个谜。那个无论何时都向我们求助的小婴儿现在是怎样独立生活的呢？我知道，我们给孩子吃的、穿的，送他们上学，教他们明辨是非，去参加他们的足球训练和家长会。但问题依旧：他们是如何成长的？真是个奇迹！就这一点而言，我们每个人都经历了类似的转变：从完全依赖他人到能阅读这一页上的文字内容。

我们怎么知道自己已经长大了呢？即使是生理层面上的变化也往往是细微的，这也是为什么要在门上或衣柜上标记身高，上面还写上日期来显示标记的时间，密密麻麻的，直到青春期成长突增（谢天谢地！）——后来，不再出现日期，因为做标记的人对此失去了兴趣，兴趣转移到了其他事情上。间隔时间越长，成长越容易被察觉。我记得我父母的朋友对我说："我不敢相信你已经长那么大了！我最后一次见到你，你就这么高。"边说边用手比了一个3英尺❶的高度。"这不值得大惊小怪,"我想,"毕竟,你最后一次见我已经是二十年前的事了。"现在,当我看到朋友的孩子长大成人时,我同样感到很惊讶(但我确实试图克制自己不发表类似的评论)。

内在成长是我们目前讨论的主题,它比用英寸衡量的身高增长更难把握。即使我们知道自己已经成熟并成年了,我们如何将时间的影响和某些特定干预措施的影响区分开来呢?作为一名精神病学家,我经常面临这个问题。毕竟,这是高度相关的。我应该继续同样的方式还是做一些改变呢?虽然你永远无法确切地知道答案,但有一个我经常求助的指导方针:去看变化轨迹。如果我看到在一个特定的干预后出现突然成长,就能合理地推断这两者之间有一定的关系——尤其是如果干预被撤销后病人的情况出现倒退。

在第9章"塑造一个更好的脑"中,我描述了一些关于超越冥想对关键心理变量影响的对照研究——那些心理变量对个人的改变很重要。在本书的其他地方(包括本章),因为缺乏相关研究,所以我不得不更多地依靠逸闻趣事。我们将再次查看意识整合问卷,并用个人报告来做补充。在所有例子中,我都会试着详细分析正在展开的超级心智与一个人的内在成长之间的潜在联系。在这方面,我们应该牢记规律的超越冥想修习是如何改善心智的工作方式的。记忆、心境、认知能力和韧性都在它温和而强大的影响下蓬勃发展。我们将在接下来的几节中看到这些特质发挥的作用。

韧性

> 生存下来的不是最强壮的物种,也不是最聪明的物种,而是最能积极应对变化的物种。
>
> ——查尔斯·达尔文

---

❶ 编者注:1英尺≈0.3米。

韧性，即从不愉快经历中恢复的能力，是许多超越冥想修习者注意到的产生的差异最大的一个方面。在回答意识整合问卷时，不少于95%的超越冥想修习者报告说他们的韧性有所提高，而且几乎所有人都说这种情况经常或频繁发生。以下的评论很有代表性：

- 那些曾经"按下我的愤怒开关"的事情可能仍会让我感到一阵短暂的刺痛，但随后我就会放下它们，回到我的平静中心。
- 我不像以前那么爱生气了。事情过去得更快了，就像一个打足了气的球一样——它落在地上，然后弹回原来的位置。
- 我对日常压力的反应小了很多。很明显，我对那些曾经困扰我的事情不再感到沮丧。我认识到这个或那个问题真的是小到几乎可笑，或者在某些情况下，我甚至觉得它跟我毫无关系。
- 我是一个讨好型人格的人，我痛恨别人生我的气。但自冥想以来，我明白了他人的愤怒与我无关——而且很容易就能摆脱它。

人们通常会从生理和心理上感觉到他们产生了新的韧性，就像这个男人：

自从开始冥想，我注意到我身体里的负面情绪消散得更快了。

有些人只有在他们停止定期冥想——变回他们过去的那个易怒的自己后，才认识到超越冥想对他们处理愤怒感的帮助有多大。随后，他们中的许多人又开始冥想，对此，他们的家人和朋友常常心存感激。不止一位意识整合问卷的受访者指出，他们更慎重的反应也有利于他们周围的人。正如一位女士所说："我变得不那么心烦意乱，触发烦恼的时刻也更少了（以指数方式减少）。我也能在别人有压力的时候帮助他们，带给他们平静与平和。"

你可能还记得，在实验中，面对令人惊慌的噪声或血腥暴力的电影画面时，冥想者表现出显著的交感神经系统反应（如皮肤电反应急剧上升，然后迅速平静下来）。相比之下，非冥想者的恢复速度较慢，随后是皮肤电反应的几次"假警报"（参见第8章）。类似的区别似乎也适用于情绪反应，如下面的回答所示：

> 区分什么时候认真对待某件事和什么时候"顺其自然"的能力非常有用。虽然我仍然会生气，但我经常觉得自己的情绪"恰到好处"，而且会有积极的结果。过去困扰我的事情似乎无关紧要了，我能从一个更好的视角来看待这些情况了。

一些人用他们对恶劣的交通状况的反应作为一个超越冥想带来的进步指标，就像下面这个人所写：

> 虽然我对超越冥想感兴趣很长一段时间了，但我是在有了一段戏剧性的、有点荒谬的路怒症体验后——那时我是一个易怒的人——才真正采取实际行动去学习它。我现在用路况作为我变化的晴雨表。我很高兴地告诉大家，现在我已经没有路怒这个问题了。我让一切都过去了，即使在路上发生了什么意外，事后我还是感觉很好，因为我知道它对我的影响很小。

我治疗过几个愤怒管理有问题的人。我发现超越冥想作为他们治疗方案的一部分非常有用。最后一个例子就说明了易怒的人要想解决自己的问题必须克服的一个障碍：培养出一种洞见，即愤怒问题是一个内在的问题。

在治疗那些难以控制自己愤怒的人时，需要克服一个很大的障碍：要让他们不去想自己的愤怒是合理的，甚至是正当的！"为什么，谁都会那样反应！这实在让人无法忍受！"他们可能知道自己的反应有点过激，但他们认为自己完全有理由认为这种侮辱是不可容忍的，需要他们强烈地回击。

治疗的部分目标是帮助患者认识到，即使愤怒本身是正当的，但夸张的反应对他们和其他人来说仍然可能是灾难性的。我（温和地）自问，觉得自己正确是否值得来一场交通事故，或者与另一个愤怒的人发生招致惩罚的冲突——更不用说对他们的神经、血管和心脏造成长期损耗了。事实上，根据一组心脏病学家的报告，长期愤怒对心脏的危害不亚于吃不健康的食物或吸烟造成的危害。[1]通过帮助人们远离（即使是合法的）挑衅，超越冥想和由此产生的内在安宁可以预防这些对个人身体造成的灾难。成熟的人能够更好地选择自己的行为和反应。

正如上面提到的皮肤电反应研究所显示的，交感神经系统反应的稳定性是超级心智的重要组成部分，也反映出更强的情绪稳定性。这是根据观察报告得出的预测，而这些观察报告可以追溯至威廉·詹姆斯，他在著名的论文《情绪是什么？》中就强调了身体在产生情绪方面的重要作用。

事实上，有些人为了刺激自己而寻求愤怒或其他形式的戏剧性事件。一旦戏剧性事件的刺激过去，随之而来的空虚会促使他们寻找更多的戏剧性事件来重复这个循环。一旦身体和心智安定下来——这是超级心智发展的一个关键元素——这种欲望就会消退。正如一位接受意识整合问卷调查的女士所说："我觉得自己与他人的戏剧性事件的联系不那么紧密了。我依然能意识到它，但坦白地说，我对它没那么感兴趣了。"

当然，当我们观看电影或在剧场看戏时，当我们读悬疑小说或惊险小说时，或当我们观看最喜欢的球队与劲敌的比赛时，我们都喜欢看精彩的戏剧性情节。我们支持好人，希望坏人被打败、被逮捕，或者（就惊悚片而言）甚至被杀死！这就是乐趣所在。但对许多人来说，戏剧性事件在他们的生活中扮演着更重要的角色。他们用它来填补空虚感和无聊感。戏剧性内容甚至会让人上瘾，能消耗掉一个人大部分的清醒时间。那些有这种倾向的人很愿意24小时通过网上购物、赌博、电子游戏、幻想世界、想象中的浪漫故事和色情语音寻求戏剧性内容,根本不考虑日常生活!

然而,根本没有必要深陷泥潭。正如上面提到的那位女士所观察到的,自从开始定期冥想,她对别人的戏剧性事件就不那么感兴趣了。想必她现在追求的是个人的幸福和满足,而不是热衷于骚动、挑逗、疼痛和他人的痛苦。

进入心灵的平静和和谐作为超级心智发展的一部分,使戏剧性变得不那么有趣了。随后,其他许多成瘾行为中对快速满足的需求自然也就消失了。

关于韧性的最后一段引述是我分享的一位超越冥想指导者的回答。他转述了一个著名比喻,这是玛哈里希用来描述伴随意识成长而来的反应性发生的变化的:

> 日常活动曾经就像一块被另一块石头刮过的石头一样。它会留下深深的痕迹,也会带来很多摩擦。然后,它变得像一条在沙子上划过的线——只产生了很少的摩擦。痕迹也不会持续多久,很容易就消失了。再然后,日常活动就像一条划过水面的线——几乎不发生摩擦,不管留下什么痕迹,觉知会立刻安定下来,几乎没有受到任何干扰。现在,它变得越来越像一条在空气中穿行的线——超级流畅,没有阻力干扰,不留下痕迹。

狂喜中的清醒

> 我最大的愿望是在狂喜中保持清醒。
>
> ——阿尔贝·加缪

许多年前,早在我开始冥想之前,我在《今日秀》(*Today show*)上为我之前的一本书接受采访。在我坐火车去纽约的路上,一位对媒体熟悉的朋友在电话里向我简要介绍了情况。"记住,"她说,"直到摄像机开始转动你才能开始工作。直到最后一分钟他们都可以因为突发新闻而取消掉你的节目，你必须做好准备。"随之而来的是其他许多指示和告诫，以及作为一个好朋友所提供的那种善意安抚。采访进行得很顺利。这位机敏可爱的脱口秀主持人如此成功的原因显而易见，我也理解了为什么有那么多嘉宾会在上节目后的五分钟内就爱上她。

节目结束后，在回华盛顿的路上，我的脑子高速运转着。一定有数百万人看过这期节目。为什么我的代理商之前没有做更多的工作来宣传这本书呢？做这个事情时出版商又去哪儿了？❶（我是通过一个朋友的介绍得到这个采访机会的，与我的代理商和出版商无关！）我感到义愤填膺。当我回到家后，我喝着咖啡，打电话给我的代理商，对这个可怜的女人大发牢骚。在那次交流之后，虽然我道歉了，并试图做出弥补，但我们之间无法回到从前了。

现在，凭后见之明，我以一种消遣的态度回想起那次经历。我的行为多么不合逻辑，更不用说多么不友善了！我在对代理商或出版商的期望什么，尤其是在录节目那天？由于睡眠不足和咖啡因，再加上在强弧形灯下面对那么多观众，因此你的自尊会高涨，我的生理状态和自我感都失去了平衡。结果，我的思维不在状态，我的行为欠考虑且冲动。

今天，这些都不会发生。体验和冥想——尤其是冥想——使我的生理状态稳定下来，使我能更好地看待自己：我不过是这颗星球上的一个微不足道的角色，更是浩瀚的宇宙时空中趋于无限小的一瞬。

我举这个例子是为了说明，不仅是坏的东西，好的东西也一样会威胁到我们的平衡。虽然这听起来可能很奇怪，但中彩票、一夜成名以及其他好运的突然降临确实反而可能会给人带来压力。正如在这一节的开头引用的加缪的话，在狂喜中保持清醒比在逆境中保持清醒更难。

---

❶ 译者注：这里的意思是，作者意识到在这次节目后，书的销量一定会大涨。与此同时，代理商和出版商都会因此赚到更多的钱，但在这件事中他们没有任何付出。所以，作者因感到不公平而愤怒。

意识整合问卷的大多数受访者（84%）报告说，他们注意到，自开始冥想以来，他们对愉快或积极体验的反应发生了变化（其中90%的人表示，这种变化经常发生或频繁发生）。他们的叙述性评论普遍是关于更大的平衡、更多的感恩和更积极的感受，而这些不仅是他们对有利事件的反应，也是发自内心的感受。以下这些例子就说明了超越冥想对积极体验的调节作用：

- 我享受积极的体验，但我知道它们就像不愉快的体验一样来来去去。
- 在赞美或积极的体验中，我更加平和安静了。
- 我更乐于接受好的事物，而几乎不受坏的事物影响。我的生活里不再有极端的高峰和低谷。
- 我仍然非常享受成功、快乐等，但现在的不同之处在于，我发现自己（可以说）不会对这些事情过度兴奋，即使它们非常惊人。
- 我很少再对什么事情感到"欣喜若狂"了。我相信这是一件好事，因为我不再被压倒一切的情绪所左右了，无论它是积极的还是消极的。另一方面，我能够以一种更深层、更缓慢的方式享受简单、愉快的事物了。
- 我的生活不再像坐过山车那样了。

你可能还记得在上一章中提到的，在台湾进行的对照研究中，超越冥想组的韧性比对照组有更大程度的增强（以标准化测试来衡量）。

你究竟是谁？探寻真实性

做你自己吧！他人已有他人做了。

——无名氏

最重要的是忠于自己。

——威廉·莎士比亚

那个电话打得有点晚，我当时关机了，所以只显示有一个未接来电。然后，座机铃声响了。我问他是不是休，一个带着熟悉的澳大利亚口音的男人说："是我，伙计，我很抱歉。我打错电话了，有位女士接了电话，后来我收到了你的电话留言。"这种友好的语气更像是你的邻居邀请你去烧烤用的那种语气，而不像出自一位国际著名电影明星。休·杰克曼是当今最受尊敬的演员、歌手和电影明星之一。然而，从采访开始到结束，他的态度始终是友好的、坦率的、平易近人和真诚的。

休·杰克曼：摘下面具

休表示愿意为这本书接受采访，是因为超越冥想对他的生活产生了巨大的影响，他希望让别人对此修习了解更多一些。就在我们谈话的时候，他已经修习超越冥想二十二年了。下面是我们谈话的文字记录，为了保证流畅和清晰，我稍微进行了一些编辑。

"超越冥想是如何改变你的生活的？"

我想说的是，从影响我生活的角度来说，这可能等同于婚姻和孩子对我生活的改变，我愿意给它这个地位。我总是很好奇，也很喜欢探索，但在我开始冥想后不久，我觉得我对自己有了真正的了解，不再只对发生在我身上的事情做出反应。我感到一种平静感、一种目标感、一种对我所做的事情精力充沛的感觉。我认为我一直是一个相当外向的人，生活在自我的外部世界中，为了得到认可，或者仅仅是为了得到刺激，直到进行了冥想，我才开始找到我称之为家的东西，或者说找到了对我真实本性或真实自我的感觉。所以超越冥想是我所能拥有的最好的礼物之一，我会继续修习它。

"听起来好像你是在描述你意识的变化。这是一种不偏不倚的描述吗？"

我更愿意把它描述为一种对意识的揭示——通过每天冥想，我可以撕掉我们为自己打造的面具——我为自己打造了一个面具，或大或小——以获得更多的真实自我感：哦，这才是真正的我。我就是这样体验生活的。哦，我明白了。它只是一些更简单、更美好，也是更强大的东西。所以，当你说"意识的变化"的那一刻，我感觉到确实有变化，但这种变化让我更加接近我的真实本性，远离后天养成的某种习性。

"我看到你在其他地方提到过一种真实感，它作为变化中的一个有力要素给我留下了深刻的印象。"

是的，别忘了我是一名演员，所以我在生活的大部分时间里就是戴着各种面具，活在他人的人格中，并且留心它们。但是，当然，对于演员来说，真正的力量是找到真实，不管你演的是什么角色，也不管你是谁。在你真正理解你自己是谁之前，你不可能真正成为一名演员。理解你自己——可以说，你自己才是图书馆里最有力量的那本书，然后你再扩大范围了解其他人。所以，真实性是那种可以称之为圣杯的东西，对于演员尤其如此——但我认为对于创造性领域中的任何人都是如此。并且，我确实发现，我的个人真实性通过冥想有所增强。

"有趣的是，你和真实的自己有了更多的接触，而你扮演的角色可能和真实的你很不一样。超越冥想帮你同时接近了二者，这似乎有点自相矛盾。"

我完全同意。这是最大的讽刺和谜团之一，而对于我来说，同时也是关于如何不陷入错觉的一个非常非常有力的例子。我相信——通过冥想这一点可能对于我而言更加清晰了——虽然我们彼此不同，但我们所拥有的共同点比不同点更多。虽然我扮演各种各样的角色，但我其实是在研究人性，以及人在人格、特性或天性方面的差异。我做这份工作越久，冥想得越多，我就越能看到把我们所有人联系在一起的统一性。当你基于这一点开始时，扮演不同的角色会以各种各样的方式带给你巨大的快乐。

现在我想起了烹饪的例子。我喜欢做饭。从某种意义上说，做饭不过是和食物打交道，如果食物有营养，它就是可与人产生联系的奇妙事物。我喜欢做各种各样的菜！我们喜欢享受不同的东西。我越是了解那些把我们统一起来的事物，我就越能理解多样性。

"烹饪似乎是一项非常基本的活动。那么超越冥想是否有助于你处理名声这种在我看来有时候处理起来很棘手的东西？"

我成名之前就开始冥想了——大概是在我成名的四年前就开始了。所以超越冥想作为一种修习在我心中深深扎下了根。简单地表述一下就是，超越冥想让我知道我们找到了表面之下我们真实的存在，或者说是一个比我们生活中正在发生的任何事情都更有力、更深层次、更有意义的存在。无论是名望、健康、疾病，还是其他任何一种体验，都不是生命的真谛。所以，是的，名声有令人棘手的部分，也有很多美妙的部分，但我发现，通过冥想，从我成名的那一刻起，我就能看到它的本质——一种会在某个时刻消失的体验，而且它不是真实的。所以我很高兴我首先修习了冥想，然后直到快30岁的时候才出名，因为这让我对名声有了更深的理解。我不确定，如果我在18岁时就声名鹊起，我是否能处理得这么好。

休·杰克曼并不是唯一一个观察到超越冥想有助于人们培养一种真实感的人。在回答意识整合问卷的一个问题"自从开始冥想，你感觉到更有力量去做真实的自己了吗？"时，90%的人回答"是"。在这些持肯定态度的受访者中，90%的人说他们自己较常或频繁地观察到这种品质。以下是一些有代表性的回答：

- 我感到更能接纳自我了。
- 我不害怕别人对我的看法了，即使是亲密的朋友和亲戚。
- 我就是我。我不再害怕惹恼别人或者说一些"错"话了。如果我说了一些我后来不同意的话，我会道歉。
- 自开始冥想以来，我开始拥有自己，并更加为自己——包括不完美的部分感到自豪。
- 虽然我有时会屈服于社会压力和对取悦他人的需求，但我更多地意识到在大多数情况下做自己才是完全合理的选择。虽然这听起来没什么了不起的，但觉知到凭借本性做选择对我来说有着不可思议的力量。是的，我开始越来越频繁地行使这一选择权。
- 我的指导原则已经变成忠于自己。我过去有很多条条框框……现在没有那么多了。

正如人们所预料的那样，一些人指出，其他的生活影响——比如变老或心理治疗——也有助于他们变得更加真实。因此，重要的是要认识到，没有任何有用的实践（包括超越冥想）是在真空中进行的。相反，这些实践应与一个人生活中的其他建设性力量协同工作。

你想成为什么样的人?

虽然超级心智可以帮助人们摘下面具,但超越冥想的效果其实比这更加深远:扩展意识能帮助你真正地改变——成长为你想成为的那个人。我们都知道自己想要改变的事情,然而改变是困难的,往往需要特殊的方法或技术。超越冥想就是一种强大的改变技术,它带来的改变不仅是每一次修习后压力释放的直接结果,也是意识随着时间的推移持续扩展的结果。

让我们与休·杰克曼和下面你们很快会见到的林赛·阿德尔曼(Lindsey Adelman)进一步探讨这个问题(成为一个不同的人)。休·杰克曼和我谈过超越冥想如何在他自己的生活中引发个人的转变。然后,我提起他在另一次访谈中说过的话——人们常在表达恐惧时使用"压力"这个词——并问他超越冥想是否让他不那么害怕了。他是这样说的:

> 我认为是超越冥想让我意识到自己的恐惧。我在很多方面都是一个非常焦虑的小孩。我有很多恐惧。我恐高;我怕黑;我担心人们的想法——我痛恨这个由恐惧塑造的牢笼。我讨厌被限制。我想要什么都能做。所以我讨厌自己因为恐高而无法与朋友一起蹦极,我讨厌他们因为我不会攀岩而取笑我。我讨厌我不愿意坐过山车。我讨厌我不敢一个人晚上在灌木丛里露营。我认为所有这些都是限制。我有一种对恐惧的恐惧。
>
> 我发现,通过冥想,我的焦虑水平大幅下降。在我看来,心智是恐惧之火的燃料。心智可能使我们担心无法衡量的事情。冥想的好处就是,每天做两次,我就能感觉到像猴子一样四处乱蹦的心平静下来了。
>
> 这样我就不那么恐惧了;我能控制住恐惧了。与此同时我发现,因为我害怕恐惧,我有时会否认它,对自己说:"哦,我不害怕这个,我很好。"以此希望这会让恐惧消失。冥想能让你很清楚地看到你心里在想什

么，以及心智的各种阴谋诡计。所以在某种程度上，因为我有了更多的觉知，所以我能更好地感知到低层次焦虑的存在。高层次焦虑也随之平静下来。

那么，在这里，我们看到了平静的影响进入一个人的日常意识中——他曾经有很多恐惧，但现在已经在某种程度上掌控了它们，以至于他可以自在地走上世界的舞台。与我们遇到的其他几位表演艺术家一样，休·杰克曼经常在紧张的表演和重大活动前做冥想——比如在去片场或主持奥斯卡颁奖典礼之前。但是即使没有超越冥想带来的额外自信，他仍然是一个优雅、从容的人——不管是在数百万人面前的银幕上，还是在接受采访时，或是在为家人和朋友做饭时，都是如此。

林赛·阿德尔曼：微妙但深刻

现在让我们转向林赛·阿德尔曼，一位常驻曼哈顿的设计师，专长是设计艺术吊灯。她已经做超越冥想很多年了，她称赞她的修习让她的个人和专业都有所成长。以下是她对自己体验到的变化的看法。在我们谈话时，她已经冥想七年了：

> 我认为超越冥想的整体效果既微妙又实际。它非常深刻，给了我一个完全不同的生活视角。实际上，它让我可以更轻松地管理事务，这样我就不会真地被任务击垮。我不再像以前那样被工作和生活中的意外压得喘不过气来了。
>
> 在一个更大的层面上，它以一种我从来都不知道的方式让我感觉每时每刻都更加充实。这就像找到了一口无尽的深层次极乐之井。以前，我总是在一个又一个快感的刺激下往前走，不管那种快感意味着什么，

所以我总会计划获得那种快感。它可以是关于任何东西的，真的。这样，我的生活就是从高峰上下来，然后等待下一个高峰到来。现在的感觉更像是我爱上了平常的状态。我对世界上最平常的一天都充满热情。

林赛很惊讶地发现，某人对她说的某件事"也许会让我陷入最糟糕的情绪中"。有时，当她反思并弄明白了那个人到底说了什么后，会发现这些冒犯她的言论要么是无伤大雅的，要么是恭维她的——本应该会对她的情绪产生积极的影响。她仍然感到困惑的是，"一个人会对别人说的话或者你认为他们说的话如此反感。而现在我每天修习超越冥想，就几乎不再发生这样的事了。我感觉自己如此接近自我，其心境水平一直处在中、高水平之间"。

"在开始修习冥想之前，你的心境总体水平是什么样子的？"我问。

在极端情况下，会从非常非常低到非常非常高。现在它更稳定了。积极量表显示，我的心境水平处在上端，乐观、有信念感和信任感。我不再预期人们会欺负我，我也不担心人们会因为这样或那样的原因生我的气。

如今，当人们对我说一些负面的话时，我常常会意识到他们正在气头上。我更容易与他们保持距离，意识到他们可能不完全是冲着我——但我也会问自己在其中扮演了什么角色。这种心态是我以前无法企及的。我可以把自己和别人区分开来，对别人有同理心的同时不把他们的话当成是针对我个人的。这种转变给我的生活增添了很多满足感。

除了让林赛拥有更好的人生观，超越冥想也让林赛成为了最好的自己。对其他人，包括她的员工，她变得更加开朗和包容。正如她所说：

我从来不是这样一个人。在我生命的大部分时间里，我倾向于和人保持距离，也比较矜持，把自己创造性的一面只留给自己，因为我觉得这样很舒服。超越冥想使我不再害怕让自己的才华闪耀，并鼓励其他人也这样做！它还帮助我聘用那些能坦然面对自己才能的人，因为他们知道不必刻意贬低或夸大自己的才能。我可以给他们任何东西，让他们用自己的双手做出一些惊人的东西，因为我们都知道他们有能力做到这一点，就像我可以把我所擅长的展示出来一样。

我对自己的弱点也更坦然了。我很清楚自己不精通或不擅长什么——我甚至没想要试图做得更好。我和我的弱点就像一个团队。超越冥想帮助我建立各种关系，让员工相互协作，还帮助我描述出我希望他们前进的方向，然后放手让他们去做。工作中我一点也不以自我为中心。这样更令我兴奋。

尽管是在一个完全不同的领域工作，林赛像休·杰克曼却一样强调真实的重要性。"当你掩盖自己不擅长什么时，会造成一种充满了羞愧、不安全感和虚伪的人格。"通过让她闪耀才华，同时大方承认自己的不足，超越冥想促使林赛变得更真实，也更加始终如一地快乐。

内在成长是意识整合问卷分析中出现的第二个主要影响方面。这是一个非常大的领域，内容延伸到本书的许多章节中。现在，让我们回到亨利·戴维·梭罗的身上来做一个总结，我们在这一章的开头简短地引用了他的话。这位超越先驱将他的内在成长归因于允许超越的寂静进入他在瓦尔登湖的日常生活，以下是他的原话：

有时候，我不能把眼前美好的时光耗费在任何工作上，不管是脑力工作还是体力工作。……我坐在阳光下的门廊上，从日出坐到正午，在一片松树、山核桃树和黄栌树中间，在没有任何烦扰的寂静中凝神沉思。此时，鸟雀在周边歌唱，有的则默不作声地飞掠过房屋，直到夕阳斜照入我的西窗，或是远处公路上传来旅人车马的辚辚声，我才意识到时间的流逝。在那些季节里，我就像玉米在夜间生长一样活着，这比任何手工劳作都美好得多。[2]

在继续之前，先总结一下本章的内容

• 内在成长是意识整合问卷的生活影响量表分析中出现的一个影响方面。这是一个宽泛的概念，因为随着超级心智的发展，许多特定的积极特性也在发展，其中一些在本章中有所强调。

• 在回顾我们的调查数据和逸闻趣事时，我们看到了超越冥想增强韧性和真实性的证据。

12

浸入和超然：精妙之舞

> 尔之分唯在于行兮，无时或在其果。勿因业果故为兮，亦毋以无为而自裹。❶
>
> ——《薄伽梵歌》[1]

> 不要太紧，也不要太松。
>
> ——佛陀

我有一对双胞胎姐妹，或者我应该说，我有一对比我小两岁的双胞胎妹妹。一个最近去世了，另一人还在世。我妹妹珍妮在南非住了六十二年，直到她得了一种罕见的癌症。诊断后不久，医生认为肿瘤已完全切除，预后良好。但他们错了。几周后的一个早上，我醒来收到在南非的妹夫发来的一封电子邮件，收件人是我和另一个妹妹苏珊，并附上了CT扫描报告。情况非常糟糕，癌细胞已扩散到她全身。

---

❶ 译者注：此译文是根据对应章节位置，转引自徐梵澄先生。具体参见：室利·阿罗频多：《薄伽梵歌论》，徐梵澄译，北京：商务印书馆，2003年，第498页。若根据原书英文直译，则为：你只能控制行动，而无法控制它的结果。既不要为行动的结果而活，也不要把自己倒向无所作为。

每个关心她的人都尽其所能。苏珊急忙赶到她的孪生姐妹身边。珍妮在南非的家人也都围在她身边。医生尽了最大的努力。我在网上搜索有关这种可怕的恶性肿瘤的各种最新信息。只要珍妮能接电话,我每天都与她通话。许多处在她这种境况的人会找各种理由愤愤不平(她一直期待着享受退休生活,享受天伦之乐,享受与丈夫一起旅行的乐趣。现在,这种未来看起来不太可能了)。然而,她没有任何抱怨。"现在所发生的一切只是运气不好。"她说。"你要我去吗?"我问。"不用,"她说,"我想要你来的时候,我会告诉你的。"

我写信给一位专攻她这种肿瘤疾病的世界级专家征求意见。他友好地回答了我的问题,并提供了相关信息资料。然而,即使在那个时候,我也能从他的信中觉察出一种悲观的语气,而事实证明这种悲观是完全有道理的。我在深夜接到电话,来电显示的是珍妮的电话号码。我估计此时约翰内斯堡应该是凌晨4点。这个电话只能说明一件事。

苏珊在电话那头。"我不敢告诉你,"她说,"我们刚刚失去了我们亲爱的妹妹。"

悲伤像一只拳头打在我的肚子上。我感到一阵哀号从肺里涌了出来,我以一种无法想象的方式哭嚎着。身体做了它需要做的。

事情接踵而至。人们都非常友好并且给予帮助和支持。我飞回家。无论我多么悲伤,苏珊的悲伤都更加强烈——几乎不是一个数量级。在过去糟糕的几天里,她和珍妮的丈夫一起看护她的妹妹。珍妮留给了我们最后一份礼物。"无论发生了什么,"她说,"我都过了美好的一生。我不后悔。"

我绕着珍妮的房子和花园走了一圈,那里有我母亲住过的小屋。我走进小屋,试图找回里面包含的所有记忆。苏珊说:"你还能闻到妈妈的味道。"我闻不到,但我到处都能看到她——还有珍妮为了给她看一些好看的东西而种的各种各样的花。各种非洲才有的鸟儿飞过,俯冲下来在草丛中觅食——叫声响亮的长喙朱鹭"嘎——叽——喳喳"地叫着,叫声尖锐的灰冠飞鸟

"咕——咕——咕"地叫着。亲朋好友来来往往。我们试着互相安慰。为死者祈祷；一切按照仪式进行着。然后，是时候返程了。

我回来了。某些无法取代的东西一去不复返了。我每天都有这种感觉。珍妮曾经是那么生气勃勃——她的风趣幽默洋溢在整个房间里——现在她走了。难以置信。同时，我需要恢复我的很多东西——我在美国的生活：所爱的人、患者和这本主题对我很有意义的书。我所失去的和我的生活要求我在依恋的同时保持一份超然：抓住珍妮，而又一点一点地对某些东西放手……我不确定放手的是什么，但能确定的是，放下这些东西能让痛苦减轻。

我记得曾经看过一部关于一头母象的纪录片，讲的是这头母象一年前在寻找水源的路上弄丢了它的小象。第二年，母象又沿着这条路回来了。当它经过女儿的尸骨时，它把它的鼻子埋在头骨的裂缝里，仿佛想要让断裂的纽带再生。象群中其余的大象都恭恭敬敬地站在一边，直到它结束回忆。然后，慢慢地，它们离开并继续前进。生活需要母象在依恋与放手之间取得平衡，对我来说也是如此。我的超越冥想修习和随之而来的日常意识的改变，（或多或少地）有助于我在浸入与超然之间，在深爱与坦然接受之间，在强烈关怀与迅速从可能吞噬我们的情绪深渊中撤退之间跳着精妙的舞。

"勿因业果故为兮。"《薄伽梵歌》这样劝诫我们（如前所引）。我们都尽了力去救珍妮。我们不应该因为失败而惩罚自己。伟大的《薄伽梵歌》继续建议："亦毋以无为而自裹。"我们采取了行动。过去和现在我们都是一个巨大舞台上的演员，竭尽所能地扮演我们的角色。有时成功，有时失败，但我们必须行动起来。

我们现在对话的主题就是这种精妙的舞蹈。

让我们来看另一个故事。这个故事虽然没有失去所爱之人那么悲惨，但也很重要，而且很常见。它涉及浸入与超然之间难以处理的平衡，这个难题每天都在数以百万计的恋爱关系中上演。

我有一个朋友兼同事是一位五十多岁的内科医生，在离婚后决定学习超越冥想。离婚后数十年来的第一次约会，对他来说是既令人兴奋，又令人畏惧，因为他追求的目标要具备这两点：一是要有趣，二是同时也在寻找一个新的伴侣。与一位可能谈婚论嫁的约会对象见面几次后，他意识到，她会反反复复地在与他变得亲密无间后出现情感上的退缩。因为他非常喜欢她，但又不喜欢这种忽冷忽热的感觉，所以他就温和地就他的发现向她询问。她承认她之前与另一个男人约会过。她很清楚她想结束之前的关系，但觉得他们之间还有一些事没有了断。这种情况妨碍了她与自己的新男友尽情交往。

我的朋友说，如果在过去，他可能会把她的退缩视为一种挑战，并试图推动事情向前走，希望能把问题解决（太过浸入）。又或者，他可能会因反复出现的挫折而责备自己，然后不经过商谈就放弃这段关系（太过超然）。现在，他看待事物的方式不同了，他相信超越冥想给了他"一个智慧的心智"，使他能够理解当时的情况：当时还没有为进一步的发展腾出空间。他告诉他的朋友，虽然他喜欢她，但是如果她能彻底处理好与她前男友的关系，那将是最好的。如果她对他还有兴趣，可以随时回到他身边。

在这里，我们看到了浸入和超然之间的精妙舞蹈。他能够与他的女性朋友保持情感上的联系，为这段关系的进一步发展敞开大门。与此同时，他认识到，当她还在与另一个人藕断丝连时，事情就无法向前发展了——他所能做的就是保持一种健康的超然态度。如果是在过去，他会因为太过焦虑而无法忍受这种模棱两可，因为太过不安而无法清楚地看到这位女士的矛盾信号与他没有必然关系，也会因为太过缺乏自信而让这位迷人的女士在没有为这段关系"努力争取"的情况下就离开。他的"智慧心智"——我们可以称之为他的超级心智——使他能够以一种优雅且沉着的态度来处理这些情感上的分歧，这在以前是不可想象的。

我将用最后一个故事来结束这个部分。朱利安是一名建筑师，三十多岁，已婚，有四个孩子。他现在已经稳步地修习超越冥想四年了，并且注意到在不同的场合浸入和超然的不同情况。

他是这样说的：

对我来说，冥想的一个成果是20分钟后能站起来，然后感觉到与世界联系更加紧密，与人们——尤其是与妻子和孩子，在与他们在一起的那一刻——更是如此，并更感到自己是万物的一部分，而不是仅仅被困在朱利安的领地上。我与我妻子在正在进行的事情上更合拍了——不仅和她变得更亲密，而且在情感上与她和我周围发生的一切都联系得更紧密了。

朱利安与他的家庭和世界联系得更紧密了，同时，他最近变得不那么依恋物质的东西了，他的描述如下：

我需要不断地去买东西，比如买新鞋，出去到商场买东西——我不知道买什么，这几乎无关紧要。我和妻子在理财方面总是有麻烦，因为我们都是购物狂。对我来说，我认为想要一些新东西是对快乐需求的一部分，并且把快乐附着在我要买的任何东西上。当然这根本没用。我会感到短暂的快乐，直到再一次进入商城。现在我再也不那样花钱了，真的。我的意思是，我早上买咖啡，买午餐，但是我不再觉得有必要像以前那样去买东西了。我感觉我对物质的依恋正在消失。直到今天，当我开车进入停车场（我开的是一辆捷达货车），看见所有这些宝马和其他好车时，我对自己说："我会开着这辆车度过我的余生。我想只要它还能动，我就会一直开着它。"

朱利安经常和我谈论这些变化。他对意识的扩展状态有一个清晰的认识——这种已经进入他的日常活动的安宁，是一种与他对工作和个人生活的敏锐专注并驾齐驱的意识。他认为，正是这种新的意识让他对购买新东西或其他形式的"调节"所带来的短暂兴奋失去了兴趣。代替短暂兴奋的是他享受着事业上越来越多的成功,以及婚姻和家庭带给他的坚实的满足。

在书中的下一部分,我将详细解释定期冥想期间出现的超越状态如何开始渗透到你的日常生活中,从而解释我在这部分所描述的许多惊人效果。

在我接受精神病医生训练时,浸入和超然经常被强调。爱与工作是弗洛伊德所强调的两个伟大的心理目标。"唯有联结"(Only connect.)是小说家E. M. 福斯特(E. M. Forster)的一句名言,在一座纪念这位伟大作家的石碑上人们刻下了这句话。在西方文化中,就像我所受的训练告诉我的,联结、爱和依恋被视为健康的标志。相比之下,"超然"这个词散发着微弱的病态气息。如果你是"超然的",你就是无情的、冷漠的、远离人性的。这就是阿贝尔·加缪的《局外人》中主人公犯下的最大罪过:缺乏情感。

然而,随着我作为一名精神病医生和生活经验的积累,我意识到过度依恋是一个多么普遍的问题,其他人也得出过同样的见解。1990年,《爱得太多的女人》(Women Who Love Too Much)[2]成为《纽约时报》畅销书冠军,它使得人们认识到了强迫关系的普遍存在,以及这种关系给男男女女带来的痛苦。

就像"12步疗法"开发出来是为了帮助人们从他们过度依恋的事物中脱离出来一样,其他一些类似的项目也是为了那些沉溺于诸如暴食甜品(如我们在第8章中所看到的例子)、性、赌博等行为的人制定的——基本上,也可以说是针对任何过度刺激脑奖赏回路神经递质的事物制定的。多巴胺、内啡肽和大麻素等化学物质都已经过演化供给奖赏中心,并且鼓励有利行为。因此,很容易看出,这些能够改变情绪的内源性化学物质的仿制品——如可卡因、鸦片和大麻,和能够改变情绪的行为是如何轻易地使人上瘾的。

现在人们普遍认识到,对情侣关系和成瘾行为的过度依赖与对物质成瘾一样不健康。为了对抗这种成瘾行为,超然往往是很有必要的,尽管很难做到。例如,为帮助酗酒的亲戚戒酒而组织的嗜酒者家庭互助会的成员被鼓励

"暂时放下爱"。他们学会了如何达成一种微妙的平衡：与他们所爱的人交往，但不助长他们的成瘾行为（比如给他们钱）和随之而来的灾难性后果。

在意识整合问卷中，我们列出了两个相互独立的问题来询问人们，即自从开始冥想，他们是否变得：（1）更专注于当下；（2）更少过度依恋。令人惊讶的是，91%的人说他们更专注于当下了，88%的人说他们不那么依恋了。显然，他们现在发现，有爱的相处并不要求人们过度依恋。

在回答关于浸入的问题时，许多人提到了"活在当下"和"此时此刻"。这个主题我们将在第14章"超越状态和正念"再次提及。以下是他们的一些回应：

- 我正在给这一刻注入激情。当我的注意力落在每一种情形上时，它都有一种"加速"、一种明晰、一种"揭示"的感觉。
- 当下是愉快的时刻。当我在做事的时候，我享受其中，并且发现自己做得比以前更好了！
- 我对此刻产生了一种神圣感，并体验到了活着和呼吸是种什么感觉。它们非常清晰，不是理性上的清晰，而是体验上的。
- 认识到自己以前一直是在"梦游"。
- 我过去很害怕活在这个世界上就免不了的"家务活"。现在，我喜欢做任何事情。洗衣服、烹饪、打扫房间。"好吧……我还是不喜欢用吸尘器，但我已经学会了如何快速地使用它完成清洁工作。"

至于我们所担心的不要过度依恋的问题，许多人描述了他们可以多么容易地抛弃他们曾经珍惜的"东西"。这里有两个例子：

- 上一次搬家时，我没费多大劲就把90%的东西扔掉或送出去了，包括送给家人一些非常珍贵的传家宝。这些东西对我来说有很大的情感价值。如果是在二十年前，我不可能做到这一点。

- 我在电影《低俗小说》(Pulp Fiction) 中扮演一个小角色。我曾经对这个事实非常依恋，好像它是如此重要，是我身份的一部分……哈哈。现在，我会拿我有趣的小角色开玩笑，甚至把这个角色穿的夹克当给了《典当明星》(the show Pawn Stars)，而在那之前，那件夹克是我的一部分，我的一些朋友说我把它送人肯定是疯了。

如今，囤积居奇的问题已经进入了公众的视线。我们认识到，有很多人确实无法割舍那些中立的评论员归为垃圾的东西。囤积者将这些时代的遗物——例如，成箱的旧报纸——视为珍宝。尽管电视真人秀节目将这个问题表现为一种喜剧场面，但囤积居奇实际上是一种悲剧。

如果那种规律冥想带入生活的安止能给那些饱受囤积障碍折磨的人（更不用说他们陷入困境的家人了）带来一些平静，帮助他们放下对囤积物品的痴迷，那该多好啊。以下是一位意识整合问卷受访者的评论，他认为这样的幸福结局是可能的：

> 尽管这听起来有些自相矛盾，但我确实能够更好地享用物品，同时减少了为求快乐而对事物产生的依赖。我正在简化我的生活，因为我知道，过多的财产只是一种负担。

有人提到了从依恋财富和物质对象到依恋家庭和有价值的活动的转变。另一些人指出，如今他们在依恋关系中更有辨别力了，会选择对某些人放手的同时与其他人保持联系。

一位男士在解释他现在如何体验超然时说："很明显我不再执着了。它不是认知上的；并不是我决定不执着。它只是就这样发生了。"

对于意识整合问卷回答者中的一些人，超然是他们不断增长的韧性的一部分，有助于他们预见并避免可能造成混乱的情况。例如，一位女士说："我能更好地辨别出什么时候我被一些与我无关的事情缠住了，或者什么时候我会制造不必要的或无益的内心混乱。"另一位女士说："我曾经很容易失望，因为我太看重事情了。"还有一位女士也有同感："过去，每当我失去、损坏或弄坏有价值的东西时，我都会变得心烦意乱。我会难过很长一段时间。现在，这种懊恼已不那么强烈了，而且很快就消失了。我比以前更强烈地意识到，这些不幸的事情是生活的一部分，而我在生活中已经拥有了太多的好运。"

有些人特别指出，他们在控制问题上——无论是对自己还是对他人——表现出了超然的态度。例如，一位女士写道："我和一个有控制倾向的人交往了两个月，直到有一天有些事使我豁然开朗，我才毫不后悔地摆脱了这种局面。"而对另一位女士来说，重要的是放弃她自己想控制的需要。她说：

> 我仍然有自己的观点，但我只是把它们视为——我的观点，除非别人要求，否则我不会觉得非要把它们强加于人。我只是简单地不带太多情绪地陈述我的观点。过去人们常说我直言不讳，很有压迫感，但最近我收到的评论恰恰相反。

另一位女士说得很简单："我不再试图控制结果，而更多的是顺其自然。"一个人试图调和他自开始冥想以来所体验到的"浸入"与"不依恋"："我的欲望越来越少，在日常生活的简单乐趣中找到了满足感。我很享受我的退休生活，但偶尔还是会出现一些冲突。当这些事情发生时，我似乎不会在情绪上过分投入。我很高兴地看到冲突似乎很快就自行解决了。"

尽管所有这些人身上都有超级心智在起作用的感觉，但在某些例子中，它表现得则非常明显。这里有几个例子：

· 我越来越意识到，我不是一份工作，不是一份薪水，不是一种级别,也不是一个名字。我是某种更伟大事物的一部分。

· 这是一种很好的超然,不是那种让你忽略一切的超然,而是一种让你在享受周围世界的同时做自己的超然。

· 我对周围的事物抱有极大的爱和感激之情,但我似乎也在悄悄地远离这些事物。我把世界看作是流动的。

· 情绪依然存在,但无法掩盖本质的我。爱变得真实而有形。与其说它是一种情感,不如说它是把宇宙万物粘合在一起的黏合剂。

· 世事无常。意识就是实在。我仍有欲望,仍享受着事物带来的快乐,但是如果它们碰巧出现或者没有出现,那也没什么。

在所有这些例子中,我们看到了那种平衡,这是超级心智发展的一个值得欢迎的方面。当我们在生活中穿行时,我们的情绪往往会令我们摇摆不定。超级心智的发展就像船上的压舱物一样使我们保持稳定。我们仍然会感到快乐和痛苦,变得兴奋,追求目标和梦想,但有一种宁静正与那些推动我们的力量并行,它的发展让我们获得了超然的关键慰藉。

面对死亡

每个人都得死,但我总是相信我是个例外。

——威廉·萨洛扬

过一种有思想的生活要求我们与死亡和解——包括我们自己不可避免的死亡的前景。然而,有些人喜欢回避这件事情。例如,我的一个朋友,一位中年妇女,经常去看望她处于心脏衰竭晚期的母亲。在她的一次探访中,她的女儿弗雷达问她的母亲:"你认为我们应当谈论死亡吗?"这位母亲想了一会儿,说:"弗雷达,你对死亡有什么了解吗?"

"算不上了解。"弗雷达回答。

"好吧,我也不了解,"这位母亲说,"那有什么好谈的呢?"

另一种极端情况是,有些人即便身体健康,也在每个白天(或每个晚上)提醒自己死亡。两个著名的例子来自诗人约翰·多恩(John Donne)和女演员莎拉·伯恩哈特(Sarah Bernhardt)。据报道,前者穿着寿衣睡在自己的棺材里,虽然这种行为即使在当时也是非常极端的,但发生在写下《死亡,不要骄傲》(Death, Be Not Proud)这首诗的人身上又是可以理解的。伯恩哈特也经常睡在棺材里,她说这有助于她更好地理解自己的悲剧角色。[3]

这两种面对死亡的方法(否认死亡与定期爬进棺材)是一种普遍动态的两种极端形式:我们害怕死亡。从演化的角度来看,这种恐惧是件好事。它帮助我们保持警惕,从而生存下来,让我们的基因更成功地传递下去。然而,从心理学的角度来看,对死亡的恐惧会萦绕在我们的心头,阻碍我们充分发挥生命的能力。

虽然死亡的过程对我们同时做到"浸入"与"放下"的能力提出了挑战,但使我们忧虑的却是对死亡的恐惧。对于某些人来说,他们痛苦地关注如何让超级心智帮助他们缓和这种恐惧,而它能做到吗?

当我和我的朋友理查德·弗里德曼——他是你在书中早些时候遇到过的精神病学家兼《纽约时报》科学专栏作家——交谈时,我首先思考的是超越冥想对我们如何对待死亡的影响。他有几个显著的观察结果。他说,自从开始修习超越冥想,他对死亡的恐惧减少了,也不再那么担心他能留下来什么遗产给这个世界。而当他得知一个朋友正在拍摄一部关于来生的故事片时,他惊奇地感觉到,尽管他是一个固执的科学家,但他对这种可能性持有一种更加开放的态度。他对死亡的想法发生的所有变化,都是开始修习超越冥想后才发展起来的。

莉娜·邓纳姆(Lena Dunham)是一位非常成功的年轻女演员、作家,还是喜剧电视剧《都市女孩》(Girls)的编剧,也是一位长期超越冥想修习者。她说,超越冥想帮助她与对死亡的恐惧达成了和解。她解释如下:

> 我认为冥想让我意识到我自己感觉永恒和完整的那一部分。它不受……变化的影响……因为它是非常深层次和本能的,就是它给了我很多安慰。我不再每天早上醒来都想:"今天我会死吗?"它是我意识的一部分,我认为并且相信它是健康的,但它不再像以前那样基于恐惧而存在,这种变化肯定是冥想的结果。

在开发意识整合问卷的过程中,考虑到理查德·弗里德曼和莉娜·邓纳姆等人的发现,我提出了以下问题:

自开始冥想以来,你对死亡的恐惧减少了吗?
自开始冥想以来,你对来生的可能性的想法有任何改变吗?

让我们看看人们是如何回应的。

对死亡的恐惧

在回答意识整合问卷的人中,大多数人(72%)写到,自从开始冥想,他们对死亡的恐惧减少了。

那些用叙述性回复进一步说明的人可以被归进下面几种自我报告的基本类型:

1. 复杂的死后理论——宗教或其他领域,帮助他们免于对死亡的恐惧。
2. 恐惧减少,归因于各种体验。
3. 恐惧减少,直接归因于超越冥想。在这组人中,我发现最有趣的是那些对这个问题的回答是"有意外之喜"的人。

让我们暂时把第一类和第二类放在一边，集中讨论最后一类。有一些人自修习超越冥想后对死亡这件令人讨厌的事情感觉变好了，他们的评论如下：

· 我不再害怕死亡。通过冥想，我对许多事情的恐惧都消失了。有一天，我确实注意到恐惧已经消失了。死亡既不令人渴望，也不令人恐惧。

· 我甚至可以说我不再担心死亡。天生的自我保护冲动依然存在，但死亡的概念无法困扰我。

· 我对衰老、疾病和死亡有着严重的焦虑。这种焦虑定期发生，使人衰弱。我的医生想要给我开点药。但在冥想的几个月里，它消失了80%。一年后，完全消失了。

· 是的，不过我还没有想过这个问题，直到有人问起我这个问题。

· 尽管我可以确信无疑地回答"是"，但只有当我真正面临这个情况时，我才能知道实际上会发生什么。

· 癌症提醒我生命的重要性，冥想帮助我将死亡暂时搁置。

· 自从我开始冥想，我对包括死亡在内的几件事情的恐惧明显减少了。对我来说最具戏剧性的事情是坐飞机。我年轻的时候非常喜欢坐飞机。后来我对它产生了极大的焦虑，成年后的大部分时间里都不再坐飞机了。自从开始冥想，那种恐惧就完全消失了。我很感激也很开心，因为我具有冒险精神，而那种恐惧对我来说是一个巨大的障碍。

为了公平起见，这里也列出一个相反的回答。

· 我现在更害怕死亡了。我不知道这是否与冥想或我的年龄增长有关。

伍迪·艾伦有句名言："我不是害怕死亡，只是当它到来的时候，我不想在场。"在阅读调查问卷时，看到有人区分了对痛苦的恐惧和对死亡的恐惧，这让我想起了他的这句话。这里有几个例子：

- 死亡只是穿过一扇门的通道；我害怕的是痛苦，不是死亡。
- 死亡吗？哈！一个老朋友，只是离开另一个层面而已。痛苦才是我所厌恶的正主。
- 是的！！！当我开始修习超越冥想时，这是我注意到的一开始让我深有触动的事情之一！！开始修习超越冥想后不久，我就不再害怕死亡了。当然，我仍然害怕痛苦，但不害怕死亡。

一些人认为，一个人定期冥想时反复出现的超越可能会使心智习惯于离开清醒意识，这就使死亡的前景不那么可怕。这里有一个例子：

在过去的三十年里，经历过那么多次狂喜的超越状态之后，我意识到：差不多就好像我"每天都在死去"……在冥想的过程中，我体验到了这种深深的平静感和极乐感，所以我得出结论，死亡就像冥想……于是，死亡似乎不再是回事了。

玛哈里希自己提出了这种联系，他指出：

当生命离开身体的时候，离开的是呼吸，就像超越一样。对于一个多年来已经习惯了这种体验的人来说，这种转变是容易的、无痛的、极乐的，而不是灾难性的。丢弃身体就像让一只鸟从笼子里飞出来。[4]

诗人阿尔弗雷德·丁尼生（Alfred Lord Tennyson）的例子很奇特。他发现了通过不断默念自己的名字来达到超越状态的能力，并将超越的体验与对死亡担忧的减少联系起来。下面是关于这种体验的第一手报告，摘自威廉·詹姆斯的《宗教经验种种》(Varieties of Religious Experience)一书。

一种清醒的"出神"状态——之所以用这个词，是因为找不到更好的词汇表达——自孩童时代，每当我独处之时，便经常进入这个状态。……突然间，个体本身似乎消散，淡入了无限的存在，就好像游离于强烈的个体意识之外，这个状态并非混乱，反而最为清楚，确定不移……完全超越语言——这里，死亡成为可笑之事，几乎不可能，人格丧失了（假如果真如此），似乎就没有毁灭，唯有真实的生活……我为自己的词汇贫乏感到羞愧。我不是说过，这种状态超出语言的范围吗？……此事绝无虚妄！它并非朦胧不清的出神，而是超越的惊诧状态，与心智的绝对清楚相关联。❶[5]

我觉得这种描述非常迷人，除了其行文如诗词般优美，还有以下原因：首先，它展示了一个人如何在不寻常的情况下偶然发现一个词——这里指的是自己的名字——然后用它来进入一种听起来非常像超越的状态。其次，它清晰地描述了人们如何在强烈浸入（在这个例子中是超越状态）的同时超脱于自己的死亡，以至于认为死亡是"可笑之事，几乎不可能"。

综上所述，我们的问卷数据和个人陈述表明，超越冥想既促进了超然，又增强了浸入，而这正是生活中最大的乐趣之一。扩展意识的这些特征甚至有助于我们接受死亡的前景。对于这种接受，一个貌似合理的原理是，定期的超越修习允许冥想者超脱于对失去的恐惧——甚至是对失去生命的恐惧。这种超然的态度可以帮助一个人超脱于生命中最后的财富——生命本身——同时保持浸入生活，只要身心允许。

---

❶ 译者注：这段翻译参见：威廉·詹姆斯：《宗教经验种种》，尚新建译，北京：华夏出版社，2008年，第275页。

总结本章的发现

・生活的挑战之一就是，平衡对浸入生活及其追求的情感需求，同时避免对各种关系、观念、行动步骤或生活本身的过度依赖。

・基于我们调查获得的回答和逸闻趣事来看，超越冥想似乎促进了这些明显对立的需求之间的微妙平衡。

13

自然加持

> 愿你一路通畅无阻。愿你永远顺风顺水。
>
> 愿太阳温暖地照在你的脸上,雨水温柔地洒在你的田地上。
>
> 在我们再次相遇之前,愿上帝把你捧在他的手心里。
>
> ——爱尔兰传统祝福语

我们大多数人在一生中都有这样一种感觉,那就是无论我们如何努力,总会有一些我们无法完全控制的因素,比如我们的外貌、智力、健康以及无数的其他因素。希望我们迟早能接受这一事实。但命运的赌注还不止于此。我们还需要面对另一个巨大的变数,一张重要性胜过其他牌的王牌——运气。幸运女神、抽到好运、爱尔兰祝福中的幸运只是运气让人想起的众多形象中的一小部分。我母亲常说:"你只应拥有运气。"这句话道出了运气的重要性,即它对一个人的生活轨迹会产生压倒性的巨大影响。我毫不怀疑,每一种文化都必然有自己的传统习俗来吸引好运(马蹄、瓢虫、叉骨)、不失去好运(敲木头)或避免厄运。我的祖母和她的姐妹们建议在婴儿的尿布上系一条暗藏的红丝带,以避开心怀忌妒的旁观者朝婴儿投来的邪恶目光。

我是在一个朋友的厨房墙上第一次看到这一章题记所引用的这段爱尔兰祝福语。你可以想象一下当时的情景：朴素的木架，白色的衬垫，哥特式的书法，旁边点缀着一片大大的四叶草，也许还有一个小精灵从后面盯着你。这段话抓住了问题的实质：时来天地皆同力，运去英雄不自由。

我们在分析意识整合问卷调查结果时发现，近四分之三（72%）的受访者表示，他们觉得自开始冥想以来，自己变得更幸运了。这是构成"自然加持"的项目之一。可归类为"自然加持"的其他项目还有：人际关系的积极变化（89%）、财务状况的改善（55%）以及"其他人注意到了积极变化"（72%）。然而，绝大多数（85%）的意识整合问卷受访者认可的一个项目可以对此做出解释——至少部分解释这些项目的其余部分，它就是"更健康的选择"。

这就引出了这样一个问题："到底是运气真的来了呢，还是我们自己创造出了运气？"换言之，我们都受制于作用在我们身上的力量，但也许我们的心智状态（超级心智）会影响我们的态度、判断和行动，进而影响了我们的运气。

我们能做些什么来影响我们的运气呢？超越冥想与它有何关系？因为目前还没有针对自然加持的对照研究，所以我们需要依靠得到意识整合问卷调查数据支持的奇闻逸事。假设自然加持是超越冥想修习者的共同体验（似乎是），我将考虑哪些因素可能在这种令人幸福的现象中起作用，以及我们已经相当熟悉的超级心智的各种要素会如何促成这些因素。

在我为早期的一本书《冬季抑郁症❶》（*Winter Blues*）[1]采访苏格兰诉讼律师安娜时，超越冥想背景下出现的"自然加持"这种奇异现象引起了我的注意。安娜专门学习超越冥想来帮助她缓解季节性情感障碍症状，并发现这非常有用。尽管一开始对这种做法持强烈怀疑态度，但她有一位可靠的朋友"对超越冥想赞不绝口"，并向她推荐。安娜告诉我："我当时因为一个案子

---

❶ 编者注："冬季抑郁症"是季节性情感障碍的别称，该障碍以与特定季节（特别是冬季）有关的抑郁为特征。

而压力过大，整个人简直都快要爆炸了。我想：'做超越冥想会让我除了钱，还失去什么呢？'"

令安娜惊讶的是，超越冥想不仅有助于缓解她的冬季抑郁症，而且帮助改变了她的整个性情。我从《冬季抑郁症》中摘录了以下段落：

"我仍然没有搞懂其中的逻辑，但这个技巧对我很有用。虽然我还是不喜欢冬天，但我能应付它了……？我过去常常因琐碎小事而心烦意乱，现在我对小事不那么紧张了。如果我又开始因琐事而心烦，我会更快地让自己停下。尽管还不到我飘飘然的时候，但是生活已经全面改善了。"往下看，就会发现她的运气也有所改善。

虽然其他人不知道安娜转变的秘密，但他们肯定注意到了这种转变。据安娜说："在一次审判中，对方律师说：'你不再是平时那种烦躁的样子了。'我的助手还因为我现在表现好多了而问我是否在服药。如果我错过超越冥想修习一段时间，人们能看出我有不一样的地方，甚至通过打电话就能辨别出来。我会更容易生气，更容易发怒，更容易发出刺耳的声音。"另一方面，当安娜定期做超越冥想时，她说：

一切似乎都安排妥当了。人们对我更好是因为我对他们更好了。我更多地抽到上上签。例如，店员更有可能帮助我。最近，当我去一个小镇找法院的时候，我看到两个停车管理员。虽然他们不是我最喜欢的人——他们喜欢开罚单——但我还是向他们问了路。他们不仅告诉我法院在哪里，还帮我找了一个不用付钱的停车位，然后走在我的车前面给我指路。谁听说过停车管理员这么做过？

不久前，在我即将登机时，我想起了安娜，那时我已经定期修习超越冥想几年了。行李规定允许携带一件随身行李和一件"私人物品",对此还有严格的尺寸限制。虽然我不知道具体的尺寸规定,但我知道这些规定具体实施时是可以变通的,当时我看着我拿着的两件体积较大的行李,只希望能得到宽大处理。当我走近登记处时,我看见一个看起来就很小气的金属框架,我的随身行李必须符合它的大小才能不被登记收费。一个身材高大的、警惕的、满脸怒容的女人站在金属架对面,让人想起了守卫着地狱之门的刻耳柏洛斯[1]。我本能地蜷缩起来,试图让我自己和我携带的一切看起来更小。就这一点而言,我失败了。她朝我吼道:"那个箱子太大了!登记收费!"

"如果我把一些东西拿出来,"我指着随身携带的行李说,"放在这里面呢?"我又指了指那件私人物品。

"那也不行!"

我看着她,看到的是一个显然处于压力之下,可能一整天都在与别人争论并吵架的人。我说:"你认为我们有什么办法可以一起解决这个问题吗?"

她惊讶地看着我,沉默了好一会儿。然后她的脸色舒缓了,说:"当然,亲爱的朋友。我们会找到办法的。"然后,我们找到了。我对她表达了谢意。在路上我无意中听到她对别人说:"你听到了吗?这是六个月来第一次有人对我说话这么友善。"

就在那时,我想起了安娜,以及她如何扼要地表达她命运的变化:"人们对我更好是因为我对他们更好了。我更多地抽到上上签。"我知道,自从我开始定期冥想,我也成为了一个更好的人——人们对我也确实更好了,我也确实感觉更幸运了。

"我们看到的不是事物本来的样子;而是我们自己本来的样子。"法国作家阿奈斯·宁(Anais Nin)被认为是第一个说这样一句话的人。如果我们感到紧张、沮丧或生气,别人就会认为我们粗鲁、压抑或具有威胁性,并会相应地对

---

[1] 译者注:刻耳柏洛斯是希腊神话中住在冥河岸边的地狱看门犬。

待我们。如果我们平静、幸福、开朗，别人就更有可能在我们面前感觉舒服，从而对我们有好感。当然，无法保证他们会这么做，但他们更有可能这么做。正如美国作家达蒙·鲁尼恩（Damon Runyon）在引用《传道书》时的即兴发挥："捷足者未必先登，强者亦未必取胜，但尽力而为才是下注的方式。"

我治疗过许多有抑郁、焦虑、愤怒管理问题和其他形式痛苦的人。一般来说，他们体验到的世界是不友好的或充满敌意的，但毫无例外的是，一旦他们自己感觉变好了，他们觉察到其他人也变得更友好了——他们可能就是这样。所以在我们如何看待世界和世界如何看待我们之间存在着动态相互作用。经过一段时间的冥想，我们的压力就会减少，当安止进入我们的日常意识后，我们就会更倾向于用一种更友善的眼光来看待世界，反之亦然。当这种情况一次又一次发生的时候，我们真的觉得好像有一个联盟的人在祝我们好运，并以各种方式支持我们。

另一种"自然加持"出现的方式是在冲突情况下表现出来。以安妮塔为例，她是一位初出茅庐的设计师，在曼哈顿的一家公司找到了一份工作。她工作了几个月，就被指派负责纽约市的一个设计项目，鉴于她的资历尚浅，这可以说是一份高级别工作。幸运的是，安妮塔最近开始冥想，这让一切都不同了。冥想有助于她处理工作中的压力，不知何故，问题的解决似乎更容易到位。安妮塔发现，与其担心整个项目的各种细节，还不如一次只做一件事，这样很容易就能处理好各种事。下面我们看看她是如何描述她早期的超越冥想体验及冥想对她的影响的：

> 在我冥想的第四天，我不由自主地发自内心深处地哭泣。没有什么特定的缘由。最让我难忘的是，在这段体验中，我感到多么的安全，而在这之后，我又感到多么的放松。这个世界对我来说更柔软了。感觉起来就像一株破土发芽的植物那么柔软。我开始了一种新的生活方式。

安妮塔的城市设计项目很具有挑战性，特别是当有几个难以相处的人站在前进的道路上时。当她继续冥想的时候，这株柔嫩的植物出乎意料的强硬一面也在发展。她在会议上和电子邮件中表现得越来越坚定自信，尽管是以一种非常专业和礼貌的方式。这种转变似乎是自然发生的。她没有告诉自己要更加坚定而自信；她只是变得如此。不知怎么，人们的反应很积极。尽管如此，这个项目最终还是陷入了僵局，因为有一个人阻止安妮塔收取未付的应收账款（该市迟迟未付款）。成功似乎不可能。

然而，安妮塔保持冥想，以一种平静的方式一次只做一件事。然后，令她吃惊的是，在她没有做任何具体干预的情况下，这个难缠的人突然被换掉了，新的委员会主席也更容易相处了。安妮塔几乎不敢相信自己的好运气，因为她感到一个巨大的负担溜走了——此后，事情继续有条不紊地进行着。这让她想起她看过的一段叫作《创造你自己的现实》的视频。在冥想的过程中，安妮塔感到自己在改变，而随着她的改变，她周围的世界似乎也在改变。

安妮塔让我想起了我的朋友米蕾拉·苏拉（Mirela Sula），一位来自阿尔巴尼亚的治疗师，她现在住在英国伦敦。这两个国家相距1700英里，但这一距离很难真正反映出这两个世界之间的巨大鸿沟。以下是苏拉在她的书《不要让你的心溜走》（Don't Let Your Mind Go）中对在阿尔巴尼亚的生活的描述。[2]

20岁时，我住在阿尔巴尼亚北部一个偏远的村庄里。我是一个大家庭的新娘，我必须遵守这个大家庭的习俗和传统。我要烤面包，打扫房子和后院，等着山羊从牧场回来。这就是我的生活。我被隔绝在群山之中，那里离我最近的房子也有十分钟的路程……有一件事在我脑海中挥之不去，那就是女人必须给她的父亲和丈夫洗脚。是的，我给我继父洗过太多次脚了。这在当时是一名女性成为一个好女人的必要标准……这似乎就是我的命运。然而，我从来没有接受过这是我生活的一部分，我知道这不是我的未来。

不知怎么，米蕾拉好像奇迹般地设法从阿尔巴尼亚农村一路来到伦敦。她认为这个部分归功于广泛的阅读，尤其是超越冥想的学习。尽管生活在农村，米蕾拉还是成功地完成了心理治疗师的学业，并创办了一本杂志。尽管如此，她还是迫切地想要改变自己的生活，但不知道该怎么做。在她的文化中，"仅仅是因为你想要更好的东西"就离婚是不可接受的。使事情更复杂的是，那时她已经有了一个13岁的儿子。

你可以想象的是，米蕾拉遇到了一个又一个的障碍，但她不顾丈夫的反对，去了伦敦。她坚持冥想，不久她的儿子也去了伦敦，一开始是去看她，后来留在了伦敦。然而，还有最后一关——离婚。根据阿尔巴尼亚的法律，必须要她的丈夫同意才能离婚，但他拒绝了。他告诉她："不可能，没有机会。别做梦了。"他们为此争论了很多次。后来有一天，在她冥想的时候，"一个声音对我说：'你为什么要继续和他争论呢？你不需要把你的精力和注意力集中在他身上。专注于你想要的。'"她回忆道。

从那时起，她开始专注于她的愿望"自由"，选择那些她想要的人做她的朋友和同事。她让她丈夫知道，在她看来，婚姻已经结束了，他可以做他想做的事。她一直在冥想。然后有一天，他打电话告诉她，将由他这边启动离婚诉讼程序。她不相信他，怀疑他在玩什么把戏——直到收到离婚文件。后来，他允许她的儿子和她一起住在伦敦，他们现在就在伦敦一起生活。

这个故事有一个圆满的结局：米蕾拉和她的前夫已经能够抛开他们之间的分歧，共同抚养儿子了，儿子每天都和他的父亲通话。有一件事他们一致同意：他们的儿子需要父亲和母亲。我推测，因为米蕾拉变得更加平静，同时内心依然坚定，所以她的丈夫内心也安定下来了，并能够转变他的观点——这是一个合理的解释。但是对米蕾拉来说，她感觉自己得到了看不见的力量的支持，这种力量应该部分归因于超越冥想。

我将安妮塔和米蕾拉联系在一起是因为在这两个例子中，其他人都认为他们想要的是对的，然而，在超越冥想的缓和作用下，她们的视野变得清晰，决心变得坚定。这样我们就看到了另一种"自然加持"显现的方式。

好的停车位与其他的幸运间隙

现在让我们转向意识整合问卷，看看关于超越冥想修习者的"自然加持"，它能告诉我们什么。特别让人感兴趣的是这个问题的答案："自从开始冥想，你是否觉得，不需要付出任何额外的努力，自己就比以前更幸运了或者事情比以前更顺心了？"在所有的答复者中，约四分之三的人回答"是"，而在这些人中，又有四分之三的人说这种情况经常发生或频繁发生。

当看叙述式回答时，我特别感兴趣的一点是，有很多人说，自从开始冥想，找到好的停车位变得容易多了。以下是一些具体的例子：

- 我通常知道我的停车位会在哪里，即使停车场很拥挤。
- 我很容易找到停车位。我一路畅通，遇到的都是不停车电子收费系统，一个接着一个，很多个，不耽误时间。

诸如此类的回答（还有很多）表明，回答者相信他们的运气实际上已经改变了——宇宙变得更友好了——而且他们通常还会提供其他的"好运"事例。这里有一个令人印象特别深刻的例子：

我以前总是觉得我什么事都会迟一天。不管我想要什么，我总是觉得我从来没有及时得到它或想到它。别人会抢在我之前。但现在感觉恰恰相反。最近我会在正确的时间出现在正确的地点。我找到了我需要联系的人。我能得到我想要的东西，不一定是物质上的东西——但是是重要的东西。

其他超越冥想修习者——例如下面这些人——也认识到生活似乎更经常地按照他们设想的路径发展,不过他们喜欢更科学地去解释:

- 我想我只是更多地意识到实际上发生了多少好事。所以我不知道是事情变了还是我的意识变了。
- 事实证明,"运气"在很大程度上取决于对变化、环境和意外事件的接受能力。我喜欢对新体验持开放态度,因此每件事对我来说都有一些有趣的地方。
- 快乐会带来好运。
- 我把运气定义为准备与机会的相遇。我信奉不断地做准备并磨炼自己的技能,这样当机会来临的时候,我就可以毫不畏惧地走向它。你可以称之为运气,但我相信它是勤奋和信念。

公平地说,还有少数几个相反的回应,比如:

- 说实话,我一直都很幸运。
- 事情变得更糟了。

鲍勃·罗斯指出,自然加持的体验并不只发生在那些进行冥想的人身上,也常常可以归因于一个人在某一天的感受。正如他所说:

这些常见的体验通常有简单的解释(即使你不是冥想者)。如果你连续几天睡眠不好,你就会感觉不在状态,似乎什么都不顺心。你会错过停车位,会没来得及接到电话,还会丢各种东西。你会说你有"糟糕的"一天。另一方面,晚上好好睡觉,锻炼身体,吃得好,感觉有力量,你就会自然而然地感觉一切如流水般顺畅。事情往往会按照你的想法发展。

你会说你有"美好的"一天。这和你冥想时的情况很相似。事情似乎总是按照你的方式进行。你的好日子会比坏日子多。

自然如何为我们加持？让我们数一数其方式

在我看来，可以为自然体验的加持这样进行分类。（也许你还有其他的解释。）

1. 你对别人更好，别人也会对你更好。

2. 你会比以前更有可能看到周围的美好事物。

3. 你对自己看得更清楚了，并设立了更坚固的界限。因此，你不太可能被不公平对待，而更有可能被认真对待。

4. 你会把握住偶然的机会。（正如路易斯·巴斯德的名言："机遇偏爱有准备的人。"）

5. 你能更准确地读懂他人和世界——就像一个能更好地感知风向和洋流的水手能更熟练地航行一样。你可以掌控和准确阅读你的环境并做出适当的反应。

不管如何解释，人们普遍同意，在开始修习超越冥想之后，随着超级心智的发展，生活变得更容易了，世界看起来更讲合作和包容了。感觉好像自然在支持你的努力、梦想和抱负。

本章要点总结

- 许多超越冥想修习者观察到，开始冥想后，事情似乎比以前更频繁地按照他们的方式进行——就好像世界在支持他们的行动，保障他们的安乐。

- 文中列举了几个明显的好运的例子，并提供了一些可能的解释来说明这一现象。

14

超越状态与正念

> 最重要的时刻就是现在。现在是我们唯一能主导的时间。
>
> ——列夫·托尔斯泰

> 我们所有人都是在不同的道路上朝着同一个目的地奋斗的朝圣者。
>
> ——安托万·德·圣埃克苏佩里[1]

令人惊讶的是,我发现自己经常与陌生人谈论冥想。谈话对象可能是正看到我闭着眼睛的出租车司机,或者飞机上坐在我旁边的人。有一件事对我来说很清楚:在美国,冥想的魅力正在与日俱增。然而,正如我们所谈论的那样,在大多数情况下,很明显人们认为所有形式的冥想都是一样的。当我开始向他们解释不同形式的冥想来自不同的传统,对冥想者有不同的要求,以及对脑有不同的影响时,他们的眼神开始茫然,然后泛泛地说,这些差别

---

[1] 译者注:法国著名的飞行员兼作家,《小王子》的作者。

没有根本的不同——如何不同是只有专家才关心的深奥问题。冥想是好东西，这就是他们想知道的。

这一章就是为至少在某种程度上想要了解两种冥想形式之间区别的人准备的。这两种不同的冥想来自两个伟大的传统：正念来自佛教传统，而超越冥想来自吠陀传统。正如我希望阐明的那样，这二者之间确实存在差异。不过，我得先补充说明一下这一章不涉及的内容。首先，我并不打算回顾与正念相关的大量文献。在亚马逊上搜索"正念"（截至撰写本文之日），会看到超过3.5万本书的标题与之相关，这表明读者最不需要的就是再多一本关于这个主题的书（尤其是出自一个绝非该领域专家的人）。此外，还有大量的科学文献用数以百计的论文论证了正念对各种身体和情绪状况的益处。如果你想了解更多相关内容，你可以在尾注中找到一些评论文章，以及一篇批判文章。[1]

第二，这种比较并不是要在这两种冥想实践之间分出高下。在一个有数百万忠实球迷的国家看着球队一周又一周的激烈竞争，人们可能会自然而然地问："那么，到底哪支球队更好呢？"每一个流派都有数百万的追随者，其中许多人热诚地推荐这种比那种要好，但在我写这篇文章的时候，据我所知，甚至没有一篇正面比较正念与超越冥想效应的文献发表过，无论这种比较是生理方面的还是心理方面的。所以，任何关于一方优于另一方的说法在这个时候都没有科学依据。然而，支持一种冥想的数据可能只在某些领域更有说服力，因为这可能只是反映了在这些不同领域工作的研究人员的关注点。例如，有大量数据表明超越冥想有益于心血管健康（见第8章），但据我所知，正念在这方面的研究还没有。因此，在撰写本文时，美国心脏协会只认可超越冥想而非一般的冥想是一种治疗高血压的辅助疗法。[2] 也许有数据支持正念却不支持超越冥想，只是我没有注意到。

虽然我在这里努力展现出一幅平衡的画面，但我不能说我是一个中立的观察者。虽然我在日常生活中寻求正念状态，但我并没有以一种正式的方式修习正念，也没有沉浸在这个主题中。另一方面，我每天修习超越冥想两次，从未间断过，并且在这上面花了数千小时去思考、阅读和写作。另外，我能接触到的逸事报告主要来自超越冥想修习者。注意到这些差异后，我将尽力以一种公正的方式来论述这一具有重要性的比较。

正念是什么？

读一读戴维·赫伯特·劳伦斯（D. H. Lawrence）的诗《神秘主义者》（*Mystic*）（见第19章），我们就能看到对在正念中吃苹果的生动描述。为了更专业地描述日常生活中的正念，请允许我引用我的朋友兼同事雷兹万·阿梅里（Rezvan Ameli）的话，他是美国国家心理健康研究所的心理学家，已经教授正念十年了，著有《25堂正念课》（*25 Lessons in mindfulness*）[3]一书。

> 你可能会问自己：我最后一次非常缓慢地咀嚼葡萄、樱桃或苹果，全神贯注地品尝并感受它们的香味是什么时候？我多久会花时间去注意皮肤对衣服布料的触感？我有过对羊毛、棉花或丝绸的触感吗？我是否曾全神贯注于一次呼吸，并自始至终紧紧跟随着它？我的脚底感觉如何？我是否注意到我用脚的四个角部位置平衡体重的方式？我是否注意到了每迈一步时的细节部分？当我向前迈步时，我如何抬起、移动和放置我的脚？我是否曾经对疼痛体验投入充分的注意力、好奇心和开放态度，还是很快地、自动地就决定去拿布洛芬或其他药物？对这些日常体验的关注和接受有助于提高对当下的觉知。我们不是去判断或评价这些体验，而是只是去注意它们。通过这样做，我们将更少地停留在过去或未来，调整并放弃我们对事情应该如何的期望。我们将接纳并承认现状。这样，我们就会大大减少压力、不幸和痛苦。[4]

根据阿梅里：“正念有三个不可或缺的组成部分。一个是意愿，一个是注意力，一个是同情。"她详细解释了这个定义，她说："我把正念定义为在一种特定态度下集中注意力，这种态度基本上被界定为开放、友好与接受。如你所知，这就是爱的态度。我是说，可以用爱来概括这种态度。"阿梅里指出，越南僧人一行禅师（Thich Nhat Hanh）将其定义为"每时每刻都与你的切身体验保持联系"[5]。阿梅里认为一行禅师是"正念的活化身"。马萨诸塞大学医学院名誉教授乔恩·卡巴金（Jon Kabat-Zinn）是推动正念广泛应用的先驱，他将正念修行定义为"有意地、专注当下地、不带评判地关注体验的逐刻展现"。[6]

根据弗雷德·特拉维斯和乔纳森·希尔（Jonathan Shear）的分类，正念包括两种不同类型的冥想：[7]（1）开放监控式，包括对内在状态的觉察，诸如对呼吸、自己的感觉、念头或感受的觉察；（2）集中注意力式，即将注意力有选择地指向一个意象、一个想法、一种感受或其他特定的目标。

虽然正念可以应用于许多不同的活动，例如呼吸、行走和进食等，此处仅举这几例，但如果要正确地修习，需要训练。例如，正念减压是一种流行的正念训练方式，训练通常需要8次课程，每次持续2.5至3小时，还有一次为期一天的静修，会持续6到8个小时——平均总时长约为30个小时。

即使是通过我到目前为止所提供的简短概要，也应该清楚地看出正念与超越冥想是非常不同的修习。在正念中，冥想者被系统地训练有意地将注意力集中在某个特定的事情上；而在超验冥想中，重点放在进入咒语时所持的自发放松的状态上。这就解释了为何在特拉维斯和希尔的分类中超越冥想被归为第三类：自动自我式超越。

为了让你重新理解正念与超越冥想之间的一些关键区别，我建议你再看一看第20页的表3。

得到正确教导的正念与超越冥想之间还有另一个重要的区别：正念是有难度的；超越冥想是容易的。正念难以学会不仅是我个人的观点，也是正念大师德宝法师（*Bhante Henepola Gunaratana*）的观点。德宝法师是经典著作

《佛教禅修直解》(*Mindfulness in Plain English*)的作者，乔恩·卡巴金将这本书称为杰作。以下是德宝法师在其书第一章开头谈到的对这个问题的看法：

> 正念冥想并不容易。它需要花时间，也需要花费精力。它也需要勇气、决心和纪律。它需要一系列的个人品质，而我们通常认为这些品质是令人不快的，并希望尽可能回避它们。我们可以用"进取心"一词来概括所有这些品质。冥想需要进取心。[8]

我不得不敬佩这段开场白的坦率。继续读这本书剩下部分的每一个人都证明了其坚强的意志，因为他并没有被这一警告吓倒。唉，很遗憾，我不是他们中的一员。或许因为我缺乏进取心，又或许仅仅是因为我个人发现超越冥想像广告宣传的那样简单容易。例如，下面是超越冥想官方网站上梅奥诊所在一份声明中对超越冥想技术的描述：[9]

> 超验冥想是一种简单、自然的技术……这种冥想让你的身体进入一种深度休息与放松的状态，让你的心智在不用集中注意力或用力的情况下达到内在平静的状态。

这个描述完全符合我自己的超越冥想体验，也符合我所提到的数十位朋友和病患的体验，这些朋友和病患都经过了多年的超越冥想训练，并且一直被跟踪观察。例如，我的一位年轻病人最近将他的超越冥想体验总结如下："它简单得令人难以置信，却有不可思议的强大力量。"

意识：状态和内容

在这本书的开头，我对意识的状态或质量与意识的内容进行了区分。当人们修习超越冥想时,他们体验到意识状态的变化,这被称为超越状态,或者根据吠陀传统,被称之为第四种意识状态。经过一段时间的冥想,人们发现这种超越状态进入了他们的日常生活,这就是超级心智的早期迹象。在超越冥想训练中,不会引入或鼓励什么内容。然而,意识的转变先于(并几乎肯定会诱发)身体和脑工作方式以及意识内容的重大变化。例如,经验丰富的超越冥想修习者经常感到对人类同胞怀有更大的同情,尽管这种态度的转变并没有被直接提及。

相反,正念修习并不要求或追求引发意识状态的改变,而是直接鼓励意识内容的改变。因此,正如阿梅里所说:"我们用开放、接受和友好的态度来培养我们的注意力。有几种特定的同情训练方法,如仁爱、给予与接受,以及宽恕。"

克里斯·杰默(Chris Germer)是我的朋友兼同事,也是《通往自我同情的正念之路》(The Mindful Path to Self-Compassion)一书的作者。他修习仁爱同情,这是他冥想的核心形式。当我为写这本书采访他时,我问他当天练了哪种冥想。他说他从超越冥想开始,然后转到仁爱同情。下面是我们的对话:

我:"你今天的正念修习包括哪些内容?"

克里斯·杰默:"无论想起谁,我都想:'愿他平静。愿他自由。'"

我:"举个例子,你会想起谁呢?"

克里斯·杰默:"可以是任何人——朋友、家人,或者那天我遇到的某个人。甚至是一只狗或其他动物。"

我尊重并钦佩对这种积极思想和感受的培养,这是正念修行的必要组成部分。此外,不言而喻的是,这种修行将向那些定期修习者灌输相应的心智状态。他们怎可能不希望世界变得更美好呢?而有证据表明,定期修习促进超越状态和意识发展的超越冥想,将以一种非常不同的方式促进仁爱、和谐,甚至人们之间更大的和平。在这方面,这两种修行有共同之处。

为什么不兼修两者呢?

如果超越冥想和正念以不同的方式对我们都有所助益（我相信它们如此），为什么不两者兼修呢？一个显然的原因是时间有限。在我们忙碌的生活中，即使是定期修习一种冥想都很难维持，更不用说两种了。另一个原因是不同的冥想形式可能适合不同的人。对特定类型的人是否喜欢某一种形式的冥想而不喜欢另一种形式进行研究，是一件很有趣的事情，如果事实证明是这样，也不足为奇。然而，在本节中，我将向你介绍两位两种冥想形式都修习的修习者，他们发现每种形式的冥想都有其独特的益处。

查克·布里奇奥蒂斯：它们各自有独特的用途

娱乐营销顾问查克·布里奇奥蒂斯（Chuck Bliziotis）写道：

> 超越冥想和正念冥想两种我都修习，它们有各自独特的用途。我以超越冥想开始和结束每一天。有了它，我可以让心安定下来，缓解压力，轻松开放地开始新的一天。我所在的行业是娱乐营销业——超越冥想的一种显著效果是，我的一些最好的想法都是在修习之后马上产生的。安静坐着的同时，我的思绪自由飘荡，然后那些想法就冒出来了。正是在这种飘荡中，我能够看到我正在做的事情和可能的解决方案或结果之间产生了联通性——每次看到都令人非常兴奋。我以超越冥想修习来结束每一天：它帮助我洗去一天的疲惫，放松下来，无意间就进入更深的睡眠，一觉醒来，精神充沛。我相信超越冥想与我的视觉记忆、知识性记忆、回想能力和创造力的加强直接相关。这是我的根基的一部分。
>
> 正念的作用是促进清晰性、专注力、同情心以及发现真相。作为人类，我们都有创作故事的倾向（我比大多数人都更加如此），正念能使我

清楚地、精确地检查正在发生什么、正在说什么，并注意到我对它的反应——通过缓慢、有节奏地呼吸，以及觉知到内在正在发生的事情。这种修习让我"后退一步"，倾听别人所说的话，并以能触及当前问题核心的同情之心做出反应。有时很难不陷入一时的冲动，也很难去面对我们真正害怕的东西。正念带给我们勇气去看世界的本来面目。

劳拉：两个用途不同的工具

劳拉是一位艺术家、作家兼教师，我在修行中见到她已经有一段时间了。大约十年前，她在约翰·霍普金斯大学一个为期数周的正式训练课程中学会了正念。六年后，她学习了超越冥想，希望它能帮助她克服冬季抑郁症。她定期修习这两种冥想，我们看看她从这两种技术中得到了什么：

正念训练对我的持续影响是能让情绪和心智安静下来，从而欣赏在你眼前流逝的生活。你要学会的一件事是承认你此刻的感受。承认这一点，并对自己说，你今天很幸福，你很享受今天的阳光。或者说今天你有很多困惑。不知何故，它能让心非常平静。我无法解释其机理，但在某种程度上，你不再与自己的内心独白作斗争了。

你承认它，把它带到光照之下，然后就放手。我真正享受的其他事情就是看着当下的时刻——视觉上的看。有一件我当作每天的冥想来做的事就是扫地。正念课程开始的时候，我家里正好换上了崭新的木地板。清扫漂亮的木地板带给我无与伦比的快乐。新地板如此漂亮，显得旧地毯如此丑陋，这是我家房子的一个巨大改造。但正念修习让我保持专注于此刻的行动，不瞻前顾后，也不投射自己的意图。这是我从正念中学到的最重要的东西。

我每天都修习正念，将它作为我日常生活的一个方向。一天中的很多时候，尤其是当我感觉情绪有点低落的时候，我就会开始正念修习。承认我的感觉，试着去倾听、观察，并活在当下。

可以说这是一种我从没有体验过的转变。我想说的是，它确实在很大程度上改善了我的生活质量。它确实有助于我管理自己每天像秋千一样波动的情绪。

正念是任何人都可以随身携带的工具包的一部分。有些人接着进行洞见冥想。他们把洞见与冥想这两者联系起来。我从来没有从正念中获得特别的洞见。我用它来调节情绪，管理日常生活。我去修习它，并不是为了让它带来更深刻的洞见。

超越冥想

超越冥想有一种不同的，我不得不说是神奇的影响，这么说只是因为我不知道它为什么会起这种作用（笑）。我无法弄明白为什么。事实上，超越冥想能够去除疼痛。这有点像一种奇迹。我经历过痛苦的医学治疗，在此期间进行超越冥想修习，并没有感到人们所预期的那种不适。这种事情就发生在我身上，我无法解释为什么。我发现，当我修习超越冥想时，我会产生更多创造性想法，它们帮助我组织好我的一天，使我变得更有效率。我还发现，我不再那么反应过度了。我是个易怒的人。我可能隐藏得很好，但我其实很急躁。当我修习超越冥想的时候，我更能放下一切，平静下来。

我请劳拉告诉我更多超越冥想对她创造力的影响。她是这样回答的：

最近，我家里有人去世了，我很难把心思放到我的艺术作品上。近日来，在过去的两到三周内，我开始有规律地每天修习两次超越冥想（之前是每天一次或两次）。结果，我脑子里突然冒出了一系列版画的构想。我是一个艺术家兼版画家。我创作了一系列版画，现在还在继续创作。我突然能够不再心烦意乱和注意力不集中，专心工作。事实上，我并没有在心里念叨比如"回去工作"这种话。我说，好吧，让我们坐下来进行这个吧，看看会发生什么。结果就是，在我的脑海里产生了对这些版画的构思来探索白线版画，我现在还在继续完成。我似乎已经越过了挡在我面前的障碍。这就是最近的一个例子。

不知何故，超越冥想会鼓励富有成效的冒险行为。它让我可以在公共场合写生，并扮演一些我通常不会扮演的公共角色。我真的无法解释为什么会有这样的效果，但自从我开始每天冥想两次，我就开始做这些更加公开的事情了。

我问劳拉超越冥想是否有助于她的自我实现——成为最好的自己（我将在第16章进一步讨论这个话题）。她回答说：

是的，确实如此。而且我思考的不仅仅是我的版画、我的绘画与我的写作，甚至包括我在过去两年里是如何成为一个社区活动家的。我做过公开演讲，接受过电视采访，写过演讲稿，还成为了当地的社区领袖。我对这个角色感到吃惊。这不是一个我从前会选择的角色。但我做到了，也很享受，如果有机会，我可能会继续扮演这个角色。

而且，在过去的八个月里，自从我开始每天两次有规律地冥想，我已经完成了一份图书计划，并开始推销它，我希望能把它推销出去。我也会继续这个过程。一切都准备好了；就要开始了。这肯定不是我在六到八个月前计划或创作的东西。我是一个优秀的作家，但我已经有许多年没有创作出任何可以出售的东西了。我确定超越冥想在改变这种情况上发挥了作用。对于你所说的自我实现，我相信写作也是自我实现的一部分，我正试着攻克这一难关。我有意避开写作，而足够幸运的是，我能够画画。这是我已经做到的。我需要冒更大风险，需要更多地跳出自己的舒适区，但由于种种原因，我没有这样做。我能发现，自从我开始修习超越冥想，这些事情已经发生了。我无法解释，但事情已经清清楚楚地发生了。我现在坐在这里，各种结果已经显现出来了。

仅仅从两个人身上很难得出有意义的概括。然而，当我们审视查克和劳拉的时候，某些主题涌现出来了。

正如广告宣传的那样，正念有助于这两个人活在当下，充分体验当下。在查克的例子中，这样做的结果是"后退一步"，倾听别人所说的话，并以能触及当前问题核心的同情之心做出反应……有勇气去看世界的本来面目。在劳拉的例子中，正念使她平静下来，在很大程度上提高了她的生活质量，并帮助她调节自己的情绪。

超越冥想帮助这两位静下心来，这是他们一直延续到今天的宝贵财富。在查克的例子中，这让他开放并且放松地开始这一天。在劳拉的例子中，安止减少了她的暴躁易怒。就像她说的："有些日子里，尤其是我修习超越冥想每天两次的时候，我就有能力远离那些情况。我感到自己正加速走向愤怒，然后就觉得它消失了。"正是在进行这种活动时出现的安止表明进入了超级心智发展的早期阶段。

在劳拉的例子中，她描述了超越冥想在医疗过程中防止疼痛方面的强大作用。这种对身体的影响在超越冥想修习者中很常见，也可以表现为改善血压与心血管功能，以及其他方面。你可能记得女芭蕾舞演员梅根·费尔柴尔德的例子，她的晕厥问题就是在开始超越冥想后消失的。

两人都详细描述了超越冥想的一个好处，那就是它对认知功能和创造力的影响，在劳拉的例子中，还有对承担创造性风险的影响。这种从冥想后延续到一天的活动中的影响，在那些修习超越冥想的人身上很常见。如果你想要回顾相关内容，请看第9章"塑造一个更好的脑"。这就是为什么超越冥想——以及它所引发的超级心智状态——对那些谋求发挥出最大潜能的人特别有吸引力的主要原因之一。

这两种冥想技术之间有一个可能的差别，也许与超越冥想修习者很容易进入"状态"有关，而这种状态对运动员和艺术家等很重要。本书中，像梅根·费尔柴尔德和巴里·齐托这样的人，特别提到过超越冥想在这方面的价值。进入状态需要一个人积极思考着的心智——比如前额皮层——处于离线状态，从而让经过长期练习的技能自发轻松地发挥出来。在这方面，强调在觉知的特定方面集中注意力的正念，可能不那么有用——甚至有害——虽然目前关于这一点还缺乏可靠数据。

在查克和劳拉的例子中，我们看到两个人同时修习两种形式的冥想，每个人都报告说保持定期修习这两种冥想会有充分的益处。益处是不同的，对查克和劳拉来说，两者的益处是互补的。正如劳拉所说："我使用它们就像我在厨房里使用不同的工具一样。它们有不同的用途。勺子和刀都有用，只是用途不同而已。"

马里奥·奥尔萨蒂（Mario Orsatti）是一个资深超越冥想指导者，你将在下一章再次见到他。他的体验支持查克和劳拉的观察报告。他教纽约的一群心理治疗师超越冥想，这些治疗师负责的是处在康复中的青少年和成年人。所有这些治疗师之前都接受过正式的正念冥想训练，这让他们能够比较两种冥想的体验。所有人都得出结论，即每种冥想都能带来两类不同的好处。大多数人发现先做超越冥想效果更好（证实了查克的体验），并觉得这样做能使他们的正念修习有所增强和提高。以我的体验来说，超越冥想会让人有一个更好的心态去从事任何活动，包括需要专注度和注意力的工作，例如正念这种活动。

"心智游移"令人不快吗？

你经历过"心智游移"吗？如果经历过，那么它是一种不愉快的体验吗？哈佛大学的马修·基林斯沃斯（Matthew Killingsworth）和丹尼尔·吉尔伯特（Daniel Gilbert）在著名的《科学》杂志上发表了一项知名研究。正如文章的标题所反映的那样，他们得出结论："游移的心智令人不快。"[10]

在这项研究中，作者为苹果手机开发了一个网络应用程序，以便在参与者清醒时随机联系到他们，以评估他们在做的事以及当时的感受。除了研究他们正在做什么事情，这个项目还进一步探究了他们当前是否在想什么事，如果是，这些念头是令人愉快的、令人不快的还是中性的。研究人员报告了来自2250名成年人的调查结果。

他们发现，心智游移是很常见的，在几乎一半的样本中都出现过，而在除了发生性关系的每个活动期间采集的样本中至少有30%都出现了心智游移。此处要对参与者的奉献精神表示致敬，因为他们愿意在发生性关系时响应应用程序的召唤。然而，我不知道人们是否不愿意承认他们在做爱时心飘到了别处……不过我有点离题了。

无论如何，研究人员发现，当人们的心智集中在工作上时或游移到愉快的主题上时，他们都同样幸福。另一方面，当他们的心智游移到中性主题时，他们的幸福感较低；当游移到令人不快的主题时，幸福感最低。此外，通过时间序列分析，研究人员能够表明，他们的研究对象的心智游移发生在他们不开心之前而不是之后。

这确实是一个很棒的发现，但它对我们目前的研究有什么意义呢？正念的作用是将心智集中在手头的任务上，它似乎在这方面取得了成功。如果没有游移的心智是快乐的心智，那么正念可能会让人更加快乐。另一方面，超验冥想并不涉及关注当下，而是让人们以一种自发的方式进入咒语，让心智进入超越状态。超越状态可以被解释为一种心智游移吗？如果可以，超越冥想会减少人们的快乐吗？

后者似乎不太可能，因为调查研究和逸闻趣事都提供了证据表明超越冥想有助于人们感觉更快乐（我们将在第16章看到）。前一个问题，即超越状态是否是一种心智游移，也许更有趣。当超越进入清醒状态，超级心智开始发展时，清醒的心智是否开始游移呢？如果是这样，这对个体有什么影响呢？当我出去散步时，就像我经常做的那样，我的心智在游移。我想着我的写作以及我接下来要写些什么，想起朋友们，想起各种念头——任何事情，真的。我经过熟悉的房屋、树木与其他各种植物，它们为我的沉思提供了一个令人愉快的舞台背景。突然间，有什么东西吸引了我的注意力，抓住了我的目光，让我的想象力为之振奋。例如，一丛丛的草从柏油路的裂缝中冒了出来，绿得像翡翠——我的心智随之飘走了。我想起了薄荷脆巧克力这种儿童糖果——在棕色的巧克力中嵌入绿色的糖条，想起了唱着《上帝保佑从裂缝中长出的小草》(*God bless the grass that grows through the crack*) 的马尔维娜·雷诺兹（Malvina Reynolds），或者几年前我想起了托尔斯泰在《复活》中指出的，即使是混凝土也阻挡不了春天的蓬勃生机。

也许是出于更实际的考虑，当我与客户坐在一起时，我注意听他们所说的以及他们是如何说的。我尽我所能去理解。我提出问题，倾听答案。但随后我的心智奔逸，就像一只蚱蜢飞过一片莲花池。我想到了我所见过的其他有类似问题的人，以及对他们有帮助的事情；我沉浸在我的体验中，试图找出一些有用的东西来提供一个不同的角度，给一个补救的建议，或减轻痛苦。我有一个游移的心智，但不是一个不快乐的心智。在我看来，心智游移也是创造过程的一部分，它涉及以各种不同的方式扫描大脑，以帮助解决问题或手头的困难。

基林斯沃斯和吉尔伯特的论文很有说服力。我可以想象很多人在心智游移的时候可能会不开心。我问自己，是什么促使我的心智去游移。也许有一些未解决的事情会探头探脑地进入有意识的心智，并大声说："别忘了我！你还没解决我。"因此，心智总是挂念着那些未解决的问题，模棱两可与待解决可能会让一个人不开心——尤其是对那些对生活中固有的不确定性感到不舒服的人来说。这让我想起了德国诗人莱内·马利亚·里尔克（Rainer Maria Rilke）的话，他写道："对你心中所有未解决的问题要有耐心，并试着去爱这些问题本身。"对我来说，这似乎是个好建议，因为我有太多的心智空间装满了未解决的问题。

在他们的论文中，基林斯沃斯和吉尔伯特承认："人类花了很多时间思考他们周围没有发生的事情，思考过去发生的事情，思考未来可能发生的事情，或者思考根本不会发生的事情。事实上，'非通过刺激产生的思考'或'心智游移'似乎是脑的默认运作模式。"[11]作者接着指出："尽管这种能力是一种非凡的演化成就，它使人们能够学习、推理和计划，但也可能导致付出情感的代价。"作者在他们的研究中进一步阐述了这种代价，即与心智游移相关的不快乐。

能够访问过去和未来，并将它们与现在整合起来是一种演化优势，现在这种优势不应该被低估了。基本上，它们能够挽救你和他人的生命。"不要吃那个水果。最后一个吃的人摔死了"只是无数例子中的一个。另一方面，作为一名精神科医生，我非常熟悉那些为低概率事件花太多时间烦恼的人。健康的心智将活在当下所带来的毋庸置疑的好处与记忆和计划的必要性结合起来。埃克哈特·托利（Eckhart Tolle）创造了"钟表时间"（clock time）这个术语——它指的是思考过去和未来有用的时候，以及心理时间（psychological time）❶——它指的是那些思考过去和未来没有益处的时候，因为它把你带离了当下。[12]

---

❶ 译者注：关于钟表时间与心理时间，具体可参见埃克哈特·托利的著作《当下的力量》。这本书的主旨是教人们如何活在当下。书中提到的"钟表时间"表示我们自己在生活中更多是把自己放在当下，就算思考过去和未来，也是为当下服务的。而"心理时间"表示把自己放在过去和未来，总是在对过去的反思中后悔或在对未来的预期中焦虑。

那么也许我可以给这个绝佳的模式安一个新的术语作为名字：宇宙时间（cosmic time，超级心智的一个方面），来表示一个过去、现在和未来都和谐共存的状态。在宇宙时间里，心智以一种简单而无缝的方式移动到它需要在的地方——无论是现在、过去还是未来。模棱两可和未解决的问题被认为是世界运转方式的一部分，当你在日常生活中来来回回时，反复沉浸在超越所带来的安全感里会让你内心越来越安稳。也许正是这种游移的心智、清醒的超越状态、解决问题、容忍模棱两可甚至冲突相结合的状态，才是许多超越冥想修习者所报告的创造力提升的原因。

我应该指出，上面提到的"默认模式"是建立在坚实的科学基础上的。当人们执行各种任务时，脑额叶区与其他脑部位的神经回路构成的一个广泛的网络，即所谓的"默认模式网络"（default mode network，DMN）——变得不那么活跃，执行这些任务需要的认知努力越多，活跃度减弱得越多。相反，当脑游移到一个人自己的想法和记忆，展望未来、考虑他人的观点，或者关注有关自己和他人的故事时，默认模式网络会变得更加活跃。[13]

现在，考虑到你对正念和超越状态已经有所了解，你可能不会对下面的情况感到惊讶：正念（与专注度和注意力相关）伴随着默认模式网络活跃度的减弱，[14]而超越冥想（与专注度和注意力不相关）则伴随着默认模式网络活跃度的增强。[15]这些差异进一步证明了正念和超越状态是通过不同的神经回路起作用的——考虑到它们各自的修习者所报告的修习带来的不同影响，这并不足为奇。随着我们神经科学知识的增长，这两种不同的冥想修习可能会为我们了解人脑的工作方式以及如何最好地开发其能力提供有价值的见解。

超越冥想能引发正念吗？

在与一位修习超越冥想数十年的朋友讨论正念与超越冥想之间的关系

时，他经观察得出："我修习超越冥想的时间越长，我就变得越警觉[1]。"基于这种观察，我在意识整合问卷中询问了这种联系。具体而言，这个问题是问："自从开始冥想，你是否觉得你对自己的内心体验或周围的世界更加警觉了？"

绝大多数人（94%）回答说他们有这种体验，其中90%的人说这种情况经常发生或频繁发生。以下是他们回复时附带的一些叙述性评论：

- 我从这件事转向下一件事。我与人们的互动更多了，生活就是这样。事情就是这样伴随着我的体验和与他人的互动发生了。
- 我对自我、他人和周围环境的觉知和意识更加强烈了。我能更多地警觉到当下的幸福，并且可以毫不费力地专注于此。
- 宁静的警觉在持续地增加。
- 我感觉与我的内在自我关系很亲密，这种感觉要比十到二十年前强烈得多。
- 早年，我有很多时候感到无聊。现在我再也不觉得无聊了。即使我坐着什么都不做，我也很满足。再一次，我感受到不同念头之间在超越状态下平静和舒缓的间隔，如果我坐得足够久，念头就会停止，间隔就会变大，我就会意识到，即使没有刻意冥想，我也在超越状态中。我整天都带着这种感觉，它让我对周围世界的体验变得更好，与环境之间建立起一种和谐而非不调和的互动关系。
- 当我越来越留意到内在的觉知时，我也越来越觉知到并欣赏外部世界。
- 我觉得我现在在两者（内部与外部）之间更平衡了。我不再像以

---

[1] 编者注：原书这里用的表达是"more mindful"，"mindfulness"的中文是"正念"，而为了让翻译更符合中文表达习惯，"mindful"的中文一般就是"有意识地觉察""警觉"或"留意"，实际上表达的就是正念的状态。

前那样时刻活在脑海里，我对周围的世界有了更敏锐的洞察力。

· 我现在可以在不带个人偏见的情况下认清情绪。举个例子，最近在我从单位返家的路上，一个司机挑衅地插队，然后在差点撞到我的情况下，他幸灾乐祸地对我笑了。如果是在过去，我会被激怒。这一次，尽管我注意到了自己怒火中烧，但我感觉自己与这种情绪是分离的。它似乎只是单纯地发生了。意识到这一点后，这种情绪实际上在几秒钟内就消失了。整个事件给人的感觉是不受个人感情影响的。

· 我觉得自己与周围的世界越来越疏离，更多觉察到自己对环境的积极影响。如果痛苦或焦虑的念头出现，我可以客观地看待它们，并能选择我想要的方式应对它们。

· 我发现自己如此彻底地觉知到周围正在发生的以及发生在我身上的事情，以至于我可以比以前更容易、更快地进入并穿越体验。

· 虽然我投身正念已经很长时间了，但它伴随着超越冥想而得到极大的深化。我现在可以透过人、事物和行为的表面看到它们背后的真实情况。

· 我觉得我好像能更多地觉知到自己的念头。有时我是个观察者，能观察到我的念头帮助我缓解了大量的焦虑。我想这就像是有人躲在门后，等着我走过时跳出来——只是我知道有人在那里，所以我做好了准备，并不害怕。

在之前的章节中，我选择了彼此不同的引文，而在此处，我故意囊括了一些内容互有重叠的引文；我的目标是传达出一种意识整合问卷调查对象在认为正念是什么上面有共同点的感觉。当然，其中一些评论频繁显示正念这个词，而另一些则指出了听起来更像是超越的内在状态。在某些例子中——它们提到有些人曾修习正念很长时间，现在也在修习超越冥想——正念元素与超越元素混合在一起。根据我们对那些激活默认模式网络刺激物的了解——例如反省和将自己的想法与周围人的想法进行比较——这些评论中有一些表明超越冥想可能与默认模式网络的激活有关，正如一项研究所发现的那样。[16]然而，在我们的调查中，超越冥想修习者的评论没有听起来不高兴的。这些证据支持了我的个人体验，即游移的心智不一定是不快乐的。

最后几点思考

我在这里试图说明的是，我们有两种不同类型的冥想。每一种都在世界范围内拥有大量的追随者，并且都有大量数据支持其对人们身体和情绪的有益影响。正如我前面提到的，目前还没有任何直接的研究表明一种技术优于另一种技术。也就是说，在为脑设定的任务、既定目标、修习者报告的主观体验，还有对默认模式网络的不同影响等方面，这两种冥想是有区别的。除了时间限制，人们没有理由不同时修习这两种冥想技术，而且我已经描述了一些人从这两种技术中持续受益的报告。总体来讲，不同的人对活动的选择有不同的偏好——尽管在某些情况下，偏见可能在这方面起作用。我希望我已经强调了两者的共同元素，澄清了不同之处，并帮助人们决定如何继续他们的冥想生活。

本章重点总结

- 超越冥想与正念是两种截然不同的冥想方式，它们拥有不同的技巧和目标，并会产生明显不同的效果。
- 正念通常比超越冥想更难修习。
- 概述了其他关键区别。
- 到目前为止，还没有为任何一种特定的指令对这两种冥想方式的功效进行直接的比较研究。

- 关于每种形式的冥想都有大量的文献,在此不做回顾。
- 描述并讨论了一些同时进行这两种冥想的人的例子。
- 还讨论了这两种类型冥想之间的关系、"心智游移"现象和默认模式网络。

15

冥想与丰足

> 赚钱能力将会提高。……这毫无疑问。
> ——玛哈里希·玛赫西 瑜伽士[1]

> 谁算富有？那些感恩知足之人才是真正富有。
> ——《塔木德·原则书》4:1

"冥想会让你变得富有吗？"我的朋友珍妮特·阿特伍德（Janet Attwood）曾向我提出这个问题，当时她和其合著者克里斯·阿特伍德（Chris Attwood）来采访我，他们正在准备新书《你隐藏的财富》（*Your Hidden Riches*）。[2]我猜她希望我回答"是"（她已经用其他方式问了这个问题），但我心里是犹豫的。

或许是这个问题触发了我心中的一个古老的禁忌，那就是不该祈求变得富有——相反，祈祷患者康复或饥民有其食则是可以的。我为自己找理由说，我认识许多似乎没有很多钱的冥想者，然而无论如何他们都看起来很幸福。与之相对应的是，我也知道很多富有的人过得很痛苦。于是我的思绪越扯越远，而我可怜的朋友只想得到一个简单问题的答案，所以她感到有点失望。

如果珍妮特今天再问我同样的问题，我将毫不费劲地给出答案。我的新立场和我之前拒绝回答的态度具有的一致性在于，我现在认为，智者不会只为了物质利益而冥想、祈祷或工作。许多神话和故事都告诫我们要小心我们的愿望。还记得可怜的老国王迈达斯吗？他希望他碰到的东西都变成黄金。他的愿望实现了，但麻烦接踵而至，因为他开始把一切都变成了金子——比如他的食物。最后让他害怕的是，甚至他心爱的女儿也变成了金子。

迈达斯这个神话故事的寓意是只从物质财富中获取满足的人必定会失望。不过，越来越多的聪明且有思想的富人明白了这一点。他们努力去达到平衡，因此物质财富只是幸福人生的要素之一。他们认识到慈善事业的价值、与他人建立温情人际关系的价值、生理和情绪健康的价值以及生活中精神层面的价值——这可能包括冥想。通常，他们的资源使得他们更容易实现这些获取财富以外的其他目标。而且，我们越来越经常地发现人们通过做他们喜欢做的事情而变得富有。

带着这些想法，我在此可以这样回答珍妮特的问题了：是的，超越冥想确实可以帮修习者变得富有。让我细细说来。

在阅读以下内容时，请记住我在"连接身体与心智"与"塑造一个更好的脑"这两章中与大家分享的内容。超越冥想帮助修习者变得富有有很多方式，涉及生理和情绪特质的成长和发展，这些特质有助于你在经济和其他方面取得成功——比如使精力更充沛、更放松、更有韧性、更富有创造力，以及让你在很多方面变得更聪明。

管理别人的钱财

肯·京斯贝格尔：向朋友倾诉

有段视频给我留下了深刻印象，里面一个穿着得体、样貌年轻的中年男人谈论他的工作、生活和超越冥想如何帮助了他。这个人说话很坦率，让我觉得有必要当面对他进行访谈，很高兴他同意接受采访。我们谈话的环境再好不过了——在曼哈顿上东区的一个露台上，可以俯瞰东河，微风从那里吹来，给春日的完美添加了点睛之笔。

肯·京斯贝格尔（Ken Gunsberger）有几点给我留下了印象。第一，他知道自己有问题；第二，他成功地找到了有助于解决问题的方法；最让我印象深刻的是，他居然愿意在YouTube❶上无保留地分享自己的知识。下面是他告诉我的关于他自己的故事，那时距离他开始定期修习超越冥想已经9个月了：

我是个理财顾问，也是丈夫和父亲。过去我没有竭尽全力地积极进取、高效工作或幸福生活。如果我是一台机器，我会说我这台机器的运作以前在很多方面都远远没有发挥出潜力。我做的工作质量很高，但事业并没有发展到应有的规模。为什么呢？当然，生活中你有时候乃至很多时候总得让某些事情发生。创业的人和想创业却没有创业的人有什么不同？后者的点子可能与前者的另一个点子一样好。你得问问自己为什么。是什么让这个人没有打那个电话，而让那个人打了呢？我不知道。你可能知道，因为你是个心理医生。但我想告诉你的是，超越冥想让我克服了一切心理障碍。不管那个是减速带，还是什么难关，都被移除了。

当我问肯超越冥想如何提升其表现，以及如何影响其事业的时候，他这样回答：

不再拖延。高效。更好的势头。在冥想后，我会感到平静，就像我已经准备好果断地做出决定。也许不同的人有不同的阻碍。我发现冥想

---

❶ 编者注：一家视频网站。

可以消除心理障碍。

我的沟通技巧越来越好。它们是好的开始。如果你在生活中与别人打交道，那么事情是什么并不重要，人们认为它是什么才重要。

我感觉以前的自己就像是挂着一档开法拉利。现在我则升档提速了，而且会继续下去。我坚信，我冥想得越久，档位就会越高。超越冥想帮助我快速地判断情况，就像马尔科姆·格拉德威尔（Malcolm Gladwell）在《眨眼之间：不假思索的决断力》(Blink)[3]中描述的那样。所以我能更快地处理事情。我不只是根据第一阶想法（肯这里指的是行动的直接后果）来做决定，我可以根据第二阶、第三阶、第四阶和第五阶想法去做决定，而所花的时间比许多人只根据第一阶想法做决定花的要少。

当我与不修习冥想的人会面时，我能发现我的决定做得好多了，我说的是相比较而言。这并非自大。这是事实。我的妻子在高盛集团工作，高盛的人告诉她，如果你真的想成功，你必须考虑战略。你可以分辨出某人是在思考战略，而某人是在思考小事并陷入困境。就像沃伦·巴菲特曾告诉我的那样，围绕一项投资有很多事情可以去了解，但多数是无关紧要的。你想陷入无关紧要的琐事中吗？还是你想专注于真正重要的事情？超越冥想帮我做到了后者。

肯说超越冥想对他及其事业的帮助如下

当你通读这个列表的时候，想想我们已经知道的关于超级心智的知识，看看你能否从中分辨出它的要素。

- 提升他将重要之事从无关紧要之事中分辨出来的能力。
- 提升他做决定和采取行动的效率。
- 帮助他"更聪明地工作，而不只是努力地工作"，并且提升了他的创造力。
- 减少他的情绪化反应。这种能力对每个人都很重要，对那些做与投资相关的工作的人来说更加重要，因为投资会出现大幅上下波动，进而导致兴奋或恐慌，这两种情况都可能引发错误的判断。超越冥想带来的降低反应度可以帮助人们缓冲，以避免犯这样的错误。

· 给予他更多的能量，使他更能够做出健康的选择（比如去健身馆和为家庭做健康的食物），由此让他感觉更年轻。

· 显著增加他的业务量。

结果，过去的一年是肯在他25年的执业生涯中表现最好的一年。

"你在什么时候有时间冥想？"

我突出强调这个我问肯的问题是因为很多人跟我说他们抽不出时间冥想。然而，我认识的一些最忙碌的人似乎能设法找到了时间。事实上，他们坚持说，如果不是万不得已，他们从不会错过超越冥想环节（我也属于这一类）。有一个流传下来的笑话，与一个忙碌的主管相关，他说："正常的日子里，我冥想一次，但在非常忙碌的日子里，我冥想两次。"以下是肯对此的看法。

> 大多数人浪费了自己的大部分时间。当你关注普通人平常的一天时，你会发现他们在浪费大量的时间。那些说自己没时间冥想的人，也没有时间健身，没有时间做这做那——像是和朋友或其他某人出去，他们似乎也没有时间做。人总能抽出时间去做其想做的事。时间总是有的！只是需要合理地分配。在做了超越冥想后，你不需要有意识地去分配时间。事情自动就发生了。当你冥想时，某些事自然地就发生了。我现在完成的事情比冥想前能完成的更多了。

鲍勃·琼斯（Bob Jones）曾在华尔街一家顶级金融服务机构担任投资组合经理长达二十年，并长期修习超越冥想。他的观点与肯如出一辙：

人们感到压力的原因是他们有太多的事情要做。不过，不是所有事情都重要。我认为冥想能帮你整理出真正重要的事——这些是我需要做的，而那些不那么重要，如果我有时间我会去做的。实际上，最终我比没有冥想的时候有了更多的空闲时间。

在视频中，肯提到了他和12岁的女儿的关系自开始冥想以来是如何改善的。现在他告诉我：

她在我身上看到了实质性的变化。不再对事情心急火燎或者马上说"不！"。当孩子想做什么的时候，有多少父母立刻说"不"？绝大多数时候，我不再说"不"了。我会问："那你说呢？"我们想找到一种说"是"的方式。我们不想对你说不行。我们想要做的就是想办法说"是"。而且我们需要你帮助我们想出解决办法，因为如果我们无法找到说"是"的方式，那么就只能继续回答"不"。找到方法说"是"又会如何呢？而且这也不会花太多时间。

谈话时，肯的手机响了——是他女儿的电话。在确定不是紧要的事情后（他女儿打电话告诉他，她刚参加了第一次垒球练习），肯继而温柔地向女儿解释他现在有点忙，但一有空就马上与她聊聊。

我问肯，他在视频中提到的那个特别的朋友做了什么促使他去向那朋友寻求建议。他告诉我，他看到他朋友的事业近年来蒸蒸日上，并补充说道："他能够同时处理生活的许多方面——工作、家庭、业余活动——而且做每件事都是精力充沛。而我，工作努力却发挥不出潜力。所以我问他：'是什么让你如此不同呢？'他告诉我是超越冥想。"

肯的朋友马克让他注意到，对于超越冥想，"就像其他任何事情一样，你付出什么，你就得到什么"。肯转向我说："你比任何人都更有资格告诉我，你开始冥想，后来又停止了。"肯读过我的书《超越》，在书中我与读者分享了我在医学院开始修习超越冥想后来又放弃的经历，过了很长一段时间我才把它重新捡起来。每当我的患者以内疚的语气向我报告他们停止了超越冥想修习时，我就告诉他们我可以理解。三十五年来，我一直在"停止"。这总是会帮助他们感觉更好，并且（我希望）有时能帮助他们重新开始冥想。肯引用了他朋友的话——现在他在超越冥想的问题上明确认同他："如果你全心投入，就会有效。你无法承担不全心投入的后果。如果你不好好做这件事，你会浪费很多时间。"

我喜欢这个故事。一个人若发现自己有麻烦了，认识到他需要帮助，就环顾四周，看看谁最有可能提供帮助。然后他发现了一个能改变他生活的朋友，于是寻求援助，并得到了他需要的帮助，从而改变了他自己的生活。现在他与我分享他成功的秘诀——而我正在与你分享这个秘诀。

马克·阿克塞洛维茨：患难之交

当马克·阿克塞洛维茨（Mark Axelowitz）听说我在采访他的朋友肯时，令我高兴的是，他也自愿让我采访他。我们在他位于洛克菲勒中心顶层的俱乐部见面，从那里可以俯瞰曼哈顿的全景。那天是 4 月 15 日，我们税都交了❶，没什么可抱怨的。

在我们一起冥想并吃过早餐后，马克继续告诉我他的超越冥想经历。当时马克已经修习冥想三年零四个月了。尽管在开始冥想之前他对自己的生活已经很满意了，但他一直是那种"想做得更多、更好和体验不同事物"的人。他补充道："我不认为这一点会随着我的改变而改变——希望如此。我只是总想进入下一个阶段，做不同的事情，冥想就是我认为的会有所不同的事情。"

---

❶ 译者注：美国的纳税日是从每年的 2 月 1 日开始，4 月 15 日截止。

马克是一个精力充沛的人，他这样描述自己：

> 我把自己看作三个孩子的父亲、一个慈善家（我加入了很多不同的非盈利组织）、一个财务顾问，还是一个丈夫。我把这一切编织成一天18个小时，我享受这一切。而且，我拥有并且管理着一家娱乐公司。

我问他如何能在如此紧凑的行程中安排时间修习超越冥想。他笑着说：

> 我最初担心的是，我去完成早课的唯一办法就是早起。我很担心，因为我每晚只睡6个小时。但我所学到的和实际上所发生的是，即使我不得不早起20分钟，那20分钟的冥想也好过20分钟的睡眠。这是一种更深层次的放松；这对我更好。所以丧失这点睡眠对我一点影响都没有。

我问马克一天两次20分钟的冥想是否值得。他说："绝对值得！"

"为什么这样说？"我想知道。

"因为冥想影响的并不是每天两个20分钟时间段（尽管我很享受）。相反，它的影响会持续一整天。它赋予你能量。"

马克继续描述他每天两次修习的积极作用：

> 一切都有了回报。我认为过去的三年是我一生中最好的一段职业时光——从我的个人生活角度来说也是如此。过去的三年是我职业生涯中最成功的三年。我为非常富有的人做理财顾问，提出投资思路使我的客户收获他们有生以来最好的回报。这些投资对我个人来说是最好的，因为我可以实施自己的想法。无论我为客户推荐什么，这些也都是我为自己和家人进行的投资。

我问马克，有没有什么例子能说明超越冥想激发了他更多的创造力。他很好心地对我说了一个。投资非常复杂,包括了解不同国家的市场,从一堆愚人金[1]中挑选出一些真正的金块,并提出一项具有高风险回报率的创新投资。

当我问马克他是否认为超越冥想有助于人们赚到更多的钱时,他回答说:

> 我认为会,因为我认为超越冥想在整体上是有帮助的,所以不管你想做什么,无论是理财、教书还是当医生,它都对你有帮助。如果你在生活中更清晰地思考,你就会做出更好的决定。当你感到紧张和情绪化时,你不会做出正确的决定。事实上,历史上最伟大的基金经理之一,在80年代和90年代工作于富达的彼得·林奇(Peter Lynch)有一句格言:"要精通投资,你需要掌控自己的情绪。在做投资决定时,你不能感情用事。这同样适用于生活的每一天中的每一个决定:我应该现在过马路吗?我应该因为约会快要迟到而横穿马路吗?如果你因为你要迟到了而做了一个情绪化的决定——在红灯时横穿马路,你可能会被撞死。所以我认为超越冥想可以帮助你思考,让你看得更清楚,当然也有助于投资。

我问马克,他是否认为一个人在开始超越冥想后,其行为举止的改善可能也会影响他的成功。可能是职业的缘故,他的回答适当地用到了数字。

> 百分之百!你知道,他们说在生意场上,客户可以反映你。如果我更冷静,更深思熟虑,我就会吸引这样的人,这种我想要其成为我客户的人。我不想有一个焦虑不安的客户。事实上,人们会问我的最低工资是多少——我确实有1美元的最低工资——但我真正的最低工资是与好人一起工作。我有很好的客户,我也向客户推荐冥想。事实上,他们中有些人已经在冥想了。

---

[1] 译者注:指看上去像黄金但其实一钱不值的矿物。

在业余爱好方面，马克在过去的十年里一直在演戏，出演了《活宝三人组》电影和电视节目。他说，他的目标是"努力工作，尽情玩乐，努力付出"。他把这句心得归功于他的同事、罗宾汉基金会的创始人保罗·都铎·琼斯（Paul Tudor Jones）。

马克是一个积极向上的人，他对他的世界观总结如下：

我的个人看法是，如果一天中没有什么不好的事情发生在我身上，那我就有了美好的一天；如果一天中有什么好事发生在我身上，那我就有了非常棒的一天。所以我一直都是如此。我以这种方式生活，但我想说，冥想让我以更加欣赏的眼光看待事物。

好吧，我当然感激马克和肯为我抽出时间，以及他们坦率的回答。我思绪万千地离开了洛克菲勒中心，有很多东西想要反思，同时令我感慨的是，马克对他俱乐部的服务人员和帮助我们完成这次令人难忘的访谈的每个人都是那么和蔼友好。我再次想起肯在电话里对他女儿是那么温柔。我意识到这两个人不仅在经济上很成功，在为人方面也很成功——超越冥想在他们生活的各个方面都帮助了他们。

马西娅·洛伦特：不是这些男孩中的任何一个

在采访了几位企业界的男性高层后，一个相当明显的问题闪过我的脑海："女性在哪里？"确实，很难找到与我采访过的男性相对应的女性。然而，令我高兴的是，他们给我介绍了马西娅·洛伦特（Marcia Lorente），纽约市一家广告公司的创意总监。

通过轰动一时的电视连续剧《广告狂人》，你们中的许多人可能都很熟悉这类广告公司的世界（就像我一样）。马西娅认为，《广告狂人》对那个世界的再现在很多方面都是准确的。她告诉我说，纽约的商业世界有一种"非常强硬、咄咄逼人的文化，而在广告业情况甚至更糟。麦迪逊大道尤其咄咄逼人，非常残酷"。来到纽约一年之后，马西娅意识到她需要"一种能让我集中注意力的练习。那时我发现了超越冥想，感觉棒极了。它完全改变了我的生活"。在我们谈话的时候，她已经修习冥想大约两年了。

马西娅出生在马德里，父亲是西班牙人，母亲是美国人。她在马德里开始了她的职业生涯，然后搬到芝加哥，在那里她被调到一家大公司。后来，她在旧金山工作，发现西海岸的气氛更轻松些。她对纽约的那种《广告狂人》式氛围毫无准备。在告诉我超越冥想如何在许多方面帮助她时，马西娅将它的益处分为以下几类：

缓解压力

这是马西娅修习超越冥想的主要目标，而它确实在这方面奏效了。她是这样描述她的日常修习的：

> 我起床后做的第一件事就是冥想，之后我去跑步。然后我去上班。我能感觉到超越冥想在早上所带来的巨大改变。我下班回家后也会冥想。它帮助我摆脱和忘记这一天。不是忘记，准确地说是接纳这一天——让它过去吧。如果今天特别难熬，我会在午餐时间溜出去，去公园或教堂，冥想，然后回去工作。但通常是在早上和傍晚冥想。
>
> 这对忘掉不好的事情、紧张以及冲突帮助极大。我的工作中有很多冲突。这就是创造过程中会发生的情况。它与对抗有关，人们会变得非常争强好斗。所以，能够接纳这种冲突是非常好的——放下这些，别往心里去。我认为超越冥想对我特别有帮助——我确定它对其他每个人的意义都不同——但我是一个非常敏感的人。现在我觉得我没有把什么事情放在心上了，这很好。

做男人世界里的女人

考虑到我很难就这部分内容找到一个合适的高级职业女性进行访谈，我问了马西娅关于她所在公司高层中男女比例的问题。她回答说：

> 大体上男女比例相等，但是说到我所在的创意部门的高级管理层，男性占大多数。这是一个我非常喜欢的话题，因为我很擅长我的工作，在我的职业生涯中，我撞上了他们所说的"玻璃天花板"，我发现自己在一个只有男性的房间里——那时我三十出头（我现在44岁）——于是我不得不做出决定：我是否要尝试成为其中的一员并融入其中，或者我只是做我自己。我选择了做我自己。我在事业上做得还不错，所以我很高兴自己做出了这样的选择。

对于马西娅来说，关于做自己和回归女性身份，有一点就是让自己看上去舒服得体，行为举止符合传统女性形象——涂口红和穿裙子，并对此感觉良好。正如她所说："也许是因为我在西班牙出生和长大，我真的保留了我的女性特质。在我职业生涯的早期，我看到很多成功女性变得非常具有男子气概和侵略性——而那完全不是我。我认为这不是女性的样子，但我认为女性也有很大的力量。"

在谈到女性特质与男性特质时，马西娅还观察到男性和女性在情绪风格和行为上的差异，以及这些差异如何相互影响。在讨论这些主题时，不可避免地要提到《广告狂人》，就像下面马西娅所做的那样。

> 如果你看过《广告狂人》，你就见证了这种冲突。我是做创意工作的，所以当《广告狂人》播出的时候，我感觉很棒，因为我可以向我的

父母解释我是做什么的了。基本上可以说，我是佩吉❶。我是女性，但我在大部分是男性的创意部门工作。实际上，虽然我的角色介于创意部门和外界之间，但我基本上是给创意部门指明方向，从这个意义上讲，我要告诉创意部门我们必须做什么。有创造力的人的工作方式——以及我的工作方式——就是不断尝试和犯错。所以很多时候我都是错的。我会遇到各种各样的人，有的不幸福或缺乏安全感，有的则会试着找出办法解决问题，他们都会对我大发脾气。

我不太擅长处理发生在我身上的语言或身体上的冒犯。我记得《广告狂人》里有一幕是唐纳德·德雷珀把一些报纸扔向佩吉，让她滚出办公室。这就是我与同事之间发生的攻击类型。男人可能会说："我现在不会与你说话。滚出去！"这种行为在其他行业可能被认为是不专业的。而在广告业，这是被允许的，因为这是我们工作方式的一部分。在创作过程中会出现混沌。我曾读到过在创作过程中你是如何思考的。你有了一些想法，但在某一刻你认为它太糟糕了。我毫无价值；我没用；我永远也搞不定。然后在另一个时刻你会触底反弹。你从中走出来，认识到你的一些想法是很好的。超越冥想帮助我处理这个过程中自己的情绪。

但我们仍然依赖彼此的意见。我可能认为某个想法是一个好主意，这是我们应该做的，这是我们应该说的。但是我怎么知道它是不是好点子呢？我真的很依赖同事的反馈，因为我们以一种高度协作的方式工作——或者说这就是事情正常运转时的样子。在某一时刻，我们需要牵着手说就是这样，但是时刻感觉被评判会有压力。你赢得了多少奖项，获得了多少头衔，这都不重要。确实不重要。在这个行业里，有很多创意传奇最终会洗尽铅华，凄然落幕。我们总是害怕自己也变成那样，你能感觉到那种恐惧。所以我想超越冥想真的帮我找到了方向。

---

❶ 编者注：《广告狂人》中的一个人物。

我认为女人对冲突的反应与男人不同。我们不会挥舞手臂并大喊大叫或暴跳如雷。我们的教养让我们不能那样做。我们的教养让我们要克制情绪。当男人经历挫折时，他们只会让挫折昙花一现。它就像打雷一样一闪而过。它真的消失了。然后就没事了。而对于女性，我发现这是不可能的。当女人失控时，连男人都会害怕。他们只是看着你，好像在想到底发生了什么。因为我们也不经常这样做，我感觉有一些肌肉还没有锻炼过，所以使用以后很难让其恢复正常。所以女人失控是真的失控。这并不好。

我认为超越冥想真的帮助我在工作中获得了力量——它有助于我重新振作。当事情不顺利，或者我犯了或大或小的错误时，我不会再被困住。我可以继续前进。这就像当你冥想时，你接纳一个想法，然后将它放下。

我认为男人在这方面比较容易做到。社会教导他们在失败时不要理会情绪。只是接纳它。随便做点什么。开玩笑。踢一堵墙。让愤怒全面爆发出来。让它发泄出来。学一些东西。或者不学。然后继续前进。一声"哎呀"也多少有点男人味。事情搞得一团糟。总是打破东西。我与男孩子们一起长大。他们弄坏了我的很多玩具。

人们期待女人完美、照顾他人、温柔一点。讽刺的是，"较弱"的性别总被期待要更强大。而且，作为女人，我们被教导去感受。换档对我们来说比较困难。感受很重要，我们必须栖身其中，理解它们，谈论它们，即使有时候这是在浪费时间，尤其是在工作中更是如此。但是，即使是在强烈的情感表达是适当的时候，你也不敢表现出来。你不敢流一滴眼泪。因为那是不专业的。

自从我开始冥想，我在工作中更多地展现了我的本色。如果我今天过得不好，我会说出来。如果我搞砸了，我会承认。如果你告诉我好消息，我会问我是否可以拥抱你。对不起，我喜欢拥抱。是的，一开始有点吓人，但现在很好。尽管我与小伙子们在一起工作，但是我以正确的（女性的）方式展现自己。他们知道我与众不同。我是个女孩，但我能控制自己的情绪开关。

在工作中提升创造力并获得成功

马西娅毫不怀疑，自从开始超越冥想，她变得更有创造力，也更成功。人们对她和她的工作都给予了更积极的回应，她升职的速度也比她开始冥想之前更快。毫无疑问，超越冥想推动了她的事业。以下是她对此的一些看法。

创造力是我谋生的手段。基本上，我在出售脑子里想出来的东西。我在一个充斥着恐惧的环境中工作——我内心有一种恐惧——超越冥想帮助我克服这种恐惧。一旦你摆脱了这种恐惧，你就可以让创造力发挥出来。恐惧是创造力的对立面。创造力就是不怕失败，勇于尝试，乐在其中。它源自孩童般的天真无畏。你需要能够感受到这份童真，不担心结果，不忧虑后果。我生活中的恐惧水平下降的那一刻——在我开始超越冥想之后，它骤然下降——我的创造力突然绽放。现在我在工作中也有了很多乐趣。这就成了一个良性循环，因为我的工作也做得更好了，从而减少了冲突。

人们注意到我现在很放松，很快乐。再说一次，在一个竞争非常激烈的环境中，比如我所在的公司，人们不会敞开心扉说："哦，你太厉害了。你太棒了。我爱你。"但他们确实注意到了一些变化。他们会说："哦，哇！太好了。你怎么会变成这样？"

尤其是对于职场女性，我认为超越冥想可以起到至关重要的作用。我认为我们更容易被情绪所驱使，而超越冥想能帮助你安定情绪并理解它。至少在我的行业里——这一点得到了广泛宣传——创意部门的高层大部分是男性。所以我认为，对于女性而言，拥有这个必不可少的工具是至关重要的。我真的不知道没有它我该怎么运转。

你是如何抽出时间的？

我问过以上这些男士这个问题，很想知道马西娅的回答与他们的有什么相似或不同之处。她每天是如何从繁忙的日程中挤出两段20分钟的时间来做这件事的呢？

马西娅发现，早期她逐渐形成了一套冥想常规，后期冥想的益处开始显现，这两个阶段之间有一个重要的区别。她对此是这样解释的：

在头几个月，我想你还在试着找到一套例行的时间安排。你还在努力想办法搞定它；你还没有充分享有冥想给你生活带来的好处。就我的情况而言，我马上就感觉好多了。只是身体方面感觉变好就很美妙。但我想一开始是这样没错——你还在找时间。我所做的，说实话，就是从睡眠中偷时间。我想，我只要少睡20分钟就可以了。实际上我的睡眠很充足。我以前10点睡觉，7点起床。后来我打算11点睡觉，6点半起床，以便进行冥想。而事实是，如果你在这里或那里减少一点时间，那也没什么大不了的。至于我是如何将其合理化的——因为我确信你现在已经知道我是一个非常理性的人——实际上我认为，好吧，当我冥想的时候，我被告知这就像让人休息的睡眠，但效果比睡眠还要好。我是清醒的、警觉的、留意的，但是我的身体、头和脑都在休息。所以我很乐意放弃我的一小部分睡眠时间，顺便说一下，睡觉的时候，我可能无法入睡（我可能辗转反侧，试图入睡，或者因为什么原因而醒来）。我对自己说，我要放弃它，换一种形式的睡眠。

我没有感觉到睡眠不足带来的任何后果，这让我很惊讶。我想那是因为一开始我就从超越冥想中获得了身体方面的好处——我知道每个人不一样——对我来说效果是立竿见影的。我的身体立刻感觉好多了，休息得也更好了，尽管严格来说我的睡眠时间少了一点，但最终的结果是我还是好好的。

现在我的超越冥想修习日程已经建立起来了，我也就有了额外的时间。也许我会报名上舞蹈课。现在我正在考虑如何利用这些空闲时间。

那情绪上的益处呢？

我问马西娅："你觉得内在发生变化了吗？"她回答：

哦，是的！哦，是的！我感觉更平静，也更快乐了。我是一个很敏感的人，一个内向的人。超越冥想让我平静下来，让我面对陌生人和一般人时更放开了。我的感官更敏锐了：颜色更明亮了，气味更丰富了，周围的一切都更生动了。不是更喧嚣了，而是更明亮和更平静了。我有了很多乐趣。生活已经变成了一个更令人愉快的地方。而在此之前，一切似乎都是那么吵，那么咄咄逼人，我不得不总是找时间独处。现在我不必逃离这个世界，因为这个世界已经变得更好了。

超越冥想在美国企业

当你想到超越冥想对肯、马克和马西娅生活的影响时——他们仅仅是美国众多企业专业人士中的三个人——你能想象出，如果正在学习超越冥想的人的数量是其成千上万倍，那产生的影响会有多大呢？好吧，大卫·林奇基金会目前正与这家非营利性超越冥想组织拓展出的"超越冥想商业"（TM Business）外展服务合作进行一项非对照控制的实验，而资深超越冥想指导者马里奥·奥尔萨蒂和琳达·曼奎斯特（Linda Mainquist）这对夫妻团队，则领头推动纽约地区的业务。迄今为止，他们已经教会纽约市金融界大约1000名高管修习冥想。

琳达特别重视将超越冥想推介给女性高管，她赞同马西娅的许多观点，并发现超越冥想在以下几个方面有益于这些女性：首先，它让女性更能够在男性主导的舞台上发挥自己的能力。其次，它帮助她们走出舒适区，敢于冒险，也许是因为她们觉得她们一直有超越意识要领会。第三，它有助于平衡工作与生活，这对女性来说往往更难，因为她们要承担更多的家庭责任。最后，超越冥想帮助人们成为真实的自己并走向成功——感觉就好像他们不必做出选择。换句话说，随着意识的发展，女性觉得她们可以在不同的层面上发挥作用。她们可以保留自己的女性气质，同时有能力在商业环境中取得成功。

马里奥总结了他和琳达所发现的企业高管——不分性别——定期修习超越冥想的价值。以下几节概括了他的几点想法：

倾听

对精神科医生来说，倾听的力量不足为奇。但有时它确实有用。不久前，一位朋友打电话给我，她为自己个人生活中发生的一些事情而烦恼。我知道她是一个聪明且考虑周全的人，很明显，她对问题的方方面面考虑了很多——别人做了什么、她对此的感受如何，以及她下一步的选择。她没有问我对这个问题的看法，我也没有提。一个小时过去了，她听起来好多了，然后我们说了再见。虽然我很高兴能在朋友身边支持她，但道别后我并没有觉得我做了很多。

很显然，我错了。一周后，她打电话给我，对我的帮助表示感谢。我问她我做了什么她觉得有用的事。"你非常明智，"她说，"你只是倾听。在过去，你可能是'专家'，给我建议，给我指出不同的方向，但是其实你仅仅是倾听更能帮助到我。"

马里奥对倾听在商业世界中的价值有共鸣：

倾听的能力在商业中至关重要。商业项目中经常开设上百门课程供我们了解到倾听是沟通的基本组成部分。我们都知道这一点。那么为什么这会成为一个问题呢？因为我们通常缺乏倾听的能力——当我们的心智充满噪声时，这是非常难做到的。因此，由于内在的压力水平，许多人发现会议变得越来越难以忍受。他们发现自己很容易分心。我经常问人们："你们有多少人定期开会？"几乎所有人都响应了。我问他们："你们中有多少人觉得会上的大多数人总是有查看他们的电子邮件或短信的冲动，而不去听开会的内容？"每个人都笑着说："确实如此。"

然后我问："你们不认为这削弱了会议实现其目标的能力吗？我的意思是，如果有人不是真的感兴趣或无法倾听，为什么还要开会，又或者他们有兴趣但没有能力倾听。"他们都回答："是这样没错。"我告诉他们："你们所有人都必然注意到，修习超越冥想会让你们更多地参与到你们的对话、会议、一对一或小组讨论中。你们的心智将变得更安静、更简单，也就更能倾听人们在说什么，以及他们为什么这么说。你将不会只是听到一个个字，而是真正地在倾听。"在我们随后的回访见面中，果不其然，人们说，这是他们注意到的重大变化之一。有助于培养领导力的主要因素之一就是，当你与别人沟通时，你真正地在场并倾听。

领导者需要全身心地投入到与他们谈话的人身上，不能三心二意。因此，成为一个更好的倾听者是我们许多学生所报告的超越冥想的回报之一。

制定优先顺序

人们在开始练习超越冥想后所报告的另一个非常普遍的益处是，当你在冥想时，优先顺序似乎会显现出来。我个人一直有注意到这一点。你坐下来，脑子里并没对一些问题的依次解决有一个有意识的顺序安排，然后不知怎么的，在冥想期间，你就把日程安排好了，这一点非常奇怪。我们经常面临这样的问题：从哪里开始，先做什么。有规律地修习超越冥想，答案往往来得更容易。以下是马里奥对这种改善如何帮助商务人士的看法：

在当今的商业世界中，处理优先事项的能力比以往任何时候都重要。对大多数人来说，白天没有足够的时间。即便连续工作了24小时，你仍然有事情要做。所以问题不是"我如何才能做得更多"，而是"我如何才能首先聚焦于优先事务上"。

这不仅仅是我的观点。史蒂芬·柯维的《高效能人士的7个习惯》[4]曾被《福布斯》评为有史以来最优秀的20本管理学书之一。[5]书中，柯维提到了7种策略，其中最重要的是"要事第一"。当你一直在处理各种输入信息，如源源不断的电子邮件、短信和电话时，如何保持注意力集中？其他人有紧急情况找你怎么办？你如何有远见地坚持先做重要的事情，而不是让别人的紧急情况不可避免地成为你的紧急情况？

优先处理是一种伴随着你正在关注的东西——超级意识——的发展而来的品质。它缘自一种定期体验意识最小激发态的脑带来的内在的稳定性。

管理觉知

马里奥让我注意到一个商业术语，这个术语所表达的概念与超级意识（超级心智的一个方面）有一些惊人的相似之处。它就是"管理觉知"（managerial awareness）。马里奥这样解释这两个概念的相似之处：

管理觉知指的是对许多事情保持觉知的能力，即使是在专注于一件事情的时候。本质上是指知道下一步该做什么，同时了解全局。如果你的组织中有人不具备管理觉知，你就给他们一个任务，让他们仅仅去做这个任务。但是你作为管理者，就必须广泛了解所有不同的任务——优先顺序是什么，需要谁来执行它们，以及以什么顺序执行。

正如你所看到的，管理觉知对应了超级心智"双通道"这一特性。根据马里奥的说法，当人们定期冥想并发展出扩展意识时，管理觉知作为其中一个表现形式就随之产生了，从而提高了他们的效率和绩效。

降低反应度：开发内在空间

定期修习超越冥想的一个常见益处是反应度降低了（参见第8章），这在许多情况下都是值得的，在商业中也不例外。对你的员工发脾气，你猜怎么着？他们也不会工作。他们会花时间对你说三道四，猜测是哪些难题使得你经常失控。更糟糕的是，他们可能会故意扰乱你的目标。对老板发脾气……不难猜到那会如何反过来伤害到你。

除了头脑发热，反应过度的形式还有很多种——仓促地做出决定、随着角度的改变频繁地改变自己的想法、情绪随机上下起伏，这其中没有一样是好现象。这类例子不胜枚举。然而，当你发展出超级心智时，事情就会发生变化，这种变化可能看起来很小，实际上却很大——在商业中和在生活中是一样的。时间和空间进入心灵。心智似乎在慢下来的同时在扩张。以前看上去很紧急的事情现在似乎不那么紧急了。

正如企业家乔希·扎巴尔（Josh Zabar）所说：

超越冥想使我能够在自己的想法与行动之间创造一个空间……这很疯狂。所以在开始冥想之前，我可能处于这样一种情况：我的反应很强烈，而且很突然，因为我觉得有什么东西对我产生了负面影响。现在，如果同样的情况发生了，我的内心会产生一个平静的空间，一个宁静的环境，可能只持续几毫秒，但在我行动之前，感觉就像一个永恒，我可以真正"选择"我想要的反应。这才是真正的力量。[6]

扎巴尔的评论让我想起了神经病学家、大屠杀幸存者、经典著作《追寻生命的意义》的作者维克多·弗兰克尔的名言：

> 在刺激与反应之间有一个空间。在那个空间里，我们有能力选择我们的反应。我们的反应中包含着我们的成长和自由。❶[7]

超级心智使我们能够培育这个空间。

发展这样一个空间有几个好处。首先，它作为一个缓冲器，能防止冲动的言语或行动。前额叶皮层可以利用这额外的几秒钟来决定如何做出最佳反应，而不会做出条件反射性反应。第二，更加平静的感觉很好，感觉好像你可以应付发生在你身上的任何事情。第三，这种转变对其他人有安抚作用，因为当我们紧张时，我们也会让别人紧张。最后，发展这样一个空间能使共情进入人的意识。对方感觉如何呢？我的反应会如何影响他人呢？这些反应可能会导致什么后续结果（二阶效应）呢？许多人报告说，自从开始冥想，他们对他人产生了更强的共情心理和更多的关心。这些变化的反应可能是受所谓的镜像神经元调节的，而镜像神经元存在于迄今为止所研究过的许多动物的大脑皮层中。

之所以如此命名镜像神经元，是因为它们似乎决定了通常观察到的许多动物模仿对方行为的这种习性。[8]例如，当猕猴模仿一个对象的操作（例如洗土豆）时，可以观察到某些特定的神经元被激活。我们可以发挥一下跳跃性思维——但在我看来，这是一种看似合理的推测——假设镜像神经元也可能对情绪比如共情心理发挥作用。就灵长类动物而言，镜像神经元位于前额叶

---

❶ 译者注：中文版参见：维克多·弗兰克尔：《追寻生命的意义》，何忠强、杨凤池译，北京：新华出版社，2003年。

皮层（以及其他皮层区域）——就我们认为超越冥想能增强前额叶皮层功能来看，人们不禁要问，超越冥想对共情如上所述的影响是否也可能是受镜像神经元调节的。

撇开这些猜测不谈，情绪的传染性是一个很常见的现象。冷静的行为举止能让客户和同事都安心，而反应过度的、冲动的或急躁的行为方式必然会产生相反的效果。

开放与不执着

在第12章中，我讨论了在保持浸入一些事情的同时能够从另一些事情中超脱出来的价值——这两种特质的结合是超级心智的一部分。不言而喻的是，当人们热衷于自己正在做的事情时，事业成功就更有可能发生。那么超脱而不执着适用于哪里呢？我将再次引用乔希·扎巴尔的博客：

> 那些我经常忌妒的人接受了我，那些对我曾经珍视并引以为傲的"顺我者昌，逆我者亡"的态度感到恼火的人也对我有了好感。我的自我意识消逝了一点，这可能是发生在我身上最好的事情，因为自我消逝得越厉害，一个人就越能真正开始自己的人生。

在事业上就像在生活中一样，对最好的想法保持开放的心态会得到回报——即使这些不是你的想法。瑞·达利欧（我们已经在这里见过他，很快还会再见到他）在他著名的《原则》中写道：

> 我知道真相没有什么可怕的。虽然有些真相可能很吓人——例如，发现你患有致命的疾病——但了解真相可以让我们更好地应对它们。坦诚相待可以让我们充分探索彼此的想法，让我们接触到对我们的学习至

关重要的反馈。[9]

有时候，真相会令人害怕，因为它击中了我们敏感的地方——比如打击了我们的自尊，或者挑战了我们根深蒂固的信念。对真相保持开放的态度需要你不要过于执着于你的观点。你可以让别人的想法进入你的心智，并与你的想法相融合，从而促成最成功的结果。你可以放下对"保持正确"的依恋，要知道，手头项目获得成功才是最重要的。

用上面引用的扎巴尔的话来说，超越冥想使得他对其他人的意见保持开放态度。通过减少对自我的执着，他的人生变得开阔。当然，许多处于领导地位的人都非常自我，但我将证明，那些最成功的人会听取数据和他人的意见。如果做不到这一点，代价可能会很大。除了错过可能很重要的想法和意见，不听取别人的想法和意见会压制创造力。就像马里奥·奥尔萨蒂所说："无论是在他们的职业生涯中还是家庭生活中，最终这对很多领导者来说都是一个巨大的绊脚石，因为如果你这样对你的后辈（无论是生物学意义上的还是职场上的），你就不会走得太远。在21世纪——不像在过去的几个世纪——你不可能既当独裁者又能成功。你必须让人们享受他们的工作，表达他们的想法——并真正地倾听他们。意识的发展通过提供内在的安全感，帮助人们变得不再那么依恋他们的想法和他们的自我。"

复利

我采访的几位商人都指出了意识的发展与复利之间的关系：两者都随时间呈几何级数增长。而超级心智的成长则会带来更多的增长。这并不是一种无聊的感想。当时我们调查了600多名冥想者，问他们："自开始冥想以来，你是否注意到自己或生活有了积极的变化？这些变化是否会随着时间的推移而持续增长？"有82%的人回答"是"。

瑞·达利欧：像个忍者

那是晚夏一个晴朗的夜晚，我正从曼哈顿前往康涅狄格州看望我的朋友瑞和芭芭拉·达利欧（Barbara Dalio）。当我到达时，芭芭拉向我打招呼，瑞还在工作。她一边整理我带来的鲜花，一边与我聊天。不久，瑞出来了，还边走边对着他的手机喋喋不休。他看起来像是从黎明开始就一直这样精力充沛，他关掉手机，与我打了招呼，说："你们已经冥想了吗？"我们都说是的。当我看到他失望的表情时，我建议也许我们可以再来一次冥想，我们也确实这么做了。我以前从来没有连续冥想两次，但我感觉棒极了，当时我有了一种新生的感觉，这一晚上欢乐的气氛表明其他人也许也有同样的感觉。

我已经多次提到瑞·达利欧，现在似乎是告诉你一些他的故事的好时机，尤其是因为他与超越冥想和超级心智都有交集。当我为写这本书采访他时，他说他赞同他之前告诉我的一切——这些我在《超越》中已经写过了，这为我省了一些事。我在这里重复了先前的描述，只做了一些小改动。从那时起，作为一个传奇的企业家和世界级领导人的顾问，瑞的地位不断提高，我将在后面继续讲述瑞的故事，为前一本书和这本书之间架起一座桥梁。

"冥想对我的人生产生了最大的影响"

瑞·达利欧是桥水基金的创始人兼总裁。1975年，他在一套两居室公寓的闲置卧室里创立了这家对冲基金公司。目前，桥水基金拥有1400多名员工，因其创新的投资策略而广受赞誉，是全球最大的对冲基金之一。

现年六十多岁的瑞从大学时代就开始修习超越冥想，至今已有四十六年。他对冥想思考了很久，为此付出了很多努力。他和芭芭拉帮助了大量弱势群体进行冥想——包括学龄儿童、患有创伤后应激障碍的退伍军人和无家可归的人等。

正如你能想到的，他对超越冥想有许多话要说。首先，他强调了坚持的重要性，尤其是在早期阶段：

最初，当你开始冥想的时候，很多想法会同时在你的脑海中闪过，就像这句咒语一样——对我来说是这样——所以你无法超越。你只是在咒语和你的想法之间来来回回。所以我花了一段时间，可能是几个月的时间，才理清了自己的思绪，开始超越。当我做到的时候，感觉棒极了。

瑞是这样描述超越状态的：

这是一种放松与极乐体验的结合。这听起来像是高潮，但它不是高潮，而是一种极乐幸福的感觉，因为我感觉真的很好、很放松，身体状态也很好。你进入了一种不同的状态——不是有意识的，也不是无意识的。当你在冥想时，你只是不再有觉知。在某种意义上，一切都消失了。但与你睡眠时不同的是，如果一根大头针突然掉下来，它会在你体内产生回响；这令人震惊。

下面是冥想如何帮助他的：

它引发了很强的放松感，所以做一点点冥想，效果就能持续很长时间，甚至能弥补睡眠的不足。我发现它从两个方面改变了我的思维方式：它让我注意力更加集中，并且更有创造力。精神更加集中，心态更加开放，一切就变得更好。我的成绩提高了。一切都变得容易起来。

冥想有助于我的创造力。创造力并不是你在有意识状态下强加给自己的东西。相反，它就像是当你非常放松的时候，当你洗个热水澡的时候，很酷的想法从你的脑中闪过，你想去抓住它们。这很像一种冥想的状态。对我来说，其中一个挑战是，随着冥想质量越来越高，这些创造性想法的质量也越来越高。我不想把它们放置一边不管！我想用便签本和笔随时把它们记下来。（但如果我停下来把它们写下来，我就停止冥想了。）这差不多就像很难抓住梦一样。所以超越冥想对我的创造力产生了有益的影响，当我变得更安定，精神也更集中时，一切都变得更容易了——所以，即使不得不为冥想重新分配时间，将冥想继续下去也很容易做到。

我问瑞"centered"是什么意思，这个词他已经用过好几次了。

意思是当事情向你袭来时——挑战、压力、破坏性事件——你可以保持冷静，并分析和走近它们，我想，差不多就像一个忍者看到事情以慢动作向他袭来，他显然是可以掌控局面的。在这种状态下，你不会被情绪劫持。思路清晰，归纳合理，洞察深入：这就是我所说的"centered"（精神集中地）的意思。

在通俗神经科学领域，瑞阅读广泛，他自如地谈到了杏仁核、能产生强力警报信号的脑中心部位和控制执行功能的前额皮层。他相信，在精神变得"集中"的过程中，"均势从杏仁核转移到前额皮层，这样你就能控制自己的情绪，而不是相反"。我同意这种观点！

被问及能否想起在他冥想期间冒出的并最终实现的任何具体的创意时，瑞提出了异议。他并不是指单个的轰动一时的点子，而是指：

我认为，人们每天都会做出很多决定，而这些决定都会产生后果。你的生活本质上取决于你所做决定的累积质量。我已经做了很多决定，总的来说，这些决定对我来说是有效的。我热爱市场；那就是我的事，但我的经营方式与其他大多数投资管理公司完全不同。它是完全独特的，但另一方面，是完全正确的，这意味着其他公司现在开始以同样的方式建立他们的业务。我认为我们的成功是在许多方面思路清晰的累积效应。

当我回顾我的生活时，我很高兴我拥有大多数人所认为的成功人生，不仅是事业方面的成功，也包括人际关系和其他许多方面的成功。我把我的成功更多地归因于冥想——部分是因为创造力，部分是因为精神集中。超越冥想给了我一种正确看待事物的能力，这对我很有帮助。我认为冥想是我人生的最大的单一影响因素。

瑞在谈话过程中使用的忍者的比喻，为超级心智提供了一种绝佳表述——冷静地（瑞所说的"精神集中地"）敏锐意识到周围的环境，并时刻准备着像激光一样聚焦于任何向你袭来的事情上并作出回应。

超越冥想使他放松，提高他头脑的清晰度和创造力，帮助他正确看待自己的情绪，并通过让他保持"精神集中"帮助他提高做日常决定的质量。尽管瑞的日程很紧张，但他权衡了每天两次冥想的成本和收益后得出的结论是，投入的时间会获得回报。

资助员工进行超越冥想

在美国商界，修习超越冥想正变得越来越流行。在某些情况下，那些学会并享受超越冥想修习的首席执行官认识到它对员工的潜在益处。许多人选择（部分或全额）资助超越冥想的学习，这既是一种工资外的补贴，也是一种增进安乐、提高工作效率和鼓舞士气的方法。下面的故事说明了超越冥想如何在美国一些大小公司起作用。

瑞·达利欧是将超越冥想引入桥水基金的早期尝试者。他资助任何想要学习的员工。我最近一次查看记录，发现大约有40%的员工接受了他的资助。其他几家公司也纷纷效仿。

通常小型企业在首席执行官们了解并意识到冥想的价值之后，也热衷于为其员工提供超越冥想服务。早些时候你在书中遇到的林赛·阿德尔曼就是一个很好的例子。你可能还记得，阿德尔曼是曼哈顿一家公司的首席执行官，她的公司生产并销售由设计师专门设计的照明设备——这种描述对她的公司生产的艺术品有点不公平。当我问她是否认为资助员工学习超越冥想对她的事业成功有帮助时，她回答道：

> 大概可以说百分之百有帮助。它促进了成功，从大局上看其原因非常具体，比如员工的留任率非常高。我认为这一点与我们公司的成功有很大关系，因为不会有什么都不知道的菜鸟进来后从头学，使得整个事情停下来，也不需要更换人员再对新人进行培训。我认为我们的成功在很大程度上源于这种连续性，此外，每个人的技能每年都在逐步提升。每个人都承担着不同的责任；每个人都在重新定义自己的工作；每个人都对我为未来描绘的远景有了更深刻的理解。我认为这与超越冥想有很大的关系。并且我真的为我们的人际关系感到骄傲。我认为这也和人们修习超越冥想有很大关系。

正如阿德尔曼所指出的，首席执行官修习冥想也会有所帮助：

> 当我的员工评价我时，他们说我有持续的正能量和积极的沟通方式。超越冥想绝对帮了大忙。这是真的。我从来都不觉得我必须装出一副高兴的样子。我认为，当事情变得艰难时，我可以相当诚实地面对它。超越冥想也帮助我真正地倾听并承认他们做得很好的地方。我在这上面花了很多精力和时间。
>
> 我想说，也许超越冥想教会我的最重要的事情是如何享受生活，如何真正享受生活——追随生活的乐趣，不要害怕感觉太好。这听起来很奇怪，但我认为有很多人害怕感觉很棒和让别人感觉很棒。也许这不是

最自然的人类活动。超越冥想极大地帮助我在别人做了很棒的工作时不再害怕赞美别人或者热烈鼓励别人。

坦普尔·圣·克莱尔（Temple St. Clair）是纽约一家珠宝设计公司的首席执行官，她受到了阿德尔曼对超越冥想的热情的感召，并分享给了她的员工。正如她所说：

我发现，随着世界的发展，我们不断在兼顾多个工作和处理多项任务。超越冥想让我保持内心稳定，帮助我谨言慎行，让我减少过度反应。我对自己的工作充满热情，是个完美主义者，对同事和周围的人有很高的期望。我发现超越冥想能使我保持心态平稳，并帮助我变得更有同情心。它帮助我更多地了解人们的长处和短处，并耐心地带着他们一起前进。

圣·克莱尔对她所看到的益处感到非常高兴，于是她也为她的员工提供了冥想资助，而且已经从员工人际关系中看到了冥想的益处，对此她十分感激。

杰弗里·艾布拉姆森（Jeffrey Abramson）是总部位于马里兰州的房地产开发企业大厦集团（Tower Companies）的管理合伙人。他长期修习超越冥想，自1999年以来一直资助员工进行超越冥想。他观察到："人们需要各种手段来保持年轻、活力和竞争力。根据我对员工长时间的审视，我意识到我需要用一种手段为他们能够表现优异进行投资，让他们保持我们聘用他们时的状态。岁月消磨人——企业要为让他们失去才华、青春和活力付出代价。但当开始冥想后，人们告诉我：'我找回原来的我了。'"

艾布拉姆森提供了另一个资助全体员工超越冥想的理由。

除此之外，超越冥想还是一种预防技术（参见第8章）。企业以此承担了人们的脆弱性——例如，突发中风或心脏病，但如果疾病没有发生，你永远不知道你预防了什么。然而，每个人都从预防这些疾病中受益。

艾布拉姆森还发现，他的员工变得更加有弹性，对变革、团队工作和完成事情更感兴趣了。以下是他的一名员工对获得超越冥想资助所表示的感谢。

>我整天都在为别人工作，比如我们的客户和我的家人。谢谢你让我有了属于自己的二十分钟。

艾布拉姆森在公司设立了一个专门的冥想室，其他一些推广冥想修习的公司也是如此。而在（不推广冥想的）其他美国公司，人们往往无处藏身。楼层布置是开放式的，墙壁是透明的，电话铃声不断，人们喜欢闯入。那么，在这样的环境中，尤其是当这种活动还没有被普遍接受，更不用说被认可时，该如何冥想呢？我的一个公司客户在教堂里找到了避难所。一些不那么幸运的人连这样的设施都没找到，只能在洗手间的小隔间里——很明显，在这个地方你可以有理由相信没有人会打扰你。

史蒂芬·柯维把他的七个习惯中的最后一个叫作"磨快锯条"❶（sharpening the saw）[10]，指的是锯子会变钝，效率会降低，直到你再把它磨快。对于我们工作太辛苦，需要重新更新状态的情况，这是一个不错的类比。我希望超越冥想的潜在价值能够得到更广泛的认可：它不仅对企业领导者有帮助，对他们的员工也有帮助，员工可能会对自己的工作感觉更好，从而表现得更好。我发现，我从每天两次冥想中体验到的状态更新，对我的创造力和生产力的持久至关重要。正如你从这里列出的小部分样本事例中读到的，其他人也同意这种观点。

---

❶ 译者注：对应的中文翻译是"不断更新"。此处为了与后面进一步解释的话呼应，采用了直译。

执行功能与执行官

现在，你已经在这本书中（很可能在其他书中）多次遇到过脑部前额皮层——就在前额后面的区域。前额皮层被称为脑的首席执行官是有原因的。它是脑中负责权衡利弊、评估情况、做出决定和向脑的其他部位发出指令的那一部分。那些脑中这部分受伤的人执行功能可能会受损，变得放纵无节制，判断力差，并且会做出糟糕的决定。

有证据表明，超越冥想的修习会引发前额皮层的物理变化，包括血流增加、[11]安抚性α波密度增大和α波一致性增强（在这种状态下，不同区域的波长更紧密相关）。[12]我们知道，定期修习超越冥想会引发超越状态的重复出现，从而使心智从早到晚都安定下来——所以这些前额叶的物理变化会稳定下来，甚至在冥想环节以外的时间里也是如此。[13]

在定期冥想的人身上，伴随安止而出现的反应过度减少现象，与其判断力和行为举止的改善是一致的。他们更加不会条件反射地做出反应，而更有可能对好的或坏的刺激考虑周全地做出反应——因此更加不会冲动消费、失言或乱发脾气。就这样，超越冥想的定期修习影响了我们日常意识的质量，使我们在发挥执行功能上更成功。

考虑杏仁核的作用对我们理解超越冥想的影响很有用。杏仁核是一种深层的脑结构，发挥着警报功能——既与前额皮层联合起来发挥作用，也与前额皮层的功能形成对比。在回应一个危险信号时——如草丛中的老虎——杏仁核对脑的其他部位大喊躲开。在进化的过程中，我们学会了在这种情况下听从杏仁核的声音，而那些没有这样做的人可能活不了足够长的时间来传递他们的基因了。

把脑比喻成一个公司的话，如果前额皮层是首席执行官，杏仁核肯定是消防队长。发生火灾时，由消防队长负责指挥。他拉响警报，砰砰地敲门，每个人都得听他的，包括首席执行官。但是当没有火灾的时候，消防队长就不得干涉，让首席执行官来指挥。一个患有焦虑症的人就像一个由消防队长管理的公司，不管有没有火灾，他总是不停地敲门，而这个可怜的首席执行官总是很难完成任何工作，也很难知道什么时候发出的警报信号是适当的，什么时候发出的警报是错误的。有大量证据表明，定期修习超越冥想有助于人们减少焦虑，这是超级心智的一部分——进一步证明了这种修习可以稳住大脑的警报系统，强化前额皮层的功能。

结论和思考

当我问马克——这位多才多艺的理财经理向肯介绍了超越冥想——超越冥想是否能帮助他致富时，他回答说："我认为会，因为我认为超越冥想在整体上是有帮助的，所以不管你想做什么，无论是理财、教书还是当医生，它都对你有帮助。"这句话也概括了我的观点。有了创造力、活力、清晰的思维和长时间保持专注的能力——这些都是超级心智的好处——你就更有可能完成任何你要做的事情。

拿破仑·希尔（Napoleon Hill）在他的经典畅销书《思考致富》（Think and Grow Rich）[14]中提出了致富的13条原则。第一个原则是"欲望"。如果你想变得富有，你最有可能通过明确你对目标的欲望而获得成功。考虑到这一点，如果对本章开头提出的问题"冥想会让你变得富有吗？"做出精练的回答，我会回答："是的，如果你的欲望就是致富，并且你修习冥想，那么你就更有可能变富有。"

最后，让我们思考一下另一个对富有的定义，这个定义被浓缩在这一章开头所引用的《塔木德》的话中："谁算富有？那些感恩知足之人才是真正富有。"在下一章，我们将思考另一种类型的财富——对你所拥有的事物感到快乐和感恩。

本章要点总结

• 如果你想变得富有，超越冥想可能会帮到你，因为它提升了这个目标（和其他许多目标）所需的许多技能。包括健康和精力、人际交往技能、多种认知功能、创造力、开放性和场独立性——这些只是其中一部分。

• 一些关于几位超越冥想指导者经历的趣闻逸事为上述论点提供了支撑。这些指导者曾教过数百名商界男女超越冥想。

• 还有人指出，富有感包含满足感，它与任何实实在在的数字起到的作用一样——而且有证据表明，超越冥想能提高幸福感和安乐感（见下一章）。

16

冥想与幸福

> 幸福是人生的意义和目的,也是人类存在的总体目标和终极目的。
>
> ——亚里士多德

让我再次开始冥想的人是保罗,他是一位作家兼电影制作人,他曾找我咨询治疗其"双相障碍"❶。有一天,在他令人眩晕的狂躁和异乎寻常的抑郁稳定下来后,保罗向我说明,虽然我的药帮他平复了心境,但他不认为药物是幸福的原因。

他接着向我谈起他在旧金山遇到的另一个双相障碍患者。那人修习超越冥想二十年了,而且他说冥想让他在90%的时间里感到真正的幸福。保罗在他们相遇的几年前就已经学会了超越冥想,这次相遇则鼓舞保罗向那人一样更加有规律地冥想,且取得了非常可喜的成果。保罗这样描述其成果:

自那以后,情况随着时间的推移逐渐好转。这些积极的效果花了几个月才显现出来。当各种效果显现出来后,随着时间的流逝,它们逐步

---

❶ 译者注:这个术语国内的其他译法有:躁郁症、抑郁狂躁型忧郁症、双相情感障碍等。

地、渐进地、越来越强地、越来深刻地出现在我身上。从我开始定期冥想到现在已经四年了，我感觉比之前任何时刻都要好。就像我在旧金山遇到的那个人一样，我不仅感到幸福——而是在90%的时间里都感到真正的幸福。

我告诉保罗，我在南非学会了冥想，但在三十五年前就把它从我的日程中划掉了。他敦促我重新捡起来，并把我介绍给鲍勃·罗斯，不停向我唠叨，还定期检查我（就像我敦促他持续服药一样）——之后发生的故事就贯穿在整本书中。

保罗的话打动我的一点是，他强调自己有"真正的幸福"。当然，我见过很多人在躁狂状态下说他们"真的幸福"——其实他们中的很多人是快乐过度——但保罗说这话时一点也不躁狂。他极为平静。对他来说，认真地向我传达这个信息显然很重要。我很少听到患者以如此慎重的方式告诉我他真的幸福——更不用说是90%的时间里都如此了。我想知道——超越冥想对其他人也有类似的效果吗？我会在这一章考查这个问题，不过首先让我们更仔细地看看幸福。

什么使人幸福？

据报道，对双胞胎的研究表明，大约50%的幸福是由基因决定的，[1]不过较新的估算认为这个数字更接近36%。[2]由此得出结论，就我们所能做的让我们变得更幸福的事情而言，我们只能影响剩下的50%—64%——仔细想一想，这其实相当多了。

尽管威廉·詹姆斯在20世纪初就针对幸福的重要性写过文章，此后也有少数科学家从事这一领域的研究，但直到最近的一二十年，"积极心理学"这门科学才开始兴起。在那以前，多数心理学研究都聚焦在消极情绪状态上，比如焦虑和抑郁。尽管如此，已经有一些科学证据表明，某些态度和行为能提升幸福感——它们列在下方，这是由幸福研究专家、霍普学院的心理学教授大卫总结出来的。[3]

改善心境和提高生活满意度的基于研究的建议

1.懂得拥有更多钱可能不会带来持久的幸福。

2.掌控你的时间。

3.微笑。有证据表明表现快乐能让人真的快乐。

4.找到一些你擅长的并且对你有意义的工作和活动。

5.投资在共享体验上（比如度假），而不是物品上。

6.保持活力。运动改善心境。

7.有足够的睡眠。

8.培养和维护亲密人际关系。

9.做好事。它会让你感觉很好。

10.在你的思考和行动中怀有感恩。保持写感谢日记，当有感谢之情时就表达出来。

11.培养自己灵性的一面。

正如你所看到的，冥想可以归入最后一类，这一类也包括定期为自己的信仰或宗教习俗举行仪式。准确找出那些有信仰的人或灵性修行者感到幸福的原因面临的一个问题是，他们往往也有其他能提升精神的东西和习惯——比如强大的社群纽带、共同遵守传统习俗的朋友和更好的自我关怀修行。

为了确定冥想本身是否会带来幸福，我们得进行一项包括所有必要元素比如随机分组的对照研究。已经有人做过几项超越冥想的对照研究了，但因为积极心理学最近才开始受到关注，所以这些研究不包括对幸福的测量。

也许最接近考查幸福问题的超越冥想研究，是我在第9章描述过的对诺维奇大学新生进行的研究。在那项研究中，60名新生被随机分配为超越冥想组和控制对照组，并对基准线进行了各种人格测试，之后于两个月后和6个月后又进行了测试。

两个月后，年轻的冥想者在特质心理韧性量表上表现出韧性上的显著提高，[4] 且在6个月后的测试中也依然有显著提高。另外，建设性思维量表测量得出，[5] 他们整体的建设性思维以及行为和情绪应对能力也有显著提高。全局建设性思维以及行为应对能力在两个月和6个月时都有增强（都与基准线比较）。[6]

所有这些研究结果都在对下一年新生进行的类似研究中重复发生了。

我之所以在这里提到这些研究结果，是因为诸如韧性、建设性思维和良好的行为应对能力等特质可能伴随着幸福感，但也得承认这是一种间接测量。我预计未来的研究将包括更直接地论及幸福问题的测量。

关于超越冥想、安乐和满足感，意识整合问卷告诉我们什么？

尽管问卷调查不像对照研究那样权威——对照研究说的是因果性，而非仅仅考虑相关性——但通过挖掘调查数据来寻求洞见是合理的。从这一点来讲，意识整合问卷有点像一座金矿，因为有两个项目探讨了与幸福直接相关的心智状态，即安乐与满足感这两个项目（意识整合问卷的第11项与第19项，可参见第7章和附录2）。

我们就调查相关的背景变量分析了这两个项目：第一，根据受访者回答"是"或"不是"的情况分析；第二，根据回答"是"的人的体验频率进行分析。

当被问及自开始冥想以来安乐与满足感的水平是否有所提高时，94%的超越冥想修习者说安乐水平提高了，90%的人说满足感水平提升了。

当我们根据人们体验安乐的频率来分析数据时，三个背景变量突显为安乐的重要相关项：（1）持续时间；（2）修习频率（那些修习时间超过4年——取中位数——且至少每天两次的人报告的安乐水平更高）；（3）所居住的国家（美国人报告的安乐水平比南非人更高）。在满足感方面，结果是相似的。

在缺乏对照研究的情况下，除了依据我们的问卷数据，为寻找超越冥想与幸福之间的因果联系，我们就得诉诸逸闻趣事了——可信的逸事是一个很有用的出发点。

然而，在我继续分享之前，我应该说一下在"改善心境和提高生活满意度的基于研究的建议"中你可能认为不正确的一点，即关于金钱的那一点。更多的钱不意味着更幸福吗？当然，如果你问人们什么东西会让他们更幸福，多数人会说更多的钱（2006年一项盖勒普调查结果中73%人如此回答，美国大学生中有82%的人也这样认为）。[7] 不过，至少在更富裕的国家，这一点并未被证实。在贫穷国家，许多人无法负担诸如食物、住房和医疗这样的基本需求，一千美元的增收能对整体幸福度产生巨大影响。但在世界上更富裕的地区则不是这样。

意外之财无法带来持久幸福是人类的一种特质，被称为"幸福设定值"。[8] 比如，中彩票或者获得大学终身教职（仅举几例）可能让你在短时间内变得更幸福，但你的幸福水平会适时回落到之前的水平——这就是你的"幸福设定值"。然而，这个设定值也有好处，因为反过来也是一样的——当坏事发生时，人们会感到幸福感降低，但这种反应往往会比预期的更快过去。尽管可能会对身体、个人生活或财务造成损害，但你一般可以依赖你的设定值把自己拉回你幸福的通常水平上。

绝对是的！百分百是的！

在我为本书进行的各个访谈中，我的最后一个问题通常是"自从开始修习超越冥想，你是否变得更幸福了？"。尽管我一般是采访我认为对超越冥想反应良好的人，但实际上他们对最后一个问题的回答与其他回答有质的不同——更加肯定和一致。他们通常以更响亮的嗓音、更高的调门立马有力简洁地回答："绝对是的！"或"百分百是的！"下面是一些人对"超越冥想让你更幸福了吗？"这个问题的回答，这些人你可能在前面已经见过了。

凯蒂·芬纳兰，女演员

啊，百分百是的。比过去感觉幸福多了。我的首要任务是拥有幸福、积极的人生。我认为超越冥想是有关如何成为一个更加幸福的人的自我教育的一部分。

当我问凯蒂超越冥想是否会帮助她成为一名更好的演员，她回答："我想我从小就一直为此做准备和学习。我认为我的成功不是因为超越冥想。"

我特意地收录了第二组回答是为了表明，有辨别力的人（比如凯蒂）不会反射性地把所有积极体验都归功于超越冥想——为了获得精确信息，我找到了一些有辨别力的人。就幸福这方面而言，绝大多数超越冥想者都将此主要归功于他们的冥想修习。

莎朗·依斯宾，古典吉他演奏家

下面是这位长期冥想者对我的问题的一个高质量回答：

"再次看了你的书后，我认识到，是的，超越冥想在帮我感到更幸福上发挥了作用。当然，坦白说，作为一个人，现在我的一部分幸福是我已经设法获得了我曾想要的大多数东西。而且我期待完成更多的事情，不断保持活跃并交出新的作品，培育新的创意项目。我成功完成了所有我最珍视、最相信的事情，这让我有了一种成就感。因此，我的幸福感一部分来自我的成就。

不过，我还有一种欣赏我所完成的事情的感觉，并且不会因为没有做这或做那而感到不幸福。这一点很棒，也很美妙，它让我有自由享受生活中的其他东西，它们与我的事业无关，但我依然信仰它们——这一点上超越冥想就起了重要的作用。

休·杰克曼，演员

休关于幸福的评论有点复杂，但平心而论，我并没有直接向他提出这个问题。下面是他的话：

在学习超越冥想之前，我的生活是一连串活动构成的，可以是任何事情，从人际关系到工作，到学习——无论什么事情。因为每一项活动都像我生活的中心，所以我的幸福就取决于它们结果如何。它可能是一段恋情、一份工作、一次访谈、下星期六的一次聚会——等等。我的生活就像坐过山车，一切都取决于某事是否顺利。但是，即使事情顺利，下一件事又来了。或者说如果事情不顺利，我就感到沮丧，然后我得为下一件事打起精神。

自从开始冥想，我就有了发现鲁米所说的"超越领域"（the field beyond）的自由。我认为他用这个词语来表达——我完全理解——一种二元性：一方面有健康、疾病、贫富——所有这些我们用来衡量生活的东西。但实际上有一个超越这些的领域，那个领域更富有、更幸福、更喜乐，并且在所有方面都更高效，而我会说只有冥想能让你到达超越领域。你可以有很好的情爱关系——黛布和我的婚姻很美满——我们会一起冥想。但坠入爱河，或这或那，无论什么，都不能让你停留在超越领域。让你待在那儿的是一种特别的能力，这种能力使我们更深刻地体验到我们是谁，即有了更深刻的存在感。对我来说，到达超越领域的关键是冥想。它已经完全改变了我的人生。"

林赛·阿德尔曼，照明设计师

在修习超越冥想之前，我的心境变化起伏大——从非常非常低落到非常非常亢奋。自从每天修习超越冥想，我爱上了正常的心情。我对世界上最平常的一天充满热情！我感觉我的总体心境一直处于中高水平之间。我有了乐观、充满希望、有信念和信任的感觉，我的心智总是被这些领域所吸引。总的来说，超越冥想带来了更幸福的生活。

坦普尔·圣·克莱尔，珠宝设计师

自从开始超越冥想，我确实感到更幸福了。随之而来的是一种生命的轻盈。但不是以愚蠢或轻浮的方式。我只是感到更轻松了。

梅根·费尔柴尔德，舞蹈家

我对梅根说，自从开始冥想，她似乎更幸福了，并问我是否说对了。她这样回答：

你说得太对了。

当我修习超越冥想时，我找到了安宁与平和，它们使我回到最中性的自我，而当我到达那儿时，我发现了喜悦。我不确定它为什么以及如何起作用，但如果我在努力挣扎，我就冥想，然后就能走出抑郁或沮丧的时光。这种感受不是被迫的喜悦或幸福——它以一种全然微妙而轻松的方式出现。它就那样出现了，就像某个东西被我遗失在一堆文件或衣服下面，然后我揭开上面的东西发现了它。我真的从中获益良多。

意料之外的幸福：一个人的故事

在结束讲述有关幸福的逸闻趣事之前，让我预测并解释人们的一个合理的观察：我选择了一群非常成功的人士。我几乎能听到一些读者在问："为什么他们不应该幸福呢？"

好吧，事实上，并不是所有的成功人士都幸福——研究表明，金钱和名声本身并不能带来幸福。此外，如上面的回答所示，所有这些人都在冥想后找到了更大的幸福。过去我曾采访过一些有过毒瘾、坐过牢或曾经无家可归的人，甚至连他们也表示，在学习冥想之后，他们感到更幸福了。你可以在《超越》里面读到他们的一些故事。《超越》这本书更多地是献给那些寻求解决自己问题的人，而不是那些能力已经很强但还在寻求提升自身水平的人。然而，让我以一位男士的故事结束这一节，他没有在《超越》一书中出现，但他示范了超越冥想有能力帮助那些沦落到人生最悲惨境地的人。

约翰因贩毒在监狱里待了好几年，他自己也有毒瘾。出狱后，他长期无家可归，直到他有幸落脚到一个避难所。避难所还给其居住者工作做，付给他们微薄的工资，并且把超越冥想作为其中一个救助项目。他这样描述超越冥想对其日常生活的影响：

> 有几次，在午餐休息时间结束时，我刚好离中央公园很近，我就走到那儿的坡地上开始冥想。我坐下来，聆听周围——我听到背后的鸟儿、树中的风，你知道的，当时我就坐在那儿。然后我进行冥想。它确

实让我感觉很好。它帮助我度过工作的一天。我总是和人打招呼："下午好。""早上好。"街上人们的反馈让我感觉很好。

悲伤中的幸福

当冥想项目的广告在她电脑屏幕上弹出时，黛比决定学习超越冥想。广告是一张图片，"美丽的蓝白相间的树——希望的象征"，至少黛比是这样感觉的。而希望正是她所迫切需要的。两个月前，她19岁的儿子，一个消遣性毒品❶服用者，死于服药过量。当时，街头出现了一种新的非常强力的慰藉物，许多年轻人也许没有认识到它的威力，于是就被俘虏了。

在这毁灭性的打击后，黛比连同她的丈夫和女儿都沉浸在悲痛之中。黛比观察到自己的一些悲痛症状——失眠、闪回（听到可怕的消息）和一种不真实感（这个意外不可能发生）——她认为这是创伤后应激障碍。她决定必须做点什么，采取一些特别的措施让自己感觉好起来。她的儿子本打算去学习一门课程，学院好心地退了费用，黛比想到这笔钱可以花在超越冥想训练上。还有什么比这更好的用途吗？

当黛比来到超越冥想中心时，她戴着一条刻有他儿子名字的项链——这是朋友送的礼物。据她的超越冥想老师说，她的面容和姿势都充满了悲伤。然而，她学会了超越冥想，定期修习，过着自己的生活。在接下来的几个月里，黛比的老师注意到她的脚步似乎变轻盈了，她的悲伤不再那么沉重了——而且她不再戴着那条项链了。在一次晚间修习后，黛比的老师告诉在场的人说，我在找一些超越冥想和幸福感相关联的体验。黛比好心地回复了我。她这样写道：

---

❶ 译者注：消遣性毒品是人们偶尔为娱乐，尤其是当与他人进行社交活动时服用的毒品。

许多人会说，失去孩子完全是"幸福"的对立面。然而，在失去儿子两个月后，通过我的超越冥想学习，我感到冥想修习在维持我内心的平衡，并帮我找到新的不同类型的"幸福"。没有什么能弥补我失去孩子的损失。我依然悲伤，生活将不再如往常了。但超越冥想帮助我应对这些疯狂的情绪，帮我找到一种内在的宁静和平和，让我能再次体会到"幸福"。现在幸福对于我来说，就是当我在日常生活中体验到出乎意料的宁静和愉悦时所怀有的感激之情。没有什么是理所当然的，活在当下，试着欣赏一切：这就是我新的"幸福"。

黛比的观察报告得到几个意识整合问卷回复者的呼应，他们也注意到超越冥想帮助他们保持一种平衡感，甚至在逆境中找到喜悦。以下是他们的一些回复：

即使有些事情令人心烦意乱，但在挫败的表象下，我有一种安乐感。就好像这种潜在的安乐感让我可以自由地经历起起落落，没有什么负面影响会在我这里持久。

即使现在我的家庭生活中有无数的挑战，比如新房子、上了年纪的健忘且糊涂的丈夫，但我感到一切都在"掌控之中"。我似乎能随遇而安，享受生活所带给我的一切。

即便是手术后，我也感到出乎意料的安乐。我参加了第五十届高中同学聚会，许多同学都说我看起来很幸福，并问我在健康出现问题之后是如何保持自己的安乐感的。

当然，没有严重的逆境，幸福便更容易流淌。意识整合问卷回复者中大多数人（94%）报告说，自从开始超越冥想，安乐感增加了。我将引用其中一段话：

什么都没有改变，但其实什么又都变了。这就是视角的力量。更好的生活选择与更好的视角密切相关，更好的视角让一个人感到任何事都有可能发生——不过是在没有任何压力的情况下。

自我实现：成为最好的自己

"自我实现"（self-actualization）这个术语是心理学家亚伯拉罕·马斯洛（Abraham Maslow）创造的，他因描述了他称之为"需求层次"（hierarchy of needs）的概念而闻名于世。这个重要概念通常被描画为一个有横向带的等边三角形，基础层次在下，峰顶层次在上。三角形最底层带代表基本需求，如食物和住房，再往上一层代表爱，再往上是他人的尊重。其他需求都满足后，就要满足处于顶端的马斯洛描述的最终需求——自我实现。[9]马斯洛写道："如果最终要与自己和平相处，音乐家必须创作音乐，艺术家必须绘画，诗人必须写作。人能成为什么样的人，就必须成为什么样的人。他们必须忠于自己的本性。这种需求我们称之为自我实现。"

马斯洛在这个主题上非常雄辩，但需求金字塔图通常只留一小块区域给自我实现——巨大的需求最上面的一个小小的三角形。在我看来，这似乎不足以说明这种最终需求的重要性。我想起了在医学院时我们要求记住的一张图表，上面标明了四肢和其他身体部位的表面积占比。我们需要知道它才能计算出烧伤皮肤的百分比：背部占36%，每条腿占18%，等等，而腹下区只占1%。"百分之一！"我对自己笑了笑，"虽然只占百分之一，然而看看人们对它的思想投入吧——各种各样的小说、电影、小报和真人秀都是这百分之一的产物——更不用说它带来的所有麻烦了！"

自我实现的小三角也是如此。你可能会问："为什么我们在大三角形的其他部分都满足后仍然不幸福呢？"但事实是，我们就是不幸福。弥尔顿在他著名的十四行诗《失明抒怀》里，为"怀才不遇等同于死亡"而悲伤——他的失明阻碍了他的写作能力。世上充满了这样的人——他们会感到如果不能展示自己的全部潜力就如同死亡。这种感受可能不只会产生在为事业而奋斗的过程中，也会产生于个人生活中。

在弥尔顿的例子中，完全自我实现的障碍来自身体，但对很多人来说，障碍不那么明显。情感痛苦和学习障碍就是这种无形的障碍，但也都是实实在在的障碍。此外，许多人已经取得了很大的成就，但仍在继续奋斗，这可能会使别人感到疑惑："为什么他们要这么拼呢？他们的自我实现还不够吗？"然而，这些奋斗者内心深处知道，他们还有更多的东西可以贡献——或许是他们最重要的贡献。感觉受阻，无法实现这一最终目标，可能是令人沮丧和窒息的；释放并表达它，是快乐的一大源泉。比如，莎朗·依斯宾曾说过，她很高兴自己能够实现这么多梦想，同时也很高兴地期待着其他梦想的实现。

在我三十六年的精神病医生生涯中，我很少看到有什么技术能像超越冥想那样有效地帮助人们释放对自我实现的欲望。如果你想知道这样的转变可能性有多大，请翻到第9章"塑造一个更好的脑"。你将再次读到与超越冥想相关的创造力、记忆力、独立思考、智力、韧性和积极态度的改善。或者回顾第10章"进入状态"，看看超越冥想如何让人们能够完全活在当下，让他们自发地实施久经练习而成的精湛技巧。或者试着看看第11章"内在成长"所讲的超越冥想如何帮助修习者与真实的自己——以及与他们所希望成为的自己自在相处。

回想书中所描绘的许多才华横溢的杰出人物，超越冥想在他们自我实现中发挥的作用显而易见。例如，回想一下在那场关键的国家联盟冠军赛中，投手巴里·齐托阻止了红雀队击败他的巨人队。他认为超越冥想在他惊人的反败为胜中起了关键作用。

瑞·达利欧与休·杰克曼将他们传奇般的成功很大程度上归功于超越冥

想。他们的自我实现动力仍然在旺盛生长。

在资产管理界，肯·京斯贝格尔与马克·阿克塞洛维茨两人都在开始冥想后迎来了他们最好的时光。然而，他们两人也继续努力在其他方面做最好的自己。比如，肯以一种新颖的、令人兴奋的方式发展他与女儿的关系，并享受其中。马克为其作为演员和慈善家而感到兴奋，他的目标是捐出十亿美元。

虽然我曾举过一些有杰出才能的人自我实现的例子，但重要的是要认识到对自我实现的需求是普遍的——正如口号所说的，做你能做的一切。如果你刚好在考虑你自己和你自己的抱负，我敢打赌，你正在为某个目标而奋斗，这个目标你可能没告诉任何人，甚至对自己都不承认。假若如此，我希望你考虑一下解决马斯洛理论中的那个最高需求——发挥你所有的潜能。也许超越冥想能帮你实现这个目标。

对自我实现的研究

除了逸闻趣事，还有很多可靠的研究表明超越冥想能促进自我实现。研究者开发出各种各样测量自我实现的量表，最广泛和最有效的是个人取向量表（Personal Orientation Inventory，POI）。[10]

个人取向量表是在心理治疗师的帮助下制定的，由他们来权衡怎样算心智健康。他们的意见被用于创作了150个包含两个选择的陈述，这两个选择表达了对特定问题的对立观点。比如：你感到有义务——或没有义务——按他人对你的期望行事吗？或者：你认为想想自己最厉害的能力属于不错的——或自负的——想法吗？

18项评估超越冥想对自我实现的影响的研究中有14项使用了个人取向量表，著名超越冥想研究者查尔斯·亚历山大（Charles Alexander）和同事[11]还把它运用于元分析（通过汇集几个执行良好的独立研究的数据而获得的一个概述）中。总的来说，他们发现超越冥想对自我实现有非常显著的影响——

这种有益的影响会随着时间的推移而增加。

亚历山大的团队接着比较了（在18项研究中）超越冥想的影响、（18项研究中）其他形式冥想的影响和（6项研究中）各种放松技术的影响。总的来说，超越冥想的效应值平均约为0.8（值为较大），其他方法约为0.2（值为较小）。换言之，超越冥想对自我实现的影响的效应值，通过纸笔测试得出，至今为止是其他冥想和放松技术的4倍左右。

从压力释放到舞蹈和歌曲中的超级心智

我与你们分享了许多人的故事，他们相信超越冥想以各种方式有助于他们的自我实现。另外也分享了许多这方面的研究。让我以最后一个故事来结束这一章，这个故事阐明了行动中的超越冥想对自我实现这个人类最终需求的作用。关于这一点，亚伯拉罕·马斯洛写道："人能成为什么样的人，就必须成为什么样的人。"你已经见过这个故事的主人公了——纽约市芭蕾舞团的首席芭蕾舞演员梅根·费尔柴尔德。

你可能还记得，梅根学习超越冥想以防间歇性晕厥困扰她并威胁到她的事业。这个策略成功了，自开始冥想以来的十八个月里，她再也没有出现过间歇性晕厥。梅根还说，超越冥想帮她在跳舞时进入状态且达到"忘我"，这样她经年累月的练习就会接管自己，让她随着首席芭蕾舞演员独有的流光溢彩，自由自在地翩翩起舞。

如果超越冥想带给梅根的只是缓解压力和稳定她的生理机能，那就已经是起到非常巨大的作用了。但还有更多好事发生。正如我们现在看到的，只要你继续定期冥想，超级心智就会朝着自我实现的方向发展和扩展。对于梅根来说就是如此。

有消息称，重搬上舞台的百老汇剧目《在小镇上》正在寻找一位既能演戏又能唱歌的芭蕾舞女演员担任主角。纽约市芭蕾舞团的其他一些人都已经为此参加了试演，在最后一分钟，梅根也被要求试演。尽管受宠若惊，但梅根知道她害怕在公共场合讲话，更不用说唱歌了。事实上，在之前的一个场合中，她被要求谈一谈她即将要跳的一小段舞，她把这件事描述为"我最可怕的噩梦——像个老练的成年人那样侃侃而谈，然后跳舞"。在早些时候，鉴于如此强烈的恐惧，参加百老汇的试演是不可想象的，但现在她正计划去试演——"就像不顾一切跳下悬崖一样"。她认为是超越冥想让她敢于如此。超越冥想是如何让这种骤变成为可能的呢？

梅根一生都是个完美主义者。即使是在童年，她也会把自己的一天安排得很详尽。在她母亲从她孩提时代就保存下来的一张凯蒂猫卡通纸上，小梅根写道："8点起床，8点15分下楼吃早餐，8点20分读书。"她母亲回忆说，如果玩偶匣没在她认为会弹出玩偶的时候弹出玩偶，她就把它扔到房间的另一角。总之，她的世界必须是可预测的。如果她把彩色画到线外，她会把整张纸扔掉，并说她想重新开始整个人生。尽管梅根的完美主义对芭蕾舞生涯来说再理想不过，但它不利于冒险或尝试新的艺术形式。

超越冥想改变了这一切。事情不再需要是完美的。风险就是机会，沿途不可避免的小"失败"也是如此。她这样说道：

> 超越冥想让我意识到试演是千载难逢的机会，而不是想"啊，我做不到"，然后错过机会——我知道，要是在修习超越冥想之前，我就会这样。我以一种自己从未有过的方式抓住了机会。它带给我一段难以置信的体验。
>
> 我把百老汇的试演当作一次走出自己舒适区的练习。这需要勇气。我得待在公共场所——并且不能害怕，即便感觉自己就像将从悬崖边上纵身跃下一样。我和一位表演教练一起把现场布置好。和我们一起的还有一位百老汇女演员，她是一位伟大的歌手，她还帮我练习唱歌。我参加了试演，然后就在这个房间里得到了这个角色，这完全不同以往。真

是太酷了。

我问梅根冒险进入不同的职业方向感觉如何，她回答：

我从来不认为自己是一个敢于冒险的人。我甚至不认为我所做的是在冒险。超越冥想完全改变了我看待这些事情的方式。因为我不把它们当作冒险——我只把它们当作令人惊喜的机会，像"你有什么可失去的呢？"那种机会——我能轻松地对待它们，没有太过焦虑，所以即便事情不顺利，尝试新事物作为一种练习，本身就是值得的。

我真的相信，凡事都能取得成功的人就是那些与不完美和谐相处的人——他们在路上有过失败，然后振作起来再试一次。从这一点来看，超越冥想是完美的练习，因为它要求你每天都练习接纳自己。你回到自己的冥想里——回到你的核心中。不管发生了什么都已过去，你会神清气爽地重新开始。

此外，身处百老汇的世界里，每天晚上都开派对，真是太疯狂了。我把我在百老汇的那一年看作我生命中的一段美好时光。它就像甜点，或者说就像上面的樱桃。

在我写到这里的时候，梅根正在为回归芭蕾舞舞台而激情排练着。她的才华得到了一位百老汇评论家的肯定，他写到，她在跳舞时宛如女神。演出和她的表现不仅获得了成功，也扩展了梅根的世界，让她接触到了一种新的艺术形式和一群新朋友。还有哪些机会在前方等待着梅根呢？谁能说出这位才华横溢的年轻女性将会做什么吗？自我实现和超级心智以不可预知的方式持续成长着，而我知道没有比超越冥想更好的方法来促进这种成长了。

结束语

正如本章开头所引,亚里士多德把幸福当作人的终极目的。毕竟他认为,人们为其他所有目的——诸如金钱、权力或地位——而奋斗也是为了变得幸福。但没有人把追求幸福作为达到其他任何目的的手段:幸福本身就是目的。

当我回想这一章所描述的不同的人,以及来自意识整合问卷的数据时,在我看来,超越冥想显然能帮助修习者变得更幸福。保罗,那个督促我重新修习超越冥想的年轻人在这一点上是正确的。即使如研究表明,三分之一到一半的幸福感是由基因决定的,但也许超越冥想会被证明是提升剩下一半到三分之二幸福感的良方。

至于我,当我问自己自从学习了冥想是否变得更幸福时,答案无疑是"是的"——可能不是像保罗那样"90%的时间里都感到真正的幸福",但也在朝着那个方向缓慢前进。

本章要点总结

- 双胞胎研究表明,我们大约三分之一到一半的幸福感是由基因决定的。因此,为了增进幸福感,我们需要研究如何才能提升剩下一半到三分之二的幸福感。
- 由问卷调查答复提供的大量逸闻趣事,强有力地表明了超越冥想是提升幸福感和安乐感的一种有价值的方法。
- 幸福的一个关键是自我实现。使用自我实现标准化量表的几项对照研究表明,在达成自我实现这一目标上,超越冥想优于各种控制条件。

第三部分

不仅仅是超级心智

Super Mind

17

行动中的超级心智

> 在我看来，与掌握抽象的公式相比，通晓细节往往会使我们变得更聪明。无论多么深奥，我都会在授课中举很多具体例子。
>
> ——威廉·詹姆斯[1]

> 宇宙意识的展开从最初就开始了。
>
> ——玛哈里希·玛赫西瑜伽士[2]

我们从意识整合问卷中得知，修习时长与良好结果之间有显著相关性。我预先强调这些事实，这样当我描述一些人体验到的快速而戏剧性的转变时，你就会认识到这只是例外，而不是一般规律。无论哪一组描述最符合你，超越冥想修习的回报都是可靠的、可累积的。但是你不能强迫改变的速度——你只要尽情享受这趟旅程即可。

在这一章中我们将遇到一些人会展示出超级心智发展早期的戏剧性证据，而另外一些人在这方面的发展更加微妙，但随着时间的推移也同样深刻。希望你能够喜欢。

超级心智的早期迹象：两位经验丰富的超越冥想指导者的谈话

午餐后，我与大卫和罗达·奥姆-约翰逊（Rhoda Orme-Johnson）在玛哈里希管理大学的校园里进行了谈话。他们两位都是经验非常丰富的超越冥想学者和指导者。我问他们意识是如何成长的，令我惊讶的是，他们告诉我，在第一次超越冥想课程之后，能很快看到意识转变和生活质量改善的迹象。

在这里，大卫讲述了一个有关一个常见问题的小故事——有关对家务活的怨恨的故事：

我们教过的一位女士以前无法做到把洗碗机里的碗碟拿出来。然后，在学习超越冥想后的第二天，这对她来说已不再是一个问题了。她只是开始这么做了，边唱边做。

大卫对这些变化的解释如下：

从一个行为主义者的观点来看，扩展意识的特质之一就是不受你的条件作用的影响。你不会被扰乱心神。

情绪依恋带来的感受——类似"我不能那样做"——会马上消失。我们意识到，在开始冥想之前，人们经常浪费一些不必要的时间，或者陷入本可避免的争论中。这些行为可能缘于恐惧，恐惧导致人们远离那些对他们可能有益的东西，或者追求那些对他们有害但有吸引力的事物（如一段糟糕的关系）。在他们开始冥想后，这些厌恶或吸引力会变得不那么强大。生活变得更加顺心，人们觉得更能掌控自己的命运了。

为说明修习超越冥想之后出现的早期变化，罗达提供了另一个例子：

很多年前，我们的一个超越冥想学生在越南打仗，在那里他失去了一条腿，因此变得非常愤怒和痛苦。他回国后重拾起自己的冥想后告诉我说，当他开车上山回家时，他突然大笑起来，然后一直笑。我说："哦，好吧，那很好！"对此他回答说："不，你不明白——我有好几年没大笑过了。"

罗达指出，对正在改变的人来说，冥想带来的变化并不总是显而易见的——尽管这种改变在配偶或伴侣看来可能是非常明显的。

我曾经教过一对夫妇，丈夫似乎很享受他的冥想，而妻子只有抱怨，比如："这不管用。""我没有从中得到任何东西。""我没有感觉到它。""我身上什么都没有发生。"然而，当我见到这位丈夫时，他却为他所看到的妻子身上的巨大变化对我表示感谢。

"关于这件事，你为什么不在小组里说些什么呢？"我问道。

他回答："我想不出一个好的方式去表达她不那么牢骚满腹了。"于是我教给他其他的一些措辞来说这件事。

天哪！这是另外一个人

下面是大卫和罗达讲述的最具戏剧性的故事——也是他们最具个人特色的故事——他们把它放在了最后讲。大卫是这样描述这件事的：

我想说，一般来说，在超越冥想期间发生的事情取决于你学习时的生理状况。一个相当普遍的发现是，那些高度紧张的人往往会马上发现伴随超越冥想而来的一个巨大的、戏剧性的变化，而那些非常柔和的人可能真的很喜欢超越冥想，但感觉不到如此大的反差。

我曾是一个高度紧张的人。紧张的一部分来自我十几岁时患上的偏执狂。走在纽约的大街上或者在任何地方，我总会想象有一个狙击手正透过窗户瞄准我。这是一种非理性的恐惧。如果有人逼问我，我会说我并不真的认为有人在那里，但在公共场合我总是觉得不舒服。我也很害羞，不敢与人说话。

我高中最好的朋友修习超越冥想之后，我看到他有了根本的改变，于是我决定修习。他不再像以前那么做作，而是更像他自己，也更加多产了——比以往更像他真实的自我。

在我修习的第一天，我们和儿子一起去了公园。我们站在一个开放区域中，而我完全沉浸在当下。我一点也不担心那边窗户里有人拿枪指着我。罗达说："天哪，这简直是另一个人！"

大卫第一次在开放空间感到舒适的那一天给人的印象如此深刻，以至于罗达在四十四年后仍能清晰地记得。他的感觉有了根本的变化。这种转变还在继续，大卫在各种开放空间与周围的人相处得越来越自在。后来他成了一名顶尖的超越冥想研究人员，并继续朝成为该领域的领军人物前进。

尽管在不寻常的情况下，令人印象深刻的变化可能在冥想的早期就出现了，但一些深刻变化的产生往往是渐进的、小幅度的，而且可能会让人觉得太自然，以至于在一段时间内人们甚至都没有注意到。以下是来自大卫亲身经历的一个很好的事例：

在我冥想了几个月之后，我看着我的药柜，发现后面有一大瓶阿斯匹林，上面满是灰尘。我一下子震惊了："天哪！自从开始超越冥想，我已经三个月没有头痛了。"疼痛已经消失了，而我甚至没有注意到。

超级心智缓慢却深刻的成长

现在，让我们来检视一下，发展中的意识如何随着时间的推移以一种微妙但强有力的方式渗透到人们的生活中，从而转变了他们体验世界和处理世界的方式。虽然我可以选择很多事例，但我只选择两个，主要是因为这两个人都特别善于表达。我特别选了修习时间较短的超越冥想修习者（每个人修习冥想都不到三年）来说明，即便改变不是一蹴而就的，它往往也会很快发生，并强有力地稳步前进，最终有了变革性。而这两个人在我可能选择的许多人中具有代表性。为了说明意识的发展如何与一个人生活中正在发生的其他事情相互作用，我将详细讲述他们的故事。

我就这样遇见了伊莱恩和罗杰。

伊莱恩：收听宇宙的噪声

伊莱恩是我儿时的朋友，在约翰内斯堡我们从二年级就开始交往了。跟我一样，她和家人也移民到了美国。她现在是美国一个大城市的一所大学的心理学家。多年来，我们一直保持着联系，经常打电话祝彼此生日快乐。在读完了《超越》之后，伊莱恩决定学习冥想。

我采访她时，她已经64岁了，冥想了有两年零八个月，大约每周10次，每次25分钟。以下是她对自己冥想体验的描述：

> 当我坐下来冥想时，我开始听到日常生活声音下的寂静。这几乎就像是听到了静电——但不是烦人的静电。相反，这像天文学家在描述接收到宇宙背景噪声时所谈论的那样。很多时候，我非常沮丧，以至于听不到它，也无法开始冥想，最后只能坐在那里思考。然而，我通常还是可以"收听"到这种背景的寂静的。然后，我似乎融入了其中。当我脑

子里开始有想法时，我就用我的咒语再把自己轻轻拉回其中——这在一开始经常发生。然后，经过几次主动返回，我开始体验到一种能量在我体内流动，就像手机正在充电一样。

虽然我能觉知到我周围正在发生的事情，但我感到平静和超然，这是我冥想时的一种全新的、令人有释放感的体验。我开始觉知到身体上疼痛或不适的感觉，并知道它们会消失。在冥想结束时，它们大部分都消失了。很多时候我会"迷失"，觉知到正在回归自我，感到精神焕发和平静，还感觉到能量在我身上脉动。如果不想让这种体验结束，我有时会在睁开眼睛之前再返回那种状态几分钟。当这种情况发生时，我会很惊讶地发现到了停下的时间了。更令我惊讶的是，通常，我已在我计划的冥想时间内返回了。

我问伊莱恩，过了多久才感觉到好像有一些超越体验正渗透进她的日常生活。她这样回答：

我惊讶地发现效果来得如此之快。两三天之后，当我还在学习这项技术时，我就有了一次奇妙的体验。在第三天的某个时候，我正在工作的时候，突然感到腹部有一种奇怪的感觉。你知道，当他们把总水管关掉，再把它打开时，会发生什么。在水完全恢复流动之前，会有一股气泡涌出。嗯，我的感觉就跟这一样。突然间，我的身体里充满了温暖的能量，这让我大吃一惊。几个月来，我一直感到非常空虚并且不幸福，这就是我考察研究冥想的原因。然后我就有了这次奇妙的体验——它发生得如此之快，让我感到惊讶。而且，在这段时间里，它一直没有减弱。显然，这几天感觉非常棒，因为它是一种完全不同的、让人充满力量的全新体验。现在，这对我来说并不罕见了。超越冥想确实在我体内疏通了某种能量，而且这种能量仍然保持着畅通。

顺便说一句，我经常遇到有人报告说，身体上愉快的感觉伴随着能量的注入。伊莱恩进一步描述了这些体验：

关键的部位是在我的肋骨下面——我想说在我的肚子里面——当我不开心的时候，这个部位会感觉紧张。显然，这是一个与情绪相关的部位。愉快的感觉就像是温暖的水穿过我的身体，我感觉它好像是金色的。

那时候我压力很大，而且已经有很长一段时间感到精疲力竭。生活单调乏味，我快要崩溃了。当我重获这种能量后，尽管我的外部情况并没有太大的变化，但是现在我的能量不会被它们耗尽。那股汹涌的能量并没有让我想要出去爬山或做其他令人吃惊的事，它只是让我感觉好多了。

伊莱恩注意到她生活中发生的其他令人称奇的变化——例如，越来越超然的态度：这是这位尽职的妻子和母亲以及勤奋的专业人士曾经最不屑看作美德的东西。她是这样描述的：

我不是一个超然豁达的人。在过去，我发现自己很难摆脱某些想法，这些想法一直在拖我的后腿——并且在超越冥想修习过程中依旧如此。所以我回到我的超越冥想指导者那里，他检视了我的技术要素，并给了我一些指点，结果证明它们正是我所需要的。这些指点使我能够抛开我当下的想法。我从冥想中获得了以前从未有过的超然感。它让人获得一种难以置信的释放感。

你可能还记得，我在第12章讨论了浸入和超然之间精妙的平衡。我讨论了对死亡的恐惧，并且超然可以缓解这种恐惧。事实证明，对伊莱恩来说，这是一个很重要的问题。她是这样描述的：

我没有想过我对死亡的恐惧会发生些什么变化。但是当你直接问这个问题时，我想，是的，我的感觉确实发生了变化——这一点很令人惊讶。我一直对死亡感到恐惧，对死去的动物有种病态的恐惧反应，并且一想到失去所爱的人就很容易心烦意乱。我自己的死亡现在变得更加容易想象，而不再像被残忍地从生活中夺走一样。对我来说，在冥想过程中体验超然是一种全新的体验，而在以前我连电话铃声和水壶烧开声都无法忽视。现在我可以了，这不再是一个令人神经紧张的问题，我只要保持内心的平静或疏离即可。这就像获得信息时不会觉得非要做出回应一样。以类似的方式，我现在可以理解"生命的离去"了——这就像融入我的冥想中，而不是被夺走生命。我对一些以前感兴趣的事情失去了兴趣，当我看到人们慢慢变老，看到他们慢慢与那些曾经对他们非常重要的事情断开联系时，这一切似乎不再那么可怕了。所以，我现在可以想象与生活告别，尽管我并不着急告别。我确实不那么害怕死亡了。

尽管伊莱恩已经将这种更容易超然的能力体验为一种解脱，但悖谬的是，她更重视冥想带来的与之相反的影响。

对我而言，我最欣赏冥想为我做的，是让我再次有了一种全身心投入的感觉。就像我之前说的，我感到精疲力尽，所以每件事都像是一种负担。即使是美好的事情，也感觉像是一种责任。现在，我感觉事情变得更真实、更可靠，就像"这就是我的生活——所有一切都是生活"。我感觉我的精神与物质世界联系得更紧密了。我小时候总是有这种感觉。所以作为一个成年人，我感到疲惫、有压力、空虚、精疲力竭——就像没有活力一样，这令我痛苦不堪。现在活力回来了，我又感觉和世界联系起来了。

在某种程度上，这听起来像是我在说两件相反的事情。但其实，当我冥想时，我是超然的，这是令人愉快的；其余的时间里，当我不冥想的时候，我觉得自己真真切切地活在这个世界上。

伊莱恩还从定期修习超越冥想中体验到其他许多益处，无论是在她处于超越状态时，还是在日常生活中。其中一些益处具有重大意义。例如，她晋升的请求被拒绝了而另一位候选人却升职了，但她处理得很好，因而不仅得到了大幅加薪，而且升职的人也成了她亲密的合作伙伴。她如此大方地接受了新的现状，并以如此充沛的精力投入到工作中，这显然为她加分了，因此她得到了职业上各方面的回报。

其他的变化更加微妙，但仍有意义。她报告说，即使是在活动中，也有感觉内在安止的时候，而且"一种对世界的深刻感知也会自然而然地展开"。正如她所说：

这些时刻是不请自来的，通常是当我特别专注于某件事的时候，以及与我感觉有真正联系的人在一起的时候，它们就出现了。有一次，我记得我就在家里，坐在火炉旁，被一种美妙的确定性所征服，那就是一切都是它们本来应该的样子，我永远不必担心。从那以后，即使我不喜欢事情的最终结果，我也会提醒自己我曾经感觉到所有事情都是按其所是展开的。即便当时我感觉不到，我也相信是如此。然后，在其他时候，我又会有这种感觉，这经常发生在我被一些东西——比如火光——震撼到时。它可能是当我在外面凝视星辰的时候，或者只是出去散步时看到了背光的树——任何能触动我内心某些部分的东西的时候。你会感到一种确定性和平静——有点像你妈妈说的一切都会好起来的。她不只是说说而已。它会好起来的。

正如伊莱恩所说，很明显，她正处于一个不断演变的过程中。随着超级心智的发展，许多人，包括伊莱恩在内，经常体验到更生动的世界。沿着这条路走下去，自我越来越多的变化，连同对世界更精微、更具活力的体验，可能会让我们感知到涉及面更大的统一性。伊莱恩对这个主题的看法如下：

> 我有规律地（虽然不是连续不断地）感觉到一种意义感弥漫在我的日常生活中，我会感知到细节之间的联系，这些联系会简要地揭示出一个在起作用的更大图景。我无法长时间地审视或紧紧抓住那个更大的图景，但感觉很好。

对我来说，见证我儿时的朋友所经历的丰富的精神旅程，是多么奇妙和有趣啊——再想想在她生命中不到三年的时间里发生的所有变化，更是如此。宇宙意识的确存在！

罗杰：将意识发展为转变的代理人

罗杰是一位73岁的物理学家和前首席执行官。他在政府和私营企业的职业生涯都十分出色和成功，所以他50多岁就退休了，与妻子一起旅行，享受生活。他一直是一个探索者，当我第一次见到他时，他已经修习超越冥想将近两年了。罗杰在超越冥想期间的超越体验是异乎寻常的。他这样描述道：

> 在我冥想的最初几个星期和几个月里，当我感到我正处于超越状态时，就觉得似乎我正沿着一条隧道走——走得越来越深，越来越深。我的心处于平静中。念头没有抓住我的注意力或我的觉知。它们只是路过。最终，几个月后，我有了一种体验，我现在也经常有这样的体验，即我感觉我正沿着一条圆锥形的隧道往里走，突然间我冲出了另一边，进入了另一条广阔而巨大的圆锥形隧道。

通常，当我感觉自己处于一种更高的意识状态时，我感觉很平静，感觉自己漂浮在无限的空间里，心智非常安静。这是我比较常见的冥想方式，我称之为"个人冥想"。它通常与我的能量补充有关，或者一个想法或洞见会冒出来，指引我去思考或研究。

第二种冥想，在我第一年的冥想的约20%的时间里发生过，我称之为"高级能量"。在这种形式的冥想中，我感觉好像这种能量流正在进入我的头部，流遍我的身体内部和表面。这感觉非常平静、非常美好。去年夏天，当我在马丘比丘冥想时，进入我头部的能量并不像通常感觉到的像水龙头里流出细细的水流，而是像一根巨大的消防水管将能量灌入我体内，能量从脚底倾泻出来。我从未像那次那样感到如此踏实，如此与大地紧密相连。但这并不是一个完全个人的冥想，我的意思是它并没有产生一种洞见需要我去思考或研究。

罗杰相信，他的个人冥想已经产生了一些重要洞见以及他对世界的感知和自己反应上的变化。这里有一些事例：

我在开车的时候注意到，当别人碰撞到我的时候，我并没有那么生气，所以我觉得事情正在发生变化。我变得更加平和了，不再为日常生活中发生的事情而烦恼。我之前一直不明白怎么回事，直到一起非常简单的小事件发生，才使整件事明了起来。我和我妻子喜欢散步，所以一天早上我提议我们去散步一小时。然后她说："不，我不想散步。"我把这句话理解为她因为什么对我很生气，不想与我一起散步。然后我意识到，哇，我这是在匆忙下结论！

好的，其实我不知道她为什么不想去散步，于是我问她。她说："我的膝盖从昨天开始就一直不舒服，所以这几天我都不想走路。"而之前我一直在推断她是不是在生我的气，诸如此类的，随之而来的就是各种思想包袱。

这对我来说是一种新的思维方式，这是我冥想的直接结果。在接下来的几周里，我意识到，几乎每个人都会不时地匆忙下结论，而80%的情况下结论是错误的。这种认识改进了我与他人之间的互动，因为现在我意识到，清晰地交流和理解在某种情况下发生的事情是非常重要的。它能让你以一种和谐的方式生活，不用背负太多愚蠢的包袱。

罗杰认识到超越状态已经注入了他的日常生活：

当我越来越多地冥想时，我意识到超越真的没有结束。它一直在那里。当我在现实世界中时，我没有觉知到我的意识仍然是扩展的；但当我坐下来闭上眼睛时，我认识到我的意识还是扩展了。我感到非常清醒和平静，与自然规律步调完全一致，如果你愿意——也可以说与宇宙运行的方式一致。我感觉我的洞察力越来越敏锐，这让我对现实世界中发生的事情有了更多的觉知。

罗杰认为，当他超越时——无论是在冥想中还是在清醒状态下——一些重要的洞见就会产生。

在这些超越状态下，你的心智是如此安静，你对任何冒出来的想法都保持非常开放的态度。因此，如果你的信仰体系、你的性格或你与他人的互动中有什么东西与自然规律不完全一致，那么在某个时候，它就会冒出来，你可以选择是否处理它。

这是我个人生活中一个重要的例子。我17岁的孙子对摇头丸成瘾了——一种很糟糕的情况。我们让他参加了一个康复项目，不允许他与外界交流，只有当有紧急问题需要回答的时候，才能通过电子邮件与外界联系。妻子和我收到了孙子的一封电子邮件，邮件的大意是"我认为我是同性恋，你们对此有什么看法？"。哦，顺便说一下，我们有24小时的时间来回答这个问题。现在，有一个在布鲁克林长大的孩子（我），73岁，不仇视同性恋，但总是对同性恋持冷漠态度——你不要打扰我，我也不会打扰你。我不想要同性恋朋友，也没有同性恋朋友。

现在，我的孙子知道我对同性恋的态度。他能感觉到我的态度，所以知道我对这个消息的反应对他来说很重要。我不知道我会有什么反应。刚开始的时候我真的很难受。收到邮件后，我进行了我的下午冥想——一个非常好的、深入的冥想。在进入超越状态的几秒钟内，答案就像一道闪电般出现了。他是不是同性恋无关紧要，因为我爱他。他是我的孙子。我爱他，就如昨天或去年一样。我给他发了一封邮件，我说，这就是我的感受：没关系。

在接下来的两次冥想中，我意识到自己在过去的七十三年里一直背负着自己对同性恋者态度的包袱。突然间，我意识到我也需要解决这个问题。而且，我知道了答案——就像对待其他人那样对待同性恋者，根据他们是否是好人、他们如何对待他人、他们是否对社会有贡献去对待他们。我认识到同性恋者对我没有任何威胁，有同性恋朋友也没关系。因此，在进行了两三天的一套冥想后，我解决了一个深埋在我脑海中一生的问题。结果，我对同性恋的态度完全改变了。这只是说明我如何变得更宽容、更愿意接受别人的观点——心智更加开放的其中一个例子。

罗杰继续谈论自开始冥想以来他注意到的自己人格上的变化。

我是一个非常好斗、精力旺盛的A型人，但现在我更有耐心了。我变得更有创造力了，我发现当别人与我谈论他们的难题或问题时，我常常能够提出一个有创造力的解决方案。我经常想，我要是早几年学会这项技术该多好，这样我可以更好、更快、更容易、更有洞察力地解决工作中的问题。

作为一名临床医生,我对罗杰的发现很感兴趣:他发现,他把妻子拒绝和他一起散步当作在针对他个人,是犯了匆忙下结论的错误。现在,他会问她原因,而妻子的回答安慰了他。同样,一些更深层的问题也开始得到解决,比如如何处理孙子的坦言,或者如何从大局出发重新评估自己对同性恋者的态度。我确实看到了通过努力治疗可以产生这些类型的变化,但是看到通过冥想可以让这些变化如此迅速且轻而易举地发生,尤其是在一个人生命的第八个十年里发生,很令人惊喜。

我和罗杰的第一次见面就这样结束了。为了表达我的谢意,我送给他一本我以前写的书《逆境的馈赠》(*The Gift of Adversity*)。[3]

大约两个月后,就在罗杰学习冥想的两周年纪念日之前,我再次见到了他。他说他的意识一直在扩展,现在夜里也在扩展。而以前,他的超越通常发生在清醒状态下,现在这种情况正在改变。对他来说,下面的情况很常见:在入睡前进入超越状态,然后在夜间再次进入这种状态——可以说,扩展的意识与睡眠交织在一起——最后在夜间结束时介于睡眠和清醒的状态之间。罗杰体验到,无论是清醒还是睡着,超越状态都以这种形式或那种形式与其同在。换句话说,他已经开始体验"观照",我在第7章已经讨论过这个概念,我们将在下一章再行讨论。

随着意识的扩展,罗杰开始探索他那艰难的童年。他以前从未对我提起过这方面。他这样描述道:

> 当我还是个孩子的时候,我父亲得了肺结核。他可能是在我两三岁的时候染上这种病的,除了我记得在我小时候有一周的时间,此外他一直住在疗养院里。他在我8岁时去世了,留下我母亲一个人。我母亲在一家面包店工作,一周五天,其中总是包括周末。所以当我放假不在学校时,她都在上班。我从文法学校步行十个街区到我祖母家,她会照顾

我。有时我会在祖母家过夜——而且几乎总是在周末，因为我母亲要从早上6点工作到下午6点。我母亲有很多行为问题，在我小的时候经常对我生气，当时我也不知道为什么。

6岁那年，我上二年级。某个星期五，放学后，我去了祖母家。大概是晚上8点的时候，我妈妈下班回来了，然后她开始大吼大叫，持续不断。她冲我大叫，让我上床睡觉，不要让她看见我。于是，我跑进卧室，跳到床上，试图把自己裹起来。很快，她跑了进来，扯掉我身上的被子，尖叫道："我恨你！我真希望没有生下你！你毁了我的一生！我恨你！你明白我的意思吗？"她尖叫着摇晃着我。这样一遍又一遍，持续了大约一个小时，直到最后我的祖母进来把她拽了出去。

但她回过头来又说："我要把你送去孤儿院，我受够你了。"就在那时，祖母让她回家了。我控制不住地抽泣着，不知道发生了什么事。我的祖母回来了——她是除了我的妻子和孩子外对我最好的人。她让我平静下来，因为我一直恳求她："请不要让她把我送进孤儿院。请不要让她把我送进孤儿院。"她说："你可以和我一起生活。"然后我们就在一起生活了。大多数时间里，基本上都是祖母在抚养我。我母亲在我10岁左右时再婚了，然后我和她以及她的第二任丈夫住在了一起。

不管怎样，在我的童年和青少年时期，很多时候我的脑海里会一遍又一遍地重复这个场景，非常可怕，直到我长大成人。到我15岁的时候，我有六英尺高，两百磅重，而且很强壮。我在高中时练习举重、扔铅球和铁饼，所以我身强体壮，又充满自信，但我母亲带给我的东西从未消失。有时我也恨她。虽然我最终原谅了她，但我一直在想办法解决这件事。作为一个成年人，我认为我处理得很好，但我所做的只是把它埋在心底并掩盖好。感谢上帝给了我超越冥想，因为在过去的一个月里，它一直让我想起这件事，让我知道有些事情没有解决。我试着把它重新埋起来，但它仍不断地冒出来。

最后，我决定——好吧，我不再将它埋起来了。与此同时，我正在读你的书《逆境的馈赠》。我读到关于马内的船的那一章（罗杰在这里使用了一种成像技术来帮助摆脱痛苦的记忆），[4]然后我说，好吧，我要把这些记忆放在船上，让它们顺流而下。当我走到码头准备把它们放到船上时，我想，不，不是这样的。这行不通。我还需要点别的东西。但我不知道是什么。

嗯，在接下来的三四天里，我一直在冥想，晚上也一直在体验美妙的超越感觉。后来，我读到了有一章提到"一线希望"（这是一种帮助人们从过去的逆境中获得益处的技巧，人们可以在今后的生活中运用它）。[5]我顿悟了，伙计。所有的痛苦？有一线希望吗？嗯，确实。我立刻认识到，我的母亲在这个6岁的孩子心里种下了一粒种子，随着我长大成人，种子也在成长：这份记忆让我永远不会想那样对待别人，让我想永远爱我的家人，让他们在爱中获得安全感，这样他们就不会因为我不在他们身边而感到缺乏安全感。我说，哇！六十七年过去了，还有我不知道的一线希望。几分钟后，我说，让我再试一次。于是，我把胶卷重新卷好放进盒子里——你记得，以前我们把胶卷放在盒子里——然后我把盒子放进罐子里，盖上盖子，然后拧紧。我走到码头，把它扔到船上，解下锚，使劲地推船。它漂在水面上，水流把船带到了河的下游，穿过河口，一直漂向大海。洋流和风带它越过了地平线。它一去不复返了。它一去不复返了。太棒了。

你永远也不会相信发生了什么。现在已经六天了，我依然如此幸福。我整天整夜都沉浸在深深的幸福中已经六天了。真是难以置信。这种冥想正蔓延到我的生活中。

除了这个非凡的发展，罗杰的生活还在以各种方式继续展开。他开始明白，他的母亲可能患有精神疾病。（在上述事件发生后的那个星期，她表现得好像什么事也没有发生过一样。)令他妻子吃惊的是，罗杰变得更加随性了。虽然他一直是一个高度程式化的人，但现在他愿意拥抱新的机会和体验。比如，他从塑料袋里翻出几年前妻子送给他的几件标新立异的衬衫，穿上它们在房间里溜达。他玩得很开心。他仍然和他的孙子在一起，他的孙子继续与他的毒瘾作斗争。罗杰开始看到到处都有同性恋者——真的看到了他们——并对他们产生了积极的态度（而以前他可能会想一些事情，比如："噢，该死，我们有一个服务员是同性恋。"）。

我详细地讲述了罗杰的故事，因为它提供了一个生动的例子来说明超级心智是如何扩展，以及如何持续扩展的——还有就是，它如何让人们学会使用以前无法使用的工具和资源（如一本自助图书）。如果我在第一次访谈后就没见过他，我永远也不会知道他可怕的童年创伤以及他是如何解决的。然而，我也犹豫过是否要再次采访他，我怀疑他持续增长的故事将超过我的字数限制！尽管如此，我们还是保持着联系，他简短的电子邮件证实了我的怀疑。虽然我们最后一次交流时罗杰已经75岁了，但他的意识还在继续扩展，他的人格还在不断成长和成熟。

这一章中的所有故事都印证了上面引用的玛哈里希的名言："宇宙意识的展开从最初就开始了。"它从第一次冥想时就开始成长。变化有时是突然的，有时是渐进的。然而，正如我们将在下一章中看到的，变化往往是渐进的——一开始几乎察觉不到——然后是戏剧性的。

我认为，这种成长形式很可能在其他生命的转变中也很常见——就像小鸡从鸡蛋里孵化出来——在心理学和行为学领域也是如此。我相信威廉·詹姆斯会同意这种说法。他在他的经典著作《宗教经验种种》中将这一普遍现象表达得淋漓尽致，并将其与宗教皈依联系起来加以描述。詹姆斯引用了埃德温·迪勒·斯塔巴克（Edwin Diller Starbuck）的《宗教心理学》（*The Psychology of Religion*）的以下描述。[6] 正如斯塔巴克所说：

一名运动员……有时会突然认识到这项运动的精妙之处，并真正享受其中的乐趣，就像皈依者认识到宗教的价值一样。如果他继续从事这项运动，总有一天，当比赛突然经由他而自行表现时——当他在一场激烈的比赛中失去自己时，他会体验到这一点。同样地，一名音乐家可能会突然达到这样一个境界：他对艺术技巧的兴趣完全消失了，在灵感来临的某个瞬间，他成了一件乐器，音乐在其上流淌着。一位作家偶然听到两个已婚人士说，他们的婚姻生活从一开始就很美好，但直到婚后一年或更久时，才醒悟到婚姻生活的全部幸福。我们研究的这些宗教人士也是如此。

因此，我可以补充说，宇宙意识是超级心智发展的完全实现阶段。在下一章中，我们将看看两个已经达到完全成熟的宇宙意识阶段的人。

本章要点

- 一些人在修习超越冥想后不久就会体验到超级心智的那些激动人心的方面，对他们中的大多数人来说，早期就有一些超级心智活动的证据。

- 对另外一些人来说，超级心智的发展是缓慢和渐进的，但正如本章中伊莱恩和罗杰所描述的，随着时间的推移，可能会发生变革性的转变。认识到这一点很重要，这样即使变化没有立刻出现也不会失望。

- 即使是那些体验到早期变化的人，如果想要享受超级心智的持续发展，也需要坚持进行冥想。

18

宇宙意识：永不停歇的超级心智

> 人类心智是什么样，宇宙心智就是什么样。
> ——阿育吠陀

我问过弗雷德·特拉维斯："宇宙意识是如何演化的？"特拉维斯回答说："有人问过玛哈里希这个问题。'它是逐渐出现的还是突然出现的？'那人问。马哈里希回答说：'它是逐渐、逐渐、逐渐、逐渐的——然后是突然的。'"

特拉维斯说："这就是我们在脑电波中看到的情况。在超越冥想期间，脑模式的整合有一个持续的变化，这一过程会持续数天、数周和数月。只有当这种整合达到一定程度的复杂性时，完全的宇宙意识体验才开始显现。所以，这就是人们可能注意到的——不是一件全有或全无的事情，而是一种在他们开始冥想之后渐进的、持续的变化。然后，也会有一些情况是，他们能在发生其他任何事情的时候维持内在超越。他们或许会体验到一个突然的转变，但事实并非如此。宇宙意识的主观体验就像一个由一系列灰点构成的形状，只有当点的数量超过某个特定的临界点时，人们才能感知到图像。"

正如你从特拉维斯的描述中所看到的，宇宙意识代表了超级心智成长的基准点——在这个点上，超越可以在清醒和睡眠状态下不断被体验到。关于这第五种意识状态（根据吠陀传统分类），有几点值得注意：（1）它即使在经验丰富的冥想者中也不常见；（2）即使是在意识发展的更早阶段，也有可能享受到发展中的宇宙意识（超级心智）的许多益处。

当来自冥想期间的扩展意识开始注入你的日常活动中时，这些益处就会出现。这就好像你不是在一个频道上运转，而是两个：一个是处理你需要做的任何事情，另一个是让你有一种平静的觉知，其可反馈给前一个频道——从而使你的日常活动顺利进行。在我看来，一天中发生的事情似乎都有光从背后将其照亮，给它们注入了一种特殊的魅力和光芒。我把这两个频道的共存称为超级心智。

正如我们所看到的，意识的发展是一个展开的过程。随着意识的扩展，生命似乎以一些重要的方式得以拓展。以物理学家罗杰为例，经过几年的冥想，他摆脱了长期存在的偏见，变得更加灵活、更加自然，并谅解了母亲在其幼年时对他的抛弃——这些完全是没有经过任何治疗就获得的结果。他不时给我发电子邮件，对他体验到的意识的不断发展和随之而来的回报，我并不感到吃惊。虽然他的故事对我来说很神奇，但对更有经验的超越冥想修习者来说就不那么神奇了。事实证明，意识可以持续成长。没有人能清楚地界定这个过程的终点。

当提到宇宙意识的时候，我想起了小时候我祖母家花园里的一株巨大的仙人掌。这种仙人掌一年只开花一次。对一个小男孩来说，它看起来有10英尺高。从远处你可以看到它的花蕾，就在顶端，在所有刺的上面。一开始它会紧紧地卷在一起，然后在南非太阳的照耀下逐渐松开。终于，那个伟大的日子到来了。园丁冲进来，叫我祖母快点来！仙人掌花盛开了！在它多刺的绿色肉质茎的顶上有一株白得发光的喇叭花。对某些人来说，宇宙意识就是这样来临的——像一朵花完全绽放一样。只有在回顾过去时，辉煌背后长期、缓慢、渐进的增长才浮出水面。

其他人用不同的意象来描述这个阈值事件——比如弗雷德·特拉维斯所描

述的灰点累积。然而，最著名的意象是玛哈里希将意识的发展比作给布料染色。最初，当布料被染色并放在阳光下时，它会掉一些颜色。这个过程反反复复，每次阳光都使颜色变淡，直到颜色最终保持不变。但是，不管你用什么意象来描述这个过程，宇宙意识的最终曙光（超级心智的完全实现）——尽管外人察觉不出——对于正经历这种体验的个人来说是确定无疑的。

观照

玛哈里希标示了一个特征作为宇宙意识的一个必要条件，即"观照"的出现，在这种观照状态下，一个人即使在睡梦中，其扩展的意识仍持续存在。

我们对睡眠本身有相当多的了解。它可以通过作用于头皮的脑电波电极来测量。睡眠通常会经历几个阶段，从阶段1和阶段2（比较浅的阶段）过渡到阶段3和阶段4（比较深的阶段）。这些不同阶段是通过脑电波上不同的波长来识别的。然后，通常会有一段快速眼动睡眠期。在此期间，眼球会快速地左右移动。这是梦通常出现的时候。

在试图理解观照的过程中，我发现，认识到观照不是什么是很有用的。观照的意思不是可以记录外部事件的浅睡。例如，我们可能会突然觉知到床上有一只温暖的毛茸茸的动物，醒来之后发现狗或猫正舒服地在我们身边打盹，沐浴在我们身体的温暖中。或者，我们的注意力被一种新的声音（如门外孩子的脚步声）或声音的消失所唤醒——就像当伴侣半夜悄悄离开卧室时一样。我们没有听到他们起身离开的声音，但是另一个人正常呼吸的缺失被记录下来，并唤醒了我们。这些熟悉的例子表明，在浅层睡眠中可能会出现某种程度的外部意识，但以上都不是观照的例子。

这里有一个冥想者如何描述观照的经典例子：

> 清醒活动的忙乱来了又走了；睡眠的惰性来了又去。然而，贯穿于

清醒与睡眠的是一种无声无息、无穷无尽的觉知连续统，那就是我；我从未迷失自我。[1]

请注意这种超级心智的体验是如何在一天24小时中持续的。"无声无息、无穷无尽的觉知连续统"贯穿于醒睡之中。换言之，上述两个频道的类比不仅适用于白天，也适用于睡眠期间。

也许理解宇宙意识（包括观照）的最好方法，就是聆听两个亲身经历过这些状态的人所说的话。在这里，你会注意到宇宙意识——像所有形式的意识一样——包含了个体独有的要素以及人类共同的要素。

乔安妮：无意识状态的终结

乔安妮是一位生活在加拿大西海岸的超越冥想指导者。我采访她时，她65岁了，已坚持冥想四十二年。她从一开始就喜欢她的冥想修习。她一直坚信，冥想通过加强自己思维的清晰性，帮助她提高了大学学习能力和学习成绩。

除了学习基本的超越冥想技术，乔安妮还学习了各种课程和高级技术，它们有助于加深她的意识状态。我将在本章后面部分和附录1中讨论这些高级技术。在附录1中，我将对一流的超越冥想指导者鲍勃·罗斯进行采访。

那个关键的变化——仙人掌花的开放，如果你喜欢这个比喻——发生在乔安妮身上仅仅是在采访她的四年前（那时她进行冥想三十八年了）。就在那时，她的逐渐转变的意识产生的累积效应不仅对她变得很明显，对她丈夫也一样。有一天，她开始向他抱怨："我整晚都没合眼。"他回应道："你一定睡了，因为你整晚都在打呼噜。"然而，乔安妮觉得，好像她能将这一夜的每一分钟都解释清楚。那么，她如何把她的情况与她丈夫所观察到的协调起来呢？以下是她所描述的她的发现：

这引起了我的兴趣，我开始注意到我的觉知感从未消失过。这并不是对特定事物的觉知，而是一种内在的觉知，一种感觉到自己的感觉。它简直永远不会消失。在梦中、白天或睡眠时它都没有变化。我以前也有过这种体验——甚至是在睡觉时——但它从未持续过。现在它停留下来了。

当我让乔安妮描述一下观照这种体验时，她温和地纠正了我。

好吧，在某种程度上，这不是一种体验。体验意味着有体验者和体验对象，而这是一种没有体验者的存在方式。它只是持续地——自己知道。没有乔安妮作为目击者或体验者。它更像是一盏通宵亮着的夜灯——有觉知，但没有觉知到我在觉知这个事实，也没有觉知到任何特定的东西。

如果我听到乔安妮的这番话时是一个年轻人——比如说一个医科学生或一个年轻医生——虽然我不好意思这么说，但我可能会想："这听起来像是胡言乱语。当然，每种体验都必须包括体验者和体验对象！——即使那个对象是自我的某个方面。"我年轻时的自我是如此傲慢自大，以至于我无法接受自己的体验之外的潜在有效的东西。在非二元性的概念中，体验者、体验对象和体验本身融为一体，这对我的西方教育经历来说是陌生的。更重要的是，即使有人说服我相信这样的事情是可能的，我仍然会质疑：有什么价值吗？如果有，它可能会带来什么价值？我可能会把这种思维方式所涉区别的精妙之处（沾沾自喜地，对我个人而言）贬低为就像"辩论有多少天使可以在针尖上跳舞"一样。

然而，自从回归超越冥想，体验使我得知，超越状态事实上是一种非二元性的状态。在这种状态下，思考者、思考和思考对象都失去了它们的边界，融入纯粹觉知中。这种状态不仅非常令人愉悦，而且确实带来了益处——最直接的是，带来一种平静的警觉。在这种感觉中，你的观点发生了转变，使你对世界和你自己都有了一个新的视角。它开启了新的创造可能性。随着超越状态开始注入我的日常活动——尽管还没有进入晚上——现在我清楚地知道了进入睡眠的非二元性会如何扩展这些益处。多年的超越冥想修习打开了我的心智，使我不仅认识到我现在所熟悉的新的觉知形式，而且认识到我个人尚未享受到的进一步状态的可能性和潜在重要性。

当我探究乔安妮的观照时，进一步的见解蹒跚而至。

有时我的脑海里确实有一种光——就像真实的物理光一样。但这更像是一种感觉：我没有睡着，我没有死，我有意识。有一段时间，当我拥有它的时候——你一定会笑我——我不喜欢它，因为我习惯了晚上部分时间的无意识状态，我很想念那种状态。所以我想也许来点朗姆酒——一种烈性朗姆酒——就好了。但事实并非如此。做什么都不奏效——所以我只好听其自然了。

还有一件有趣的事。大约两年前我的手腕骨折了，不得不做手术给手腕加设一块防护板。我想："好吧，看看当我被麻醉麻晕过去的时候会发生什么有趣的事。"但这一次，它感觉起来不像是无意识状态——好像我迷失了自我，或者死去了，或者进入了黑暗或者非我状态。这种感觉和深度睡眠时的一样。虽然没有觉知到医生和手术，但还有对觉知的觉知。就像任何人醒来时一样——包括我自己在内——我看到自己渐渐恢复觉知，几乎就像从海底浮出水面一样。我觉知到不同程度的觉醒。然后我听到了噪声，意识又回到了我的房间里，恢复了清醒状态。对我来说有趣的是，从麻醉中醒来和从睡眠中醒来在很多方面并没有什么不同。

我问乔安妮，是否还有什么变化与观照一起更充分地发挥了作用。她指出了几个。

一种活在当下的感觉

生活变得简单，非常简单。我通常对正在发生的事情没有想法，而以前我总是分析事情：我应该这样做吗？我应该那样做吗？太累了！现在我不这样了。生活如其所是，我不去想它。念头可能会来来去去，但它们看起来不像是我的念头。有人曾经问过玛哈里希，开悟是什么感觉。他说："非常放松的感觉。"他还说："开悟是在自我中完全觉醒的状态。没有阴影。"

乔安妮的描述让人想起了埃克哈特·托利的《当下的力量》。[2]这是一本非常成功的书，书中强调了活在当下的价值，他的论述听起来很像是在说宇宙意识。乔安妮实际上提到了托利的书，她对这本书评价很高，但她指出，托利自己的转变是自发的。在经历了长时间的抑郁之后，他有一天晚上醒来，开始以一种全新的方式思考，一种专注于此时此地的方式。托利认为，这一转变是他从长期焦虑和抑郁的状态转为探索状态的关键时刻，这种探索永久地改变了他的意识——同时也激励了数百万人（我们将在第19章中重访托利）。然而，乔安妮怀疑这种自发的转变对大多数人来说是否可能。我们大多数人都需要一种特定的方法。作为一名长期的超越冥想修习者和指导者，她认为超越冥想是一种可行的、发展良好的、广泛可用的方法。我同意她的观点。

对生活的总体满足

在过去的四年里，自从她第一次进入宇宙意识，乔安妮对自己的生活也有了更深层次的整体满足感。当我问到细节时，她提到她正在写一本关于她在加拿大的快乐童年的书。她特别高兴她摆脱了20世纪50年代的一个女孩成长的枷锁。

在过去四年里，我觉得自己好像回到了家。悔恨和内疚消失不见了。真是一种解放！一场巨大的解放。作为一个女人，在这个世界上，我要适应做一个讨人欢喜的人——像其他许多女人一样。我认为，无论在什么情况下，让大家快乐是我的责任。我总是对自己说：“哦，我应该这样做。"或者"为什么不这样做。"又或者"现在他疯了，本来该发生的事却没有发生，我应该去那里确认一下。"

天哪，仅仅那一个变化就很巨大。大约四年前，我开始注意到，如果说曾经对一些事情我通常会感到内疚，那么如今我不再内疚了。从那时起，内疚似乎就消失了。我仍然会恰当地说：“很抱歉我没有露面。"或者"这没有如愿发生。"或者"我忘了你的书。"诸如此类。我这样说是因为这样做是有礼貌的，我不想伤害任何人的感情。但基本上（笑），我不会感觉内疚，并且过了一会儿，我意识到可怕的内疚感再也不会回来了。永远不会。这是多么巨大的礼物啊！

戴夫：就像慢慢开灯一样

戴夫是一位退休的销售主管，现在有了第二份工作——在艾奥瓦州费尔菲尔德的一所中学任教。这里是玛哈里希管理大学的所在地。他在28岁的时候学习了超越冥想，很快就喜欢上了超越体验以及它所带来的典型心理益处。

这些年，他开始觉知到"心脏的扩张"。正如他所说：

> 我注意到我对爱的整个体验都改变了——我不是单指恋爱关系中的爱，而是指一般意义上的爱。我变得与心脏的水平更加合拍了，更加欣赏每件事。我变得更加温柔、耐心和平衡。一切对我来说都变得更加珍贵。这是一种巨大的喜悦。

多年来，戴夫的生活一直是这样的。每天早上和晚上，他都会与几百名玛哈里希管理大学的学生、老师和员工一起在一栋宽敞的穹顶式建筑里冥想。一天早上，在他完成了冥想之后，一个新的发展出现了。他是这样描述的：

> 我意识到，某样非常微妙但强大的事物发生了变化。当我走出穹顶式建筑时，我继续体验到那种超越的纯粹意识，而这种意识通常只在我坐下来冥想时会发生。现在，那无限的觉知仍与我同在！我以为它会逐渐消失——就像以前那样——但它没有。不管我做什么、去哪里，它都不会离开！
>
> 我不得不说，我没有看见它的到来。现实中没有任何前兆——不会说什么："哇！一个突破即将发生。"我对此毫无准备。它就是这样发生了。这是一件非常微妙的事情，我的生理已经准备好去体验它了，就是这样。在某种意义上，它改变了一切——整个局面。

我们又一次看到这种现象：仙人掌花蕾逐渐地松开，然后突然开花了。下面是戴夫用一套类比来描述这一新的发展。

> 就好像你在一个黑暗的房间里，然后有人一点一点地开始增加光的亮度，你甚至一开始都没有注意到，因为你住在这个房间里，而且变化

很微妙。但是有一天你会说:"我以前从来没有注意到这一点。我没看到那个特征。"你不会认为是因为你房间的光更亮了,因此你有了更多的觉知;你只会想:"哦,好吧,这很有趣。"直到这些变化变得引人注目——这就是在宇宙意识中所发生的——你才会不由自主地注意到它。

"有人注意到你身上的变化了吗?"我问。他回答说:

> 没有人注意到——因为某种意义上没有什么要注意的。我还是原来的我。我的幽默感和以前一样,与家人的关系也一样。在人格层面上,我看起来也一样。但是在这个层面背后,人格角色的操作特点已经完全改变了。这就像你在看电影,他们换了一个更新、功能更强大的放映机。作为观众,你看的是同一部电影,但如果你是放映机,那么你的内部体验会完全不同。

那么,戴夫察觉到了什么变化呢?除了我将要讨论的他知觉方面的变化,戴夫还描述了我们现在所知道的宇宙意识——一种永不停歇、无穷无尽的觉知。你会注意到,人们会经常用"无穷无尽"这个词来描述这些高级意识状态,以及它们感觉起来如何与普通觉知这种通常感觉起来范围更有限的觉知有所不同。

戴夫是这样描述宇宙意识的:

> 它永远不会黯然失色。它永远不会消失。事实上,它越来越强大,越来越占主导地位。睡觉、醒来、做梦,我一直以来所做的这一切现在都消失了。只剩下一座恒定的纯粹觉知的宝库,无论我身在何处,它都跟随着我。我所看到的每一个人和每一件事都浸透了相同的纯粹觉知。其他的所有东西,现实的所有硬边缘都软化了。

戴夫努力寻找词语来描述"纯粹觉知"是如何充满他的心智的。"这是纯粹存在。这是'如是'（is-ness），'纯粹的如我所是'（am-ness）。它是存在的本质，是觉知的基本原则。我不可能想象出它，也不可能知道我会去那里。我从来没有想过我的心智可以没有念头，我将成为一个'空无一念'的人。"

我问戴夫，如果他的心智沐浴在觉知之中，他怎么专注于满足中学教学的要求。但我已经知道答案了。用我之前的类比来说，处于宇宙意识状态的人们同时在两个频道上运转——一个频道发挥普通的日常功能，另一个充满了"纯粹的无穷无尽的觉知"。

宇宙意识的科学

到目前为止，我们只考虑了宇宙意识的主观方面。那么，我们从生理学上又能对这种状态谈论些什么呢？

与对超越状态的科学解释一样，对比我们所知道的大部分来自脑电波。然而，由于宇宙意识的发展通常需要几年的时间，不像超越状态那样可以用分钟来测量，所以研究起来要困难得多——尤其是使用前瞻性的纵向方法。尽管如此，通过使用横向比较（也就是说，比较冥想时长不同的人），一些巧妙的脑电波研究解决了宇宙意识和观照的问题。

宇宙意识期间的脑

让我们回到弗雷德·特拉维斯的实验室，在那里他的助手在我执行一系列任务（闭眼休息 5 分钟，超越冥想 10 分钟，以及一项评估反应时间的电脑执行的任务）的同时，读取并分析脑电波数据。特拉维斯和他的同事用类似的方法研究了与宇宙意识相关的脑电波模式。

简要回顾一下，我们已经考虑了与超越状态——它发生在人们实际冥想时——相关的脑电波模式（见第5章），并识别了与这种状态相关的两个脑电波信号。这两个发现都主要出现在脑的额叶部，即所谓的负责执行功能的"脑的首席执行官"。数据显示：（1）α功率（α波的密度）增加；（2）α波在额叶的一致性（跨额叶不同区域的α波长之间的相关性）增强。根据定义，这些测量是在被试闭着眼睛进行冥想时进行的——正如前面提到的弗雷德·特拉维斯研究计划的第二阶段所做的。

然而，当长期冥想者突破他们的冥想状态进入他们日常生活中时，脑电波中会发生什么？具体来说，宇宙意识的脑电波特征是什么？这些身体变化是否有助于解释经验丰富的冥想者如乔安妮和戴夫所描述的主观体验呢？

在我们直接解决这个问题之前，让我们先来看一项研究，该研究观察了人们在冥想第一年的脑电波变化。尽管这些短期冥想者都没有获得宇宙意识，但是这项研究还是特别有趣，因为它研究了发展中的超级心智对应的起基础作用的脑生理学。这项研究检查了人们在冥想、闭眼休息以及参与积极任务时——就像我访问特拉维斯实验室——的脑电波。在这项研究中，特拉维斯和艾奥瓦市脑研究所所长阿拉里克·阿勒南德（Alarik Arenander）测量了14个人（9名男性和5名女性，平均年龄为27岁）的脑电波，首先测量基线（开始超越冥想前），然后在整个一年中的3个时间点测量。[3]在进行基线测量后，对被试进行超越冥想教学，然后在接下来的一年中每天进行两次冥想。两个月、六个月和一年后重复脑电波测量。在每一时间点上，被试分别在三个相同的条件下（休息、超越冥想和眼睛睁开的情况下做任务）进行脑电波测量。

研究人员发现，在这三种条件下，宽波段额叶一致性都显著增加。然而，有趣的是，在冥想状态下，宽波段额叶一致性从基线时间到两个月这段时间有所增强，但此后没有进一步增加。换言之，在两个月后，没有证据表明超越冥想修习者的脑电波有进一步改变。这是令人惊讶的，因为你会期待脑变化会随着修习增加而有所增长或变得更明显。为了解释这一点，特拉维斯指出，超越就像睡眠一样，是脑的一种自然功能，因此一旦你掌握了它的窍门，无论你冥想的时间是三个月还是三十年，你在超越冥想期间的脑电波很可能看起来是一样的。

在另外两种条件（闭眼休息和睁眼做任务）下则呈现出不同的画面。在这两种条件下，都可以看到宽波段额叶一致性持续稳定增长了一年，这表明定期冥想的人脑电波变化随着意识的逐渐扩展也相应地逐渐发展着——这是超级心智出现的早期证据。所以我们看到，从超越冥想修习的一开始，意识的扩展层面就开始展开了——正如玛哈里希所说的那样。

特拉维斯和他的同事们接着研究了在清醒和睡眠期间宇宙意识的脑电波。林恩·梅森（（Lynn Mason，那时与玛哈里希管理大学有合作）是后一项研究的第一作者。

在白天的研究中，特拉维斯和他的同事们招募了17名长期冥想者（平均冥想时间为24.5年）——他们报告说在白天频繁体验到超越，并且有观照发生，这便是纳入他们的必要标准，研究人员通过访谈、半结构化高峰体验问卷和两个标准化量表来获取这个信息。[4]

研究人员随后招募了两个对照控制组，每组17人，两组人在年龄和性别上相匹配。第一个控制组由在清醒或睡眠状态下有很少的（如果有）超越体验的超越冥想修习者组成。第二组由打算学习超越冥想但尚未学习的人组成。研究人员对这三组进行了类似于我访问弗雷德实验室时所做的一次性实验（三种条件：休息、超越冥想和睁眼做任务）。

正如你所预料的那样，拥有更多超越体验的那组是冥想时间更长的那组（平均24.5年组对比平均7.8年组）。在两个对照组中，当被要求描述自己时，那些还没有修习过超越冥想的人报告的主要是他们每日的想法、感受和行动。而体验过观照的长期冥想者报告说他们有一种持续的自我感，其与他们日常生活的起起伏伏相分离。尽管这些长期超越冥想修习者在组织其日常活动时觉知到了时间的限制，但当他们开始思考自己时，他们的主要感觉是他们在时间限制（如日程表、时钟或截止日期）之外持续存在。正如你所预料的，中间组（比高级组冥想的时间短）的反应介于两个极端组之间。所有的报告差异均具有统计学意义。

研究人员通过适当的统计工具运行了脑电波数据，发现以下三个要素可以作为这三个组在预期方向上的重要鉴别因素。

• 在脑额叶区的宽波段内仍可见脑电波一致性——不仅是 α 波，还包括 β 波和 γ 波。这是有道理的，因为被试所做的任务通常伴随着更高频率的波长，特别是 β 波和 γ 波（见第5章中的表4）。

• α 功率在人们正在做任务的情况下仍然有所增加，这说明在动态活动的情况下，内在仍是安止的，这是更高意识状态的基本要素。

• 计算机任务的要求与脑反应之间匹配更佳，这被称为关联性负变。

所有这些发现都与宇宙意识中的心智状态变化以及从这种发展中获得的益处相一致。更强的宽波段一致性（也就是说，一致性不只发生在被试休息时的 α 范围内）预示着更大的有效性，因为这表明不同的脑区域能够更有效地协作起来，甚至在任务期间也是如此。挪威对运动员、商人和女商人的研究支持宽波段一致性和有效性之间的联系。在这些研究中，较高水平的脑一致性与较高水平的表现和成就显著相关。[5]在活动中增加的安止使一个人能够在两个平行的频道上运转（如上所述）——一边是强烈地浸入手头的任务中，另一边是深深地扎根于持久的自我感中。最后，不言而喻的是，改善脑对需求的反应，如脑电波反应所证明的那样，将有助于实现更好的表现。

通过对三组被试进行标准化人格测试，我们对所测量的各种特征进行统计分析：内在/外在取向[6]、道德推理（吉布斯社会道德反应测试量表–简表，Gibbs Sociomoral Reflection tests – short Form）[7]、焦虑水平（施皮尔伯格状态–特质焦虑量表）[8]和人格（国际人格项目库，International personality Item Pool）[9]。在预测的方向（长期冥想者比短期冥想者表现更好，短期冥想者比非冥想者表现更好）上出现了显著的结果，包括内在/外在取向、道德推理、状态和特质焦虑以及情绪稳定性方面。[10] 这些人格特征中有许多与你已经阅读过的对意识扩展状态的描述相重叠。

迄今为止，以上总结的脑电波数据是在清醒期间发现的最强的"宇宙意识信号"。然而，令人惊讶的是，睡眠中似乎也有宇宙意识的信号，正如我将在下一节中所描述的。

睡眠期间的宇宙意识脑信号

如前所述，宇宙意识的一个标志是观照——在睡眠中超越。这种现象在脑电波研究中也能发现。

1996年，林恩·梅森和她在玛哈里希管理大学的同事对三组人进行了睡眠研究，三组人在某些变量上都相匹配，如性别和左右手习惯，但超越冥想的历史不同[11]：长期组（11个人的平均冥想时间为18年）、短期组（11个人的平均冥想时间为1.4年）、非冥想对照组（11人）。梅森和她的同事发现，长期冥想者在深睡眠时表现出一种非常独特和不寻常的脑电波模式（阶段3和4）。除了表现出通常发生在深度睡眠中的慢波（δ）节律，长期冥想者同时表现出其他两种节律——θ_2（6—8赫兹）和α_1（8—10赫兹），在非冥想控制组中根本看不到这种模式。短期控制组在这些测量中的表现呈现中间趋势。[12]

α_1节律（与超越状态相关）和δ节律（与深度睡眠相关）的共存与主观的观照报告一致，即超越状态和它所涉及的与超越冥想期间的α波相联系的纯粹觉知，整晚都存在。而非冥想者的脑电波显示在深度睡眠中没有α节律。这一发现支持了乔安妮、戴夫和其他人体验的生理基础：他们的觉知永远不会消失，无论沉睡或清醒。虽然α波被报告称在某些病理条件下被叠加在δ波上，特别是在纤维肌痛（睡眠通常受到干扰）的条件下，但研究对象都是健康的。

弗雷德·特拉维斯，梅森睡眠研究的合著者之一，发现这些结果令人鼓舞："梅森博士的发现让我开始思考开悟是如何与日俱增的。它在个体的各个层面上成长。我们研究脑电波是因为脑电波是我们拥有的最好的工具，但我确信开悟也在以其他方式发展——在生物化学和自主神经系统层面上。当然，也包括主观体验层面。到目前为止，我们还没有发现与预示宇宙意识的主观上的突然变化——仙人掌开花——相对应的脑电波事件，如同我们在观照中看到的那样。"

由于意识的扩展状态是如此的重要（至少在我看来），并且关于这个话题的科学很有发展前景（比如具体的睡眠变化，以及活动中的超越型脑电波变化），所以我突然想到，如果有年轻的研究者渴望做出成绩，那么意识的发展这一领域会使你们的研究有所收获。

本章要点

- 某些超越冥想修习者身上出现的——通常是经过多年修习所得的超级心智在白天甚至夜里都有所成长。
- 这种状态被称为"宇宙意识"，这种觉知的夜间组成部分被称为"观照"。
- 在这一章中，我们了解到有两个人报告已经进入这个阶段。
- 对意识水平和冥想历史不同的超越冥想修习者进行了日间脑电波研究后，连同非冥想控制组，对研究结果进行了比较。结果发现了一些关键差异，对此我在本章中进行了总结。
- 一项类似的脑电波睡眠研究也揭示了不同组之间的差异：长期冥想者在深度睡眠时表现出一种高度不同寻常的脑电波模式，其中与深睡眠相关的脑电波节律（δ）与典型的超越状态下的脑电波节律（α_1）重叠。

19

超越的惊喜和意识的成长

> 严格来说,所谓的"神秘状态"绝不会完全中断。关于它们内容的记忆总会留下一些,并能深刻地感受到它们的重要性。
>
> ——威廉·詹姆斯[1]

到目前为止,我们认为,意识的成长或多或少是一连串有序递增的发展,这在某些人身上可能会导致一个稳定的、确定的状态。当然,这是乔安妮和戴夫的情况,我们在第18章进行了介绍。

薇琪·布鲁姆(Vicki Broome)是约翰内斯堡第一个教我这项技术的超越冥想指导者,现在仍是我的朋友。当我向她展示意识整合问卷的早期草稿时,她的回应让我大吃一惊:

你们大多数的问题都是关于那些正逐渐变得更加确定的普遍状态——这很好,随着宇宙意识的增长,我们会有越来越多这样的体验。你可能想增加一个关于一闪而过的成熟宇宙意识体验的问题,这种体验可能不一定持续,但你不能错过,因为它会强烈地震撼你。

关于这些体验,我想说:

1. 一旦你瞥见了这种完全的开悟，你就不再是以前的你了。一眼就够了。

2. 它可以在任何时刻到来——不仅仅是在一个平静、放松或冥想的环境中。它完全出乎意料。

薇琪同意其他超越冥想专家的观点，即意识的渐进发展由冥想中反复出现的超越体验所培育，对于扩展意识至关重要，就像玛哈里希意象中的布料一样——通过反复浸染，逐渐呈现出永久的颜色。然而，她的观点是，就像她在自己和他人身上观察到的那样，"高峰体验"需要被理解为另一种意识进步的方式——以量子跃迁的方式。正如她所说：

我不会拿这些类型的体验来交换任何东西。它们是我生命中最美好的时刻，它们让一切变得有意义！它们就像上帝的恩典：只是去体验——无须毒品，那是有害的——了解事情的真相。真是幸事啊！

神秘体验

当这种体验被考虑在内时，
他们称所有的感官体验都是神秘的。
所以，当我品尝苹果的味道时，它就变得神秘起来，
夏日和雪，大地的狂野
和太阳的周而复始。
所有这些东西我都可以从一个好苹果里品尝到。
虽然有些苹果尝起来主要是水，
湿而酸，
有些有太多日光的味道，咸而甜，

像潟湖的水，被太阳晒得太久了。
但如果我说我在苹果里尝到了这些东西，
人们就称我为神秘主义者，意思是一个撒谎者。

——D. H. 劳伦斯[2]

这一节我以 D. H. 劳伦斯的诗《神秘主义者》（*Mystic*）开头，不仅是因为其华丽的感官意象，还因为他提出的一个重要观点：我们如何才能相信另一个人的感官体验呢？或者更确切地说，我们为什么要怀疑它们呢？在这一节中，我选择了三个著名的例子，它们都是关于人们所报告的在冥想以外的情况下奇异的超越体验。然而，据曾教过成千上万人超越冥想的薇琪·布鲁姆所说，她也遇到过在冥想者身上"突然"出现的超越体验。

超越闪现和意识成长的著名例证

现在，让我们来看几个我称之为"超越闪现"的故事，这些故事都有据可查。这里我的主要兴趣——除了对故事本身固有的魅力——在于这些体验如何有助于意识的成长。我只从众多例子中选择了几例。

理查德·比克

理查德·比克（Richard Bucke）是19世纪后期加拿大著名精神病学家。他最著名的作品是1901年出版的《宇宙意识》（*Cosmic Consciousness*）。这本书是比克数十年来对某些天才人物的意识如何发展进行探索的成果。正如薇琪·布鲁姆所说，这本经由漫长的探索而写成的书证明了"单个的超越事件是如何突然冒出并让你大吃一惊的"。

以下是比克对他自己体验的描述：

我和两个朋友在一座大城市里度过了那个晚上，阅读、讨论诗歌和哲学。我们在午夜分手。我坐着一辆双轮马车走了很长一段路才回到住处。在阅读和谈话所唤起的观点、意象和情绪的影响下，我的心智安静而平和。我处于一种安静的、几乎被动的享乐状态中——实际上没有在思考，而是让观点、意象和情绪自行流经我的心智。突然，毫无征兆地，我发现自己被笼罩在一片火红的云里面。刹那间，我想到了火，一场巨大的火灾就发生在这座大城市附近；接下来，我知道火就在自己心中。紧接着，我突然有一种欣喜若狂的感觉，一种无边无际的喜悦，伴随着或紧跟着的是一种无法形容的智力启迪。除此之外，我不仅开始相信，而且还看到，宇宙不是由死物质构成的，相反，它是一个活生生的存在。我开始在自己身上意识到永恒的生命。这不是一种我将永生的信念，而是一种那时我就拥有永生的意识；我看到所有的人都是不朽的；宇宙的秩序就是无须任何冒险，所有的事情都会为每个人和所有人的利益而合作；世界的基本原则，所有世界的基本原则，就是我们称之为爱的东西，从长远来看，每个人的幸福都是绝对确定的。这种景象只持续了几秒钟就消失了，但对它的记忆和它所教导的东西的现实感，在此后的二十五年里仍然存在。我知道那景象所展示的是真实的。以我已形成的看问题的角度来看，这一定是真实的。那种观点，那种信念，我可以说那种意识，即使是在深重的抑郁时期，也从未消失。[3]

正如我们从比克博士对他关键体验的描述、他随后对意识的痴迷，以及由此产生的这本书[4]——这本书出版一个多世纪后至今仍在出售——中所看到的，单个强有力的超越事件影响了他的余生。

埃德加·米切尔

1971年，阿波罗14号登月成功。埃德加·米切尔（Edgar Mitchell）是执行此次太空任务的三名宇航员中的一个。他在月球表面待了九个小时，是第六个在月球上行走的人。在回家的路上，他向我的朋友兼同事、《生命哲学与其他危险情形》(Philosophy for Life and Other Dangerous Situations)的作者朱尔斯·埃文斯（Jules Evans）叙述了以下情况：[5]

> 正如我看到的，每隔两分钟，一张由地球、月球和太阳，以及360度的天空全景构成的图画就会出现在宇宙飞船窗口……我意识到，我们宇宙中的物质是在星系中产生的，因此我身体里的分子、宇宙飞船里的分子以及我伙伴的身体里的分子，都是在一些古老的恒星中获得原型或被制造出来的。我认识到我们都是同一个事物的一部分，我们是一体的……与之相伴的是一种深深的狂喜体验，每当我看向窗外时它都会持续发生，回家的一路上都如此。这是一次全身的体验。

米切尔对这种体验如此着迷，于是他继续研究其他文化中类似的体验，发现几乎所有这些体验描述都对应了他所谓的"大图景效应"（Big Picture Effect）。他得出了与詹姆斯类似的结论：神秘体验（很有可能是超越体验）是所有宗教的开端。他接着建立了"智性科学研究所"（Institute of Noetic Sciences），以探索和促进人类意识的扩展。

他还与有类似体验的其他宇航员讨论了他神秘的知识之旅。这些宇航员把地球看作一个更大系统的一部分，从而获得了这些体验。弗兰克·怀特（Frank White）根据这些对话写了一本书，书名为《全观效应》(The Overview Effect)。[6]

在反思自己和他的宇航员同伴的体验时，米切尔说："如果我们能让我们的政治领导人在太空举行一次首脑会议，地球上的生活将会明显不同，因为一旦你看到了更大的图景，你就不能继续这样生活了。"我们再次看到了一次神秘或超越体验影响一个人的意识发展和人生轨迹的力量。

埃克哈特·托利

埃克哈特·托利是一位作家和灵性导师，我们已经见过他了。在《当下的力量》一书中他描述了在经历了数十年的焦虑和自杀式抑郁之后，一天夜里醒来时他感到如此的恐惧。他想："我不能再这样生活下去了。"通过对"我"和"自我"这两个独立实体的领悟，他对其中隐含的二元性产生了兴趣。当他醒来时，他看到了黎明的第一缕曙光，知道了"光比起我们所认识到的要更加无限"。[7]

在接下来的五个月里，他以一种专注于当下的觉知形式，在一个持续平和且极乐的状态下生活。这种新型的觉知成为他那本名著的灵感来源和实质内容。他在书中所描述的这种觉知类型的许多元素，很像我们所理解的超级心智。然而，这种"当下"觉知并不像发生在那些长期修习超越冥想的人身上的那样逐渐增长。相反，至少正如书中所描述的，它似乎是突然地、神秘地、以完全的形态出现，就像雅典娜从宙斯的脑袋中出生一样[❶]。

威廉·詹姆斯论神秘体验

关于如何最为恰当地看待神秘体验，我的首席导师威廉·詹姆斯以模范的客观性阐述了他所经历的神秘体验。他开放地看待这些体验可能的起因，

[❶] 译者注：在古希腊神话中，宙斯害怕妻子智慧女神墨提斯生下的子女超过自己，就将其吞入腹中。结果，有一天他头痛难忍，只好让儿子将其脑袋劈开，然后雅典娜便从中一跃而出。

用科学的态度分析它们，但从不忽视这种现象背后的人为因素。最后，他认为这些"宗教体验"中固有的信息对我们理解心智具有潜在的重要性。如果说谁是模范的导师，他一定是其中之一。

詹姆斯指出了他认为的神秘体验的四个要素：[8]

• 不可言说性："无法用文字充分报告其内容……这种特殊的神秘体验更像是感受状态而不是理智状态。"

• 智性特性："对于那些体验过神秘状态的人而言，这些神秘状态似乎也是知识状态。它们是对真相……启迪、启示的洞察状态，充满了意义和重要性。"

• 稍纵即逝："除了极少数情况，半个小时，或最多一到两个小时，似乎是它们存在的极限，超过这个限度它们将消失在平常的日子中。"

• 被动性：感觉就好像是体验发生在你身上，而非你是体验的发起者或缔造者。

除此之外，他补充了第五个特性，即这种体验绝不会"中断"。"关于它们的内容的记忆总会留下一些，并能深刻地感受到它们的重要性。"

据我所知，詹姆斯的观察结果——以及这五个标准——在今天仍然适用，就像他在一个多世纪前写下它们时一样。

谁能获得超越闪现？

在与一位亲爱的朋友共进晚餐后，我与她分享说，在我的一生中，只有两个伴随着生动的感官体验的非冥想状态下的小片段可以被称为超越闪现——这就是詹姆斯所定义的"神秘状态"。其中一次体验，你可能还记得，我在前面章节中描述过，那天傍晚我冥想后回家，穿过两列高高的花，走在家门前方的小路上（见第7章）。第二次体验，我在《超越》中提到过，发生在一天的同一时间——在一个夏日的傍晚——又是在冥想之后发生。当我坐下来吃晚饭,凝视着一块画着莫奈睡莲的餐具垫时——巴黎一家博物馆的一件普通纪念品——我觉得自己就像是被送到了吉维尼的莫奈花园,站在它标志性的桥前,看着池塘水面上闪闪发光的斑点,在美丽的柳树和睡莲前流连忘返。

我的朋友是双相障碍方面的专家,她向我指出,我所描述的这种在我的一生中发生过两次的体验,双相障碍患者在一年内可能会体验很多次。她提醒我,狂喜的体验是轻度躁狂症的一个典型部分,并表示,如果不把它们联系起来,对它们的讨论就是不完整的。她的观点很有道理。在某些情况下,可能是轻度躁狂症助长了那些显然是突然出现的超越体验。轻度躁狂症不像躁狂症那么突出,但有一些共同的倾向,通常包括兴奋或易怒、一连串想法的突然迸发和语速的加快、精力的增加、睡眠需求的减少和创造力的增强。长时间接触强光(如在夏日傍晚)、睡眠中断和时差反应都会加剧轻度躁狂症。

作为一个花了很多年时间研究光与情绪之间关系的人,对于这么多超越体验涉及感知到的光中的改变,我很感兴趣。理查德·比克发现自己"被笼罩在一片火红的云里面",紧接着就感到"一种欣喜若狂,一种无穷无尽的喜悦"。很多我采访过的人都见过不同类型的光——地平线上的一颗金色的珍珠、心脏周围的光或者光明天使的景象。托利在他的意识彻底变化之后,评论了光这种令人惊奇的特质。埃德加·米切尔每次从宇宙飞船的窗口向外看,都持续感到深深的狂喜。

一个冷静的结论

令人惊讶的超越闪现可能伴随着强化的或不寻常的感官体验,吸引着人们去苦思冥想,但它们不一定得益于超越冥想,并且意识的稳定增长才是通往超级心智最可靠的途径。

当我们聆听关于幻象和神秘体验的戏剧性故事时,很容易在想到自己不那么戏剧性的超越和扩展意识的体验时感到自己有所不足或心生忌妒。对于我们这些很少或从未有过狂喜的神秘体验的人来说，很自然地会想知道我们通过冥想会变成什么样子。对于大多数人（包括我自己）来说确实如此。我很高兴地说，在定期修习超越冥想的过程中，随着时间的推移，我们可以像那些体验到卓越特效的人一样，顺利而可靠地扩展意识状态——并且发展超级心智。

每当你潜入超越的水域时，你的意识就会发展。我们从个人陈述和脑电波研究中都能得知这一点。当你反复超越时，你的意识也随之扩展。这种扩展的意识是本书前面章节所描述的所有成果的基础。现在，当你尝试这样做时——我希望你这样做——你会更好地理解这些成果是如何产生和成熟的。

在下一章，也是这本书的最后一章，我将简要描述意识的发展如何扩展到包罗我们的人类同胞和宇宙的其他方面。

本章概要

- 尽管超级心智的发展通常是缓慢而渐进的，但偶尔它也会受到超越体验的影响，这些体验是在冥想或清醒状态下自发产生的。
- 介绍了关于那种得到很好描述的现象的几个例证。
- 这样的超越闪现似乎是超级心智发展的一种不寻常但可充分证明的方式。

20

万物一体的宇宙

> 在对与错的观念之外，还有一个领域。我会在那里与你相遇。当灵魂躺在那片草地上时，这个世界太过完美而难以言表。观点、语言，甚至连"彼此"这个词都没有任何意义。
>
> ——鲁米[1]

在这趟通过意识各个阶段的旅程中，我们在清醒、睡眠和做梦之外的超越的迷雾中穿行。现在，当超级心智在我们体内升起并成长时，我们作为人类的能力也在增长。我们的个人生活和职业生活往往会变得更加成功。但是，当我们自己内在成长的同时，一种新的欲望也开始在我们的意识中展开——一种想要向我们认识的人，甚至是陌生人伸出手的欲望；一种与我们周围的人分享我们日益增长的充裕内在的欲望。在这最后一章中，我们主要关注意识成长的这一方面。

我一直很欣赏上面引用的鲁米的话，其表达的观点打动了我：也许有一个地方，可以让我们抛开所有的分歧，和睦相处。不同信仰的人都有一个共同的梦想，那就是终有一天，就像《以赛亚书》中所写的那样，国家不再对他国发动战争，"他们将我们的剑铸成犁头，把我们的箭打成镰刀"。[2]那么冥想和意识的成长将如何实现这样一个梦想呢？

在个人层面上，因为多年来我一直在冥想，所以我更能感到有一种结构以一种抽象的方式将我与其他人和整个宇宙联系在一起。与此同时，我对死亡的恐惧也（稍微）减少了——尽管我并不期待死亡。我感觉到这些感受不是我一个人的，而是冥想者共有的，当然也不是他们独有的。让我举一些人的例子来结束本书，这些人以他们自己的方式就这个现象的某些方面表达了看法。

离婚与和解

在我们日常生活中所遇到的所有破裂的关系中，离婚是最普遍、最痛苦的一种。你想想，两个人相遇，相爱，一起规划人生，分享梦想，或安静或热情地，或温和或热烈地——有时还会违背客观的可能性——为幸福的生活做着打算。然而，问题迟早会出现：婚姻这种布料会被磨损，然后被撕裂，最后破裂。有时，这会友好地发生，但通常不会；有时，似乎没有哪两个人会像相爱又失去彼此的人们一样如此厌恨对方。

乔和吉莉安的婚姻就是在结婚几年后破裂了，其间生了一个可爱的女儿。就像许多同样情况下的夫妻一样，他们没有打算把她养在两个屋檐下，而他们对共同监护的安排也不满意。在乔看来，吉莉安总是希望重新协商安排。

就在这个故事发生的时候，乔，一个40岁左右的金融分析师，已经修习超越冥想大约一年了。一天晚上，吉莉安打电话给他，说她想重新协商监护权的条款。乔一下子就火冒三丈，正要开始长篇大论时，他检讨了自己。"现在不是我讨论这个问题的好时机，"他说，"让我稍后再打给你。"然后，他坐下来冥想。当他这样做的时候，他感到自己的身体安定下来了。奇怪的是，他开始同情吉莉安。"她看起来很沮丧，"他想，"她似乎压力很大。"

乔从冥想中出来后，感觉休息好了，就打电话给吉莉安。他倾听了她对她新提议的想法，没有打断也没有反驳她的建议。相反，他问了一些关于新的监护安排将如何运作的问题。吉莉安一直在说话，乔能听到她安定下来了。然后她说："我在和谁说话？你听起来不像是同一个人。"监护权最终保持不变。在回顾这种互动时，乔告诉他的超越冥想指导者："在冥想之前，这个问题就像攀登珠穆朗玛峰。后来，感觉就像爬上了一座普通的山——我之前爬过很多次的那座山。"

瑞·达利欧：纵观全局

我上一次因为《超越》而正式采访过瑞·达利欧，他对超越冥想的看法以及超越冥想在其生活中的角色可以在第15章中找到。尽管当时他已是商界的领军人物，创建了世界上最大的对冲基金，但正是在这两次采访间隔的五年里，他获得了偶像的地位。他对市场和国际金融的洞察力是传奇性的，金融、政治和政策领域的领导人经常向他寻求建议，而他反过来又向著名科学家和其他智者征求意见，以便更好地了解人类在宇宙中的作用。当我为写这本书采访他时，他和我分享了一些在他探索过程中学到的东西。

我问他，在过去的五年里，他是否注意到自己的心智状态中有任何持续的变化，或者是否注意到他看待自己生活于这个世界中的方式有任何持续的变化。当然，问题中的变化都是那种他可以把它们归功于他正在进行的超越冥想修习的变化。他回答说：

> 是的。我认为这是我个人的进化和我的超越冥想修习之间互补关系的结果。我认为，当一个人经历过人生的各个阶段时，特别是当一个人变老并超越自己的个人境遇时，他就会越来越多地把事情看作一种模式，而不是个别事件。这种更高层面的视角来自对很多事情反复地观察。你的视角会进化，我认为冥想可以极大地促进进化。在过去的五年里，随着我不断地超越和进步，我看到我的视角在提升，而我也生活在新的视

角背景下。我俯视事物，就像从上面看一样，并在更大的背景下看待它们。这种提升和视角的改变正在发生，因为我自己的进化正与冥想一起运作着。

纽约街头充满了同情

我们在前几章中提到过理查德·弗里德曼。他是一位精神病学家、《纽约时报》专栏作家，也是一位阅读《超越》后决定修习超越冥想的朋友。当我问他是否认为超越冥想影响了他对他人和整个宇宙的感受时，他已经定期修习超越冥想四年时间了。他的回答很明确：是的。他详细阐述如下：

> 我一直对我认识的人怀有共情。然而，在过去的两年里，我对周围的人——陌生人——有了更多的觉知，想知道更多他们的故事。有些人看上去很沮丧，而且激怒过我——例如，他们大喊大叫。我现在更能理解他们的痛苦了。我更多地把他们视为一个个独立的个体，而不是将他们视为一个类别不予理睬。我比以前更宽容了。

正如许多大城市的居民所知道的，拥挤的人群和挤来挤去的陌生人会让你产生某种戒备心理，而这种心理是高度适应的。超越冥想有助于降低安全壁垒，产生更强的团契感——正如下面理查德所描述的那样。

> 我从曼哈顿联合广场乘6号线地铁上班，在清晨的通勤时间里，地铁车厢就像一个沙丁鱼罐头。现在，当我上地铁的时候，我让人群把我推进车厢，然后下车，走上台阶。我没有做任何对抗。我一直坐着看书，或站着看书，似乎没有受到打扰。这对于过去的我来说是不寻常的。过去我通常会变得很心烦。我会觉得它令人厌恶，不想再坐地铁。但现在

这一点也不会打扰到我。

同时，我对周围的世界更敏感了，更感兴趣了，也更松弛和开放了。有时，当我有幸在地铁上有了一个座位时，我会看着陌生人，想象他们的生活是怎样的。我看到一个油漆工的工装裤上满是油漆，就想在这么热的天气里涂漆该有多难啊；或者看到一个化了浓妆的女人，我会想知道为自己的魅力如此担忧是多么痛苦的事。在过去，所有这些人都会模糊成一个彼此没有区别的群体。现在，我把他们看作不同的个体。

他对他在街上看到的这些显然正处于艰难时期的人产生了更多的共情。"我真的会停下来，感到有些悲伤，想知道：'他们是怎么变成那样子的？'我会更多地了解周围发生的事情。事情不再会像过去那样从我身边一闪而过。"

理查德所描述的超越冥想对纽约市生活体验的人性化影响绝不是唯一的，正如一个纽约人的报告所证明的那样。

在我生活的这座城市里，大多数人的生活都被禁锢在自我保护的藩篱中。我知道这个是因为我也是他们中的一员。但是自从我开始冥想，我注意到，无论是在地铁上、商店或餐馆里，还是在街上，我都更愿意敞开心扉，接受我所拥有的任何体验。有时，我被我所感觉到的我们所有人之间的连通感所淹没。同时，作为一个纽约人，我并不是对潜在的威胁视而不见——只是我不再像过去那样生活在防备之中。我发现，很多我以前从未见过的人都很漂亮——而且我想要建立联系，即便只是给一个表达认可的短暂微笑。

回到理查德·弗里德曼的身上。自从他开始冥想，他对别人的感受发生了变化，这也影响了他的临床工作——他变得更有耐心了。他的伴侣也注意到他更强的共情心和减弱的戒备心理，并且很赞赏这些变化。

在他继续冥想的过程中,理查德有一种与更大的世界的交流日益增长的感觉:"一种内在的、不可言喻的状态——如同某种东西发着光射来,时不时地短暂一瞥与之有所接触。"在这些体验发生的同时,理查德感到自我意识不那么强了,也不那么担心他对于世界的价值了。正如他所说:"对于我所做过的或完成的事情,以及我接下来要做的事情,我感到不那么利益攸关了。这些担忧的某些方面似乎不那么突出了。这就好像有更大的担忧存在——我不知道它们是什么,只知道它们存在。"

随着这些变化,理查德与其他许多冥想者(包括我自己)一样,对死亡的担忧也减少了。他对死后会发生什么也不那么确定了。我经常在冥想者身上看到这样的变化,它们似乎代表着人们能够更自在地作为更广阔的宇宙的一部分而存在。人们可能会认为,这一想法具有威胁性,它暗示了人类重要性的降低,但总的来说,事实并非如此。相反,你会更自在地作为一个更大、联系更紧密的宇宙的一部分而存在。

我们的冥想者调查结果与本章报告的逸事观察一致。当问"自开始冥想以来,你是否感觉到与你的社区、世界甚至宇宙有了更大的联系"时,85%的受访者说是的。也许这就解释了为什么大多数受访者(72%)说,自从开始冥想,他们对死亡的恐惧感就减少了。

我们又一次看到有关与一个更大的宇宙产生关联的主题出现了,其中包括对死亡恐惧的减少。在瑞的例子中,这种联系也以他通过家族基金广泛做慈善这一形式存在。他不仅奉献了自己的金钱和时间,还把冥想的馈赠给予社会各阶层的人们。他把它给了癌症患者,给了那些真正贫穷和被各种方式压迫的人,也给了那些贫困地区的学校,那里的孩子每天都承受着巨大的压力。另外,他还把超越冥想的馈赠给了工业和金融业的领导者以及其他杰出人士。这一战略背后的理念是,通过帮助减少那些有高度责任感的人的压力,提高他们的开悟水平,将让数百万人间接受益。

结束语

有些人可能认为冥想是自私的或自我放纵的。基于我所认识和采访过的众多冥想者，我坚持认为并非如此。在聆听其他冥想者的故事时，令我印象深刻的是，有那么多的人为了帮助他人获得超级心智的馈赠以及为了达成其他许多目标，无私地奉献着自己的时间、金钱、专业知识和创造力。

最后，这段我引用的中国格言表达了个人成长与世界健康之间的关系，比我所能表达的要好得多：

> 心正而后身修，
> 身修而后家齐，
> 家齐而后国治，
> 国治而后天下平。
> ——《大学》

现在，我们到了意识探索之旅的终点。我感谢你陪我经历这次冒险，要向你告别了。我深信，这次冒险的结束一定是下一次的开始。

附录 1

关于超级心智的问答

专家视角

在本书的研究过程中,我发现有许多问题反复出现。鲍勃·罗斯对这些问题进行了解答,他已在全世界教授超越冥想长达四十五年。现将这些问题及其解答列述如下。

诺姆·罗森塔尔:"我很喜欢您把超越冥想的体验描述为就像潜入大海一样。您可以再次与读者分享一下您的体验吗?"

鲍勃·罗斯:"你正驾着一艘小船漂在大西洋的海面上,突然,你的船被四十英尺高的巨浪打翻了。你在惊恐中会认为:'整片海洋都在动荡!'也许如此。但其实不是整片海洋都在动。因为如果你对海洋做一个横截面,你会发现,即使它的表面被这四十英尺高的巨浪吞没了,可实际上海洋有一英里深。海洋深处事实上是寂静无声的。

表面活跃,深处寂静——这是心智的一个很好的隐喻。心智的表面,那正在思考的心智如同海洋表面——有时平静,但常常是动荡的。我们根据超越冥想假定:就像大海深处是寂静的一样,每个人的心智深处也是平静、安定和寂静的。你不必信奉它,也不必为了制造平静而抛却思想,因为它总是在那里:安定的、寂静的、绝对清醒的。科学上把这个层面称作'宁静的警觉'(restful alertness)状态。根据古代的冥想文献,这种层面的心智也是个人无限创造力、智力、能量和幸福的源泉。它是你自己的内在自我。这些文献把它叫作'思想之源'、'纯粹意识'、'超越意识',或者'意识的第四种状态'。

异乎寻常的是——也最出人意料的是——任何人都可以通过超越冥想轻松简单地进入那个领域。超越冥想不需要心智任何的专注或控制;甚而,你不必为了让它起作用而信奉它。"

您一般冥想多长时间?

成人每天冥想两次,每次20分钟,舒适地坐在椅子上,闭上双眼开始冥想。小孩冥想的时间要少些。

作为一名超越冥想指导者,您在职业生涯中教授过多少人冥想?

几千人吧。全世界得到超越冥想指导者资格认证的有一万多人,我是其中之一。据说,包括所有年龄段、民族和行业在内,有超过八百万的人都学会了超越冥想技巧。

您估计这些人中有多少成功体验到了超越——意识的第四种状态?

我知道这很难让人相信,但我教过的每一个人——以及每一个从得到认证的老师那里学会超越冥想的人——都体验到了意识的第四种状态,或清晰地体验到,或对它有过一瞥。这可能只发生在一瞬间,也可能会持续较长时间,但超越是超越冥想的一个常见特征。

人们在开始冥想时体验超越遇到的最大障碍有哪些?

"超越"被定义为"超出"。因此,在每一次冥想中,你都会超出表面兴奋的思维水平,到达一个更安静、更安定的思维水平。然后,当你继续冥想超过20分钟时,你将间歇性地超越或安定下来,达到下一个更安静的思维水平——以此类推。

如果你问妨碍人们体验"超越意识"的障碍是什么，那么答案会是生理上的压力。如果你的身体有积存的压力或紧张，那么这可能会稍微减慢超越的过程。但是，在练习中获得的深度休息会使这些压力得到消除，然后会使心智在随后的冥想中安定下来。仅有的另一个障碍是无法做到定期冥想。换句话说，你必须做到定期冥想！你必须花几分钟时间，最好是每天两次来冥想。如果你能做到，剩下的事就水到渠成了。

在学习超越冥想后，人们大体上需要多久才能超越——是一个什么样的时间范围？

这很难量化，因为每个人的生理机能不一样。如果一个人受创伤或毒性压力折磨，可能需要的时间会长些，也许一周或更长。也就是说，每一个人，无论是谁，或者经受了什么样的压力，都将会超越。通常在最初的几天内，每个人都会超越兴奋的思维水平，达到更加安静、更加安定的心智层面。我必须强调，超越并不是一种惊艳的体验。它非常简单自然。我们只是安定下来，达到我们安静、内在、无限的自我。

有没有人无法学习超越冥想，或者说，不适合学习超越冥想？

我教超越冥想已有四十多年了，教了有成千上万的人。我可以坦诚而自信地说，每个人只要完成这四天的课程就可以冥想。对于任何一个得到认证的超越冥想老师，情况都是如此。

他们每天都坚持冥想吗？一天两次？

许多人是这样做的。有些人一天冥想一次，有些人不定期冥想。但这是选择问题。无论他们何时冥想，他们都告诉我他们获得了非常真实、非常正面的益处。

我见过有人学习冥想后又完全停下了——这种情况很多，即便他们知道自己获得了益处！他们为什么这样做？

根据我的经验，有两个主要原因。人们停下来可能是因为他们生活中遇到了难处——家里有人得了可怕的疾病、工作中有大的变动，或正处在人生中一个重大转折点上。但重要的是，当他们回顾往事时，他们会告诉我，正是在那些时候他们才明白自己应该去冥想！第二个原因是他们没有正确冥想。他们不经意地把心智的用力、集中或控制引入修习。一旦他们这样做，他们就不再是修习超越冥想，所以体验不再轻松愉快。它不再令人放松，也不再能使人恢复活力。然而，我发现大多数停下的人最终都会重新开始冥想——理由很充分：几分钟不费力气的冥想就能使你一整天拥有更清晰的思维，更集中的注意力，更充沛的精力，更佳的韧性。这是很划算的！

让他们回到正轨的最佳策略是什么？

每个人最后得为自己做决定。或许他们会回忆起在定期冥想的时候，白天感觉有多好，晚上睡眠有多棒。或者，比方说，由于没有花时间给自己充电，他们会意识到自己现在有多累、有多烦、有多不幸福。差不多是这样。然后他们联系他们的超越冥想老师或当地的超越冥想中心，加入复习课程。复习课程是免费的，只须花几分钟就可以回到正轨。一旦他们再次正确地冥想，他们很快会重获这些益处。

在您教过的人中，有多少体验到了某种程度的超级心智的发展？

事实上，每个人都体验到了。当你超越并体验到内在的寂静场时，你日常生活中的那种平静、创造力、注意力和智力就会自发增长，而这些都是超级心智发展的表现。需要谨记的是，超级心智并不是漫画书，不是那种"超人般"的体验。当我们不再被压力和疲惫笼罩时，当我们使用更多脑的潜能时，我们的本来面目就会自然显现——这就是超级心智。超级心智是一个描述简单事实的夸张词语。它其实就是指自然状态下我们的本来面目。

超级心智发展最常见的形式是什么？

在超越冥想期间，额叶与脑其余部分之间的神经连接得到了加强，并且这些连接在之后的日常活动中被自然保持。因此，除了睡得更好、精力更充沛、思维更清晰，最早出现的一种持续性迹象会是你对外界刺激越来越不动心，例如那些惹你生气的人。你会更加具有"场独立性"，这意味着你更好地"了解"了自己。你的内心会更加舒适，因而更少受那些可能会有害于你的健康和生活的外界压力和社会习惯的影响，比如过度饮酒。总体上讲，你的内在变得更幸福、更满足，外在更富有活力和自信。另一个人们报告的迹象是，生活变得更容易、更顺利、更愉快。生活不再是一种挣扎，亦非一场战斗。事情似乎总是朝着你所希望的方向发展。它很难量化，它就是这样一种体验。

一个人学习冥想，平均花多长时间才能开始短暂瞥见超级心智？

不同的人情况不一样，这基于他们的人生经历。压力比较大的人所需的时间会长些。但从第一次冥想起，超级心智就开始形成了。

超级心智是如何与宇宙意识关联的？

充分展开的超级心智就是宇宙意识——它是超越的内在自我的内在寂静与日常生活的外在活力这两者自然且自发的共存。

关于超越或超级心智，您还有什么想告诉读者的吗？

超越这种能力是每个人与生俱来的。就像当我们对某件事情感到兴奋时——这时我们的血压和皮质醇水平会急剧上升，脑中的杏仁核或恐惧中心会变得极度兴奋——我们可以冥想，让自己在另一方向上自然安定下来。我们可以自然获得不断增强的内在平静和自在——此时血压和皮质醇水平显著下降，杏仁核回归正常。同样地，超级心智是每个人与生俱来的权利。我再强调一下，它不是什么超脱尘世的东西。它是我们在没有被累积的压力、紧张和疲劳包裹时的本来面目。超越冥想消除了这些障碍，唤醒了大脑，让我们充分发挥自己的潜能。有了它，我们便不再需要相关的哲学、信仰体系或生活方式的改变了。

为什么我不能从书本上学习超越冥想？

我经常会被问到这个问题，因为你可以从书本上或磁带中学到大多数冥想。但超越冥想不行，因为超越冥想是为个人量身定做的。你要在一个有资格认证的老师那里接受为你量身打造的指导。他会教你一句"咒语"或声音，然后教你如何恰当地使用它，以促进"超越"过程。有了自己的老师，你可以让你的问题得到满意的回答，从而消除困惑和疑虑。此外，你还将得到来自你老师的持续加持——世界上数千名合格教师中的任何一位——以确保你今后都能正确地冥想。

学习超越冥想需要很长时间吗？

它需要花连续4天时间，每天大概60到90分钟。世界各地的超越冥想中心会提供超越冥想基础课程，附带后续项目。

超越冥想训练的现行费用是多少？

成人的当前课程费为960美元，如果有配偶或同伴同时学习，第二个人的费用是720美元。大学生的费用是480美元，高中生和更年轻的人是360美元。超越冥想是非营利性教育组织，它将获得的资金用于三种用途：（1）支付获得认证的超越冥想指导者的薪水；（2）帮助支付世界各地数以千计的超越冥想中心的租金和管理费用；（3）免费为在世界任何一个地方学习冥想的人提供终身的后续指导。

如果负担不起，是否有一些措施可以为有兴趣的人降低费用？

当然有。就像任何公立或私立大学或教育机构会为那些负担不起学费的人提供补助、奖学金、贷款和付款计划一样，当地的超越冥想中心也会提供类似的机会。更多信息请访问www.tm.org。

我知道高级技巧有助于促进超级心智的发展。是这样的吗？如果是这样，您有什么关于这些高级技巧的东西可以告诉读者吗？

学习超越冥想就像播种和定期浇水。植物自己生长。如果你想，你可以每隔几个月加点肥料，帮助它长得更快一点。这就是高级技巧起的作用：为冥想修习加入一些促进力量，从而使超越冥想的所有益处——超级心智的成长——加速显现。尽管定期修习超越冥想是主要的事情，但是高级技巧是一个有价值的补充。

周末静修的价值是什么？

周末静修，或者叫"住宅课程"很棒！它们通常是在附近安静、舒适的度假酒店或住所进行。在一个精心组织的课程环境中，你有机会加深日常冥想的体验；练习轻瑜伽姿势；探索关于冥想、意识、脑发育、生命等的有趣观点；遇到有趣、成功的人。这样的周末静修是理想的假期：你会经历一段很棒的时光，然后回家休息，恢复精力。当地的超越冥想中心也经常会在当地酒店举办一日静修，你可以在那里享受一段良好的"迷你假期"，而无须整个周末都离开家。

您能告诉我们关于"超越冥想-Sidhi"项目的情况吗？

当你完成四门高级技巧课程后，就有资格申请"超越冥想-Sidhi"项目。玛哈里希在《帕坦伽利的瑜伽经》（*Yoga Sutras of Patanjali*）这一古老冥想文本的基础上引入这一项目。这本书的前半部分描述了超越冥想——轻松超越进入超越意识的过程。超越意识就是意识的第四种状态，它深藏在每个人的心智深处。后半部分描述了一些技巧，或者说"佛经"，来让任何冥想者都能有意识地活跃心智的这一最深层面。当遭遇日常生活中不断加强的活力和需求时，这些技巧通过帮助更快速地稳固超越的内在寂静，加速了意识的发展——诸如能量、创造力、注意力、幸福快乐等的逐渐增长。"超越冥想-Sidhi"项目的实质性益处已经被研究所证实，也被数万个该项目的修习者的个人体验所证实，这些人包括医生、商界领袖、运动员、老年人和学生。如果你感兴趣，它绝对值得追求。

您还有什么要补充的吗？

任何时刻，我们的创造力、智力、专注力等的情况都有一个程度范围。一方面，当我们处于巨大压力中，并且当不能很好地应对压力时，会不知所措。我们记不起剧本里的台词，想不起考试的答案，在紧张的篮球比赛中不能随心所欲地投出我们已练习了百万次的球。而这些状态的另一端则是我们状态极佳的美妙时刻，那时所有的一切都变得轻松、流畅，甚至令人愉悦。我们与所爱的人保持着完美的沟通；我们文思泉涌，立马写就一篇短篇小说或一首诗；在一场势均力敌的高尔夫球比赛中，一次又一次地推球入洞。这些时刻，就算我们拥有过，也可能是非常罕见的，以至于我们一生都记得。但它们确实存在。数千年来超越冥想的目的是要让每个人，不论他的宗教、文化或教育背景是什么，都进入到心智的超越层面上，这个层面上的创造力和智力是无限的。定期冥想的结果是，我们生活的各方面之间都开始呈现自然、有活力、统一的流动状态。那些特殊的时刻会更经常地出现。当超级心智完全实现的时候，我们就有可能无时无刻不"在状态"。我们过去认为这样的时刻是罕见且转瞬即逝的，冥想的目的一直就是要让它成为我们日常生活的一个常规特征。

附录 2

意识整合问卷

诺曼·E.罗森塔尔 医学博士；弗雷德·特拉维斯 博士；格瑞·吉尔

意识整合问卷简介

感谢你愿意查看这份意识整合问卷。本问卷的目的是获得修习者在开始冥想后的一些体验信息。几乎所有的问题都问的是你开始冥想后的情况。

虽然几乎所有的问题都问的是你开始冥想后的情况，但是这份问卷也可以用作一种基线测量。如果你还没有开始冥想，那么请忽略大部分问题的开头部分，然后回答问题以反映你在过去一年中的表现，这样你就能评估你的分数如何随时间而变化；如果进行了冥想，包括评估冥想可能会对它们产生什么影响。

频率等级丨请对过去一年的平均频率进行评级		
1. 几乎没有（一年少于一次）	5. 定期（+/- 一周一次）	7. 频繁（至少一天一次）
2. 很少（+/- 一年一次）	6. 经常（>一周一次，<一天一次）	8. 几乎连续（大部分时间）
3. 偶尔（一年几次）	9. 连续不断	
4. 有时（+/- 一个月一次）	← 一分　↑ 两分	↑ 三分

意识整合问卷评分说明

1. 回答问题4到31，标记"是"或"否"。
2. 为了确定你的最终分数，回答为"否"都被评为零分。第17、18、29、30和31项不计入你的最终分数，仅出于对完整性和你的兴趣的考虑才包括在内。
3. 对那些你标记为"是"的项目，根据发生在自己身上的频率情况，使用上一页频率等级表中的第1、2或3列，相应给自己一分、两分或三分。
4. 将第4项到第9项的得分相加，得出你的"意识状态"总分。
5. 将第10项到第28项的得分相加，得出你的"生活影响"总分。

意识整合问卷

诺曼·E. 罗森塔尔 医学博士；弗雷德·特拉维斯 博士；格瑞·吉尔

- 姓名（可选）
- 今天的日期：

年_____

月_____

日_____

- 如果我们有后续问题，可以联系你吗？

☐ 是

☐ 否

- 如果可以，请提供电子邮件地址。_____

·你居住在哪个国家和城市？_____

·性别：

☐男性

☐女性

·年龄：

·最高学历：

☐高中

☐大学肄业

☐大学毕业

☐研究生学历

·你目前的职业是什么？_____

·代码（如果已提供给你）_____

1. 你做超越冥想多久了？

年数_____

月数_____

2. 你平均多久冥想一次？每周_____次

3. 平均每节课冥想多长时间？_____分钟

与你的意识状态相关的体验

4. 冥想时，你是否体验过不同于平时清醒时的状态——通常是没有念头的安静与平静？

☐是

☐否

如果回答"是"，多久一次？（请参考上述频率等级。）

请随意描述这些体验。

5. 自从开始冥想，你是否感到内心安止，甚至在日常活动期间也如此？

☐ 是

☐ 否

如果回答"是"，多久一次？（请参考上述频率等级。）

请随意描述这些体验。

6. 自从开始冥想，你是否觉得"真实的你"有点与你日常生活中的起起伏伏是分离的？

☐ 是

☐ 否

如果回答"是"，多久一次？（请参考上述频率等级。）

请随意描述这些体验。

7. 自从开始冥想，你是否有时会以更生动、更丰富多彩或更细腻的方式体验你周围的世界？

☐ 是

☐ 否

如果回答"是"，多久一次？（请参考上述频率等级。）

请随意描述这些体验。

8. 你是否注意到这些生动的体验对你的日常生活有任何持续的影响？

□ 是

□ 否

如果回答"是",多久一次？（请参考上述频率等级。）

请随意描述这些体验。

9. 自从开始冥想，你是否发现你的睡眠质量或者你睡眠中的体验发生了一些变化？

□ 是

□ 否

如果回答"是",多久一次？（请参考上述频率等级。）

请随意描述这些体验。

10. 自开始冥想以来，你是否觉得对自己的内在体验或周围世界更加留意了？

□ 是

□ 否

如果回答"是",多久一次？（请参考上述频率等级。）

请随意描述这些体验。

_____

_____

11. 自开始冥想以来，你是否注意到你的安乐水平发生了一些变化？

☐ 是

☐ 否

如果回答"是"，多久一次？（请参考上述频率等级。）

请随意描述这些体验。

_____

_____

12. 自开始冥想以来，你是否注意到你对不愉快或消极体验更少感到不安或从中更快地恢复了？

☐ 是

☐ 否

如果回答"是"，多久一次？（请参考上述频率等级。）

请随意描述这些体验。

_____

_____

13. 自开始冥想以来，你是否注意到你对愉快或积极体验的反应有了一些变化？

☐ 是

☐ 否

如果回答"是"，多久一次？（请参考上述频率等级。）

请随意描述这些体验。

14. 自开始冥想以来，你是否注意到你不像以前那样过度地依恋事物——或者情绪上过度地投入某件事了？

☐ 是

☐ 否

如果回答"是"，多久一次？（请参考上述频率等级。）

请随意描述这些体验。

15. 自开始冥想以来，你是否觉得自己更融入日常生活了，更多地处于当下，或者更多参与进事情中了？

☐ 是

☐ 否

如果回答"是"，多久一次？（请参考上述频率等级。）

请随意描述这些体验。

16. 自开始冥想以来，当你参与到特定的活动中时，你是否感觉到更彻底地投入和专注，即"进入状态"或在"心流"的状态中？

☐ 是

☐ 否

如果回答"是"，多久一次？（请参考上述频率等级。）

请随意描述这些体验。

17. 自开始冥想以来，你是否更不害怕死亡了？
☐ 是
☐ 否
如果回答"是"，多久一次？（请参考上述频率等级。）
请随意描述这些体验。

18. 自开始冥想以来，你对来生可能性的想法是否有任何变化？
☐ 是
☐ 否
如果回答"是"，多久一次？（请参考上述频率等级。）
请随意描述这些体验。

19. 自开始冥想以来，你对自己之所是和之所有是否感到更满足？
☐ 是
☐ 否
如果回答"是"，多久一次？（请参考上述频率等级。）
请随意描述这些体验。

20. 自开始冥想以来，你是否觉得更有力量做真实的自己？

☐ 是

☐ 否

如果回答"是"，多久一次？（请参考上述频率等级。）

请随意描述这些体验。

21. 自开始冥想以来，你是否注意到你的工作能力或其他事业有任何起色？

☐ 是

☐ 否

如果回答"是"，多久一次？（请参考上述频率等级。）

请随意描述这些体验。

22. 自开始冥想以来，是否更容易做好事情？

☐ 是

☐ 否

如果回答"是"，多久一次？（请参考上述频率等级。）

请随意描述这些体验。

_____
_____

23. 自开始冥想以来，你是否注意到你的生产能力或创造力发生了变化？

□ 是

□ 否

如果回答"是"，多久一次？（请参考上述频率等级。）

请随意描述这些体验。

_____
_____

24. 自开始冥想以来，你是否在日常生活中做出了更健康的选择，例如停止坏习惯或开始养成好习惯？

□ 是

□ 否

如果回答"是"，多久一次？（请参考上述频率等级。）

请随意描述这些体验。

_____
_____

25. 自开始冥想以来，你是否注意到你与他人关系有了变化？

□ 是

□ 否

如果回答"是"，多久一次？（请参考上述频率等级。）

请随意描述这些体验。

26. 自开始冥想以来，是否有人评论你的变化？

□ 是

□ 否

如果回答"是"，多久一次？（请参考上述频率等级。）

请随意描述这些体验。

27. 自开始冥想以来，你是否注意到你的财务状况有了一些变化？

□ 是

□ 否

如果回答"是"，多久一次？（请参考上述频率等级。）

请随意描述这些体验。

28. 自开始冥想以来，你是否觉得，你不必付出任何额外的努力，就比以前更幸运了，或者事情比以前更顺利了？

□ 是

□ 否

如果回答"是"，多久一次？（请参考上述频率等级。）

请随意描述这些体验。

29. 自开始冥想以来，你是否感觉到与你的社区、整个世界甚至宇宙之间的联系更紧密了？

☐ 是

☐ 否

如果回答"是"，多久一次？（请参考上述频率等级。）

请随意描述这些体验。

30. 自开始冥想以来，如果你注意到你自己或你生活中的积极变化，这些变化是否随着时间的推移而继续增长？例如，它们是否随着你冥想时间增长而变得更频繁或更持久？

☐ 是

☐ 否

如果回答"是"，多久一次？（请参考上述频率等级。）

请随意描述这些体验。

31. 自开始冥想以来，你是否有过此问卷的其余部分未涉及的任何种类的意识高峰或增强体验？

☐ 是

☐ 否

如果回答"是"，多久一次？（请参考上述频率等级。）

请随意描述这些体验。

注释

第一章

1.根据吠陀传统，存在七种意识状态。其中三种基础状态是清醒、睡眠和做梦。此外还有四种：

超越意识：在冥想的寂静中对超越即对自我的体验。

宇宙意识：日常活动中对超越的体验。超越的光芒或自我的光芒自然地在清醒、睡眠和做梦这三种意识状态下保持着。

精微宇宙意识：这种意识通过感官和情绪的发展而产生。此时你能体验到你周围环境中最微妙的层面，包括你对朋友、家人、人类和整个显化世界的爱、同情和感恩达到了极致。在此阶段，吠陀的格言"世界是我的家"就变成活生生的现实。

统一意识：玛哈里希说过这是自我实现的状态，即彻悟一切。在此状态下，你会体验到超越的实在不只在你自身，而且在一切事物之中。

2.参见：Rosenthal, N. E., et al. Seasonal affective disorder: A description of the syndrome and preliminary findings with light therapy. *Archives of General Psychiatry* 41 (January 1984): 72–80; Rosenthal, N. E. *Winter Blues: Everything You Need to Know to Beat Seasonal Affective Disorder* (Guilford, 2013).

3.参见：Matthew 7:16, as translated in the *World English Bible* (Rainbow Missions, 2000).

第二章

1.参见：Dehaene, S. *Consciousness and the Brain: Deciphering How the Brain Codes Our Thoughts* (Viking, 2014), 7–8.

2.参见：Dennett, D. *Consciousness Explained* (Back Bay Books, 1991).

3.参见：Dehaene, S. *Consciousness and the Brain*, 115–60.

4.参见：Lazar, S. W., et al. Meditation experience is associated with increased cortical thickness. *Neuroreport* 16 (17) (November 28, 2005): 1893–97.

5.参见：Pearson, C. *The Supreme Awakening: Experiences of Enlightenment Throughout Time—And How You Can Cultivate Them* (Maharishi University of

Management Press, 2013), 42.

6. 参见：第一章注释1。

7. 参见：Travis, F. T., and Shear, J. Focused attention, open monitoring, and automatic self-transcending: Categories to organize meditations from Vedic, Buddhist and Chinese traditions. *Consciousness and Cognition* 19 (4) (December 2010): 1110–18.

8. 参见：Brasington, L. *Right Concentration: A Practical Guide to the Jhanas* (Shambala, 2015).

9. 我把下面对超越状态的描述说给利·布莱辛顿，并问他八种禅那中是否有一个对应超越状态。

> 超越状态是一种平静的警觉状态，处于超越状态中会感到时空的边界消失，因此也被叫作无界状态。尽管这种状态下的人是警觉的和有意识的，但其意识中没有特定内容，因此又被叫作纯粹意识。它也是极乐状态。超越状态在生理上伴随着肌肉的放松和呼吸的减慢。

他把我的描述拆分为不同成分，把每个成分和相应的禅那（禅那是按阶段编号的）匹配起来。下面是他的回应：

我：超越状态是一种平静的警觉状态，处于超越状态中会感到时空的边界消失。

利：这很像第五禅那——无限空间的领域，不过除非你高度集中注意力，否则第五禅那中不一定有时间的消失。

我：因此超越状态也被叫作无界状态。

利：这符合第五和第六禅那中的"无限"部分。

我：尽管人是警觉的和有意识的，但其意识中没有特定内容。

利：第五禅那中，意识的内容是一个巨大的空间。存在非常清晰的对象，人们可以在视觉上看到它。所以这一点不符合第五禅那。

利：第六禅那中，没有特定的意识内容。它就是一个巨大的意识。所以这一点符合第六禅那。

我：因此超越状态也被叫作纯粹意识。它也是极乐状态。

利：第五和第六禅那（以及第七和第八禅那）是中立的舍受——没有极乐，仅仅是强烈的平静。所以这一点完全不符合第四或第五到第八禅那。

我：超越状态在生理上伴随着肌肉的放松和呼吸的减慢。

利：这一点不符合第五到第八禅那。对第五禅那开始部分的描述是"通过超越所有的身体感觉……",因此第五到第八禅那中没有身体觉知。不过这些生理特征符合第二到第四禅那。但第一到第四禅那中没有无限感。

所以,尽管超越冥想中体验到的超越状态与各阶段的禅那有很多相似之处,但没有一种禅那匹配其所有方面。

第三章

1. 参见: Suzuki, S. *Zen Mind, Beginner's Mind*. (Weatherhill, 1970), 21.

2. 参见: *Bhagavad Gita*, translated by Maharishi Mahesh Yogi (Arkana Penguin Books, 1967), 133.

第四章

1. 参见: Lao-Tzu (translated by Star, J.). *Tao Te Ching: The New Translation from Tao Te Ching: The Definitive Edition* (Tarcher Cornerstone, 2008).

2. 参见: Maharishi Mahesh Yogi. *The Science of Being and Art of Living* (Plume-Penguin, 1995) 32–33.

3. 参见: Lynch, D. *Catching the Big Fish:Meditation, Consciousness, and Creativity* (TarcherPenguin, 2006).

第五章

1. 参见: Travis, F. T., and Pearson, C. Distinct phenomenological and physiological correlates of "consciousness itself." *International Journal of Neuroscience100* (2000): 77–89. The figure showing the GSR finding in question is on page 85.

2. 参见: Wehr, T. A. Effect of seasonal changes in daylength on human neuroendocrine function. *Hormone Research* 49 (3–4) (1998): 118–24.

3. 参见: Wehr, T. A., et al. Conservation of photoperiod-responsive mechanisms in humans. *American Journal of Physiology* 265 (Regulatory, Integrative Comparative Physiology 34, 1993): R846–57.

4. 参见: Travis, F. T., and Arenander, A. Cross-sectional and longitudinal study of effects of Transcendental Meditation practice on interhemispheric frontal asymmetry and frontal coherence. *International Journal of*

Neuroscience 116（2006）: 1519-38; Travis, F. T., et al. A self-referential default brain state: Patterns of coherence, power, and eLORETA sources during eyes-closed rest and Transcendental Meditation practice. *Journal of Cognitive Processing* 11（2010）: 21-30; and Travis, F. T. Transcendental experiences during meditation practice. *Annals of the New York Academy of Sciences*（2013）: 1-8.

 5.参见: Ludwig, M., et al. Brain activation and cortical thickness in experienced meditators. Doctoral dissertation, California School of Professional Psychology, Alliant International University, San Diego, 2011.

 6.参见: Harung, H. S., and Travis, F. T. Higher mind-brain development in successful leaders: Testing a unified theory of performance. *Journal of Cognitive Processing* 13（2）（2013）: 171-81.

 7.参见: Harung, H. S., et al. Higher psycho-physiological refinement in world-class Norwegian athletes: Brain measures of performance capacity. *Scandinavian Journal of Medicine and Science in Sports* 21（1）（2011）: 32-41.

 8.超越冥想、脑变化和人的绩效之间的关系，参见: Harung, H. S., and Travis, F. T., *Excellence Through Mind-Brain Development: The Secrets of World-Class Performers*（Gower, 2015）.

第六章

 1.参见: Maitri Upanishad, VI., 19-23.

第七章

 1.参见: Maharishi Mahesh Yogi. Audio file, Rishikesh, India, February 15, 1968; Pearson, *Supreme Awakening*, 170-87.

 2.我和我的同事在描述了季节性情感障碍后不久也遇到了类似的情况。研究发现，季节性——随着季节表现出情绪和行为变化的倾向——存在一个从变化很小到变化极大的范围。为了记录个人或群体的季节性程度，我们需要创建一个问卷量表。结果就是"季节模式评估问卷"（参见2013年出版的《冬季抑郁症》），该问卷已被广泛用于研究中。同样地，我们现在已经创建了意识整合问卷，它已经产生了本章中那些我与你分享的有用信息。此外，对于希望了解意识发展及其影响的其他人来说，这份调查问卷可能是有价值的。

3. 参见：https://www.surveymonkey.com。

4. 在通过删除重复记录和有问题的回复——比如有人说自己111岁了——"清理"了数据后，我们收到了607条有用的回复。我们无法提供回复率，因为我们只有分子（回复的人数）而没有分母（向其发出回复请求的总人数）。

必须承认这项调查具有局限性：首先，它只适用于调查时正在修习超越冥想的人。虽然有可能调查对象之前也修习过其他形式的冥想，但是我们并没有特别问过这个问题。然而，我怀疑这不是一个主要的混淆变量，因为目标人群明确地将自己定义为超越冥想修习者。第二，受访者不能代表全部的超越冥想修习者。例如，他们可能比一般的超越冥想修习者更勤奋或对超越冥想更感兴趣，或者从超越冥想中获得了更大的益处。最后，我们没有就任何可能改变意识状态的药物进行询问，尽管我强烈怀疑这是否是一个重要的因素，因为超越冥想修习者整体上不屑于使用改变心智状态的药物。

5. 人口统计、背景特征与超越冥想行为：

特征	总体样本（数量=607）
年龄	数量=607
平均年龄（标准差） 中位数 范围	52.68（14.87） 56.0 16—100
性别，%（数量）	数量=607
男性	47.8%（290）
女性	52.2%（317）
受教育程度，%（数量）	数量=607
高中	5.1%（31）
大学肄业	13.7%（83）
大学毕业	31.6%（192）
研究生学历	49.6%（301）
职业，%（数量）	数量=602
就业	76.1%（458）
学生	6.3%（38）
家庭主妇	1.0%（6）
退休	15%（90）
待业	1.7%（10）
地理位置，%（数量）	数量=568
美国	78.7%（447）
南非	19%（108）
其他	2.3%（13）
所在美国地区	数量=417
东北部	19.4%（81）
中西部	22.8%（95）
南部	33.1%（138）
西部	24.7%（103）

修习超越冥想时长	数量=607
平均时长（标准差） 中位数 范围	15.48（17.61） 4.0 0—56
修习超越冥想频率（每周次数）	数量=607
平均次数（标准差） 中位数 范围	11.54（4.2） 14.0 0—28
每次超越冥想时长（分钟数）	数量=607
平均分钟（标准差） 中位数 范围	27.94（18.63） 20.0 0—180

6. 正如你在意识整合问卷中所看到的，我们要求人们就他们所认可的项目发生频率在9种频率等级中选择一种（见附录2）。为了简化分析，我们把频率由9种降至3种：很少发生、经常发生、频繁发生。有些项目不适合进行频率分析（特别是项目17，对死亡的恐惧；项目18，来生的可能性；项目29，与社区等之间更密切的联系；项目30，持续增长；项目31，其他问题未提到的高峰体验）。

7. 一组项目的一致性水平是由一个叫作"克伦巴赫α系数"（Cronbach's alpha）的统计值来衡量的。意识状态量表的一致性水平为0.84，生活影响量表的一致性水平为0.93（这两种量表评估时都会考虑项目体验的频率）。一般来说，克伦巴赫α系数水平为0.4—0.65是适当水平，0.65—0.85为良好水平，超过0.85为优秀水平。因此，意识状态变量的一致性水平介于"良好"与"优秀"之间，而生活影响量表的一致性水平则是"优秀"。我们在计算过程中发现，将频率考虑在内（而不是简单地基于"是-否"考虑回答）提高了克伦巴赫α系数水平，因此始终使用这种类型的计算来报告结果。使用这种双重模式回复的结果的一致性水平通常稍差一点，但仍然在"好"的范围里。拥有如此好的克伦巴赫α系数水平的优势在于你可以将各个项目得分相加，从而得出每个量表的一个总分。

8. 生活影响量表的因子分析：旋转因子矩阵

栏 意识整合问卷 #	1 进入状态	2 内在成长	3 自然加持
10		**0.74**	
11	0.32	**0.59**	
12		**0.67**	
13	0.32	**0.60**	0.33
14		**0.59**	0.36
15		**0.38**	
16	**0.50**	0.42	0.35
19	0.52	**0.44**	0.37
20	0.49	**0.42**	
21	**0.72**	0.33	0.33
22	**0.74**	0.32	
23	**0.70**		0.35
24	0.34		**0.53**
25	0.44	0.37	**0.47**
26			**0.42**
27			**0.59**
28			**0.67**

以上各栏显示了对生活影响项目的因子分析结果（第1栏中的数字表示意识整合问卷上的项目编号）。每一栏下面的数字显示了每一项对上面第1、2和3栏所示因子的加载强度。它们分别是这三个因素：进入状态、内在成长和自然加持。即使第19项（你对自己之所是和自己之所有是否感到更满足？）和第20项（你是否觉得自己更有力量成为真实的自己？）对因子1（进入状态）比对因子2（内在成长）的加载强度稍大一些，但我们选择将它们归入后一个因子，因为它们在那儿似乎更符合逻辑。粗体显示的数字表示加载强度最大的项或者最符合逻辑的项。缺失的数字对应的是没有相关频率的项目，因此被排除在本分析之外。

9. 意识状态量表的多元分析

意识状态频率量表		
拟合度 = .46	优势比	95% 置信区间
年龄	-0.24	-0.84—0.35
性别	0.10	-0.40—0.60
地理位置	-0.25	-0.89—0.40
修习超越冥想的频率	0.07*	0.005—0.13
修习超越冥想的年数	0.04**	0.02—0.06
超越冥想影响量表	4.32**	3.78—4.85
*p ≤ 0.05；**p ≤ 0.001 ❶		

在一周内更频繁地修习超越冥想的受访者更有可能在意识状态量表上获得更高的分数。对于那些已经修习超越冥想多年的人也是如此。

值得注意的是，第三个变量——超越冥想对一个人生活的影响，与意识状态得分的相关性甚至强于与冥想的持续时间或频率的相关性。

10. 超越冥想频率影响量表的多元分析

超越冥想频率影响量表		
拟合度 = .43	优势比	95% 置信区间
年龄	-1.19	-2.75—0.38
地理位置	-0.09	-1.79—1.60
每次超越冥想时长	1.96	-1.31—5.24
修习超越冥想的频率	0.28**	0.11—0.45
修习超越冥想的年限	0.08**	0.04—0.13
意识状态量表	10.98**	9.60—12.37
*p ≤ 0.05；**p ≤ 0.001		

对调查对象中那些在一周内更多地修习超越冥想，并且修习时间更长的人而言，

---

❶ 译者注：统计学根据显著性检验方法得到 P 值，一般以 P<0.05 为有统计学差异，P<0.01 为有显著统计学差异，P<0.001 为有极其显著的统计学差异。

超越冥想对生活产生的影响会更大。此外，在意识状态量表上得分更高的个体，其超越冥想影响频率也更有可能更高。

如果你检查决定意识状态的因素（对照上面讨论的生活影响），你会发现生活影响与意识状态之间有很强的相关性。正如人们常说的，相关性并不意味着因果关系。由于根据每一个主要因素都能预测出另一个，所以这就是看哪个因素先出现。我倾向于假设意识的成长可以预测超越冥想对一个人生活的影响，尤其是在超越冥想专家和指导者经过多年的观察已经得出了这一假设的情况下。然而，相反的假设可能是真的。而且，正如我在本章正文中所表明的，这两种量表很可能互相反馈。

第八章

1. 参见: Sapolsky, R. M. *Why Zebras Don't Get Ulcers* (Holt, 2004).

2. 参见: Anderson, J. W., et al. Blood pressure response to Transcendental Meditation: A meta-analysis. *American Journal of Hypertension* 21 (2008): 310–16.

3. 参见: Orme-Johnson, D. W., et al. Neuroimaging of meditation's effect on brain reactivity to pain. *Neuroreport* 17(12)(2006): 1359–63.

4. 参见: Goleman, D. J., and Schwartz, G. E. Meditation as an intervention in stress reactivity. *Journal of Counseling and Clinical Psychology* 44 (3) (1976): 456–66.

5. 参见: Schneider, R. H., et al. Long-term effects of stress reduction on mortality in persons ≥ 55 years of age with systemic hypertension. *American Journal of Cardiology* 95 (2005): 1060–64.

6. 参见: Schneider, R. H., et al. Effects of stress reduction on clinical events in African Americans with coronary heart disease: A randomized controlled trial. *Circulation* 12 (2009): S461.

7. 参见: Castillo-Richmond, A., et al. Effects of stress reduction on carotid atherosclerosis in hypertensive African Americans. *Stroke* 31 (2000): 568–73.

8. B型超声技术使用超声探头扫描身体产生亮点形成平面，在屏幕上显示为一个二维切面图像。

9. 参见: O'Connell, D., and Alexander, C., eds. *Self-Recovery: Treating Addictions Using Transcendental Meditation and Maharishi Ayur-Veda*

(Harrington Park Press, 1994).

10.参见: Peeke, P. *The Hunger Fix: The Three-Stage Detox and Recovery Plan for Overeating and Food Addiction* (Rodale, 2013).

11.参见: Volkow, N. D., et al. Food and drug reward: Overlapping circuits in human obesity and addiction. *Current Topics in Behavioral Neurosciences* (October 21, 2011).

12.参见: Duhigg, C. *The Power of Habit: Why We Do What We Do in Life and Business* (Random House, 2014).

13.参见: Herron, R. E., and Hills, S. L. The impact of the Transcendental Meditation program on government payments to physicians in Quebec: An update. *American Journal of Health Promotion* 14(5)(2000): 284-91.

第九章

1.参见: Hains, A. B., and Arnsten A. F. T. Molecular mechanisms of stress-induced prefrontal cortical impairment: Implications for mental illness. *Learning & Memory* 15(2008): 551-64.

2.参见: Grosswald, S. J., et al. Use of the Transcendental Meditation technique to reduce symptoms of attention deficithyper activity disorder (ADHD) by reducing stress and anxiety: An exploratory study. *Current Issues in Education* 10(2)(2008).

3.参见: Travis, F. T., et al. ADHD, brain functioning, and Transcendental Meditation practice. *Mind and Brain* 2(1)(July 2011): 73-81.

4.参见: Monastera, V. J., et al. The development of a quantitative electroencephalographic Scanning process for attention deficit-hyperactivity disorder: Reliability and validity studies. Neuropsychology 15(1)(2001): 136-44.

5.参见: Travis, F. T., et al. ADHD, brain functioning, and Transcendental Meditation practice, 73-81.

6.参见: So, K., and Orme-Johnson, D. W. Three randomized experiments on the longitudinal effects of the Transcendental Meditation technique on cognition. *Intelligence* 29(2001):419-40.

7.参见: Iliff, J. J., et al. Implications of the discovery of brain lymphatic pathways. *Lancet Neurology* 14（10）（October2015）：977-79.

8.参见：Xie, L., et al. Sleep drives metabolite clearance from the adult brain. *Science* 342（6156）（October 18, 2013）：373-77.

9.参见：Orme-Johnson, D. W., and Barnes, V. A. Effects of the Transcendental Meditation technique on trait anxiety: A meta-analysis of randomized controlled trials. *Journal of Alternative Complementary Medicine* 20（5）（May2014）：330-41.

10.参见：So, K., and Orme-Johnson, D. W. Three randomized experiments on the longitudinal effects of the Transcendental Meditation, 419-40.

11.将几项小型研究的结果结合起来的一个有用的方法是使用一种叫作元分析的技术（参见：Hunter, J. E., and Schmidt, F. L. *Methods of Meta-analysis* [Sage, 1990]）。这种方法采用统计方法，考虑所有相关信息，分析和整合来自独立研究的结果。合并的数据通常是作为效应值来衡量的，它反映了你所调查的项目的整体重要性，在这种情况下即焦虑在多大程度上预示了随后的心血管疾病。研究人员经常使用元分析来整合临床试验的结果，报告出效应大小，以描述试验组情况和控制组情况之间的差异。在行为科学中，一种效应的值大于等于0.8时被认为"较大"，0.5为"中等"，0.2为"较小"。（参见：Cohen, J., *Statistical Power Analysis for Behavioral Sciences* [Academic Press, 1977]）。

12.参见：Bandy, C. L., et al. Meditation training in rook cadets increases resilience（personal communication, 2015）。

13.参见：Beck, A. T., et al. An inventory for measuring depression. *Archives of General Psychiatry* 4（1961）：561-71.

14.参见：Marteau, T. M., et al. The development of a six-item short-form of the state scale of the Spielberger State-Trait Anxiety Inventory（STAI）. *British Journal of Clinical Psychology* 31（3）（September 1992）：301-6.

15.参见：Heuchert, J. P., and McNair, D. M. *Profile of Mood States*, 2nd ed.（MHS Psychological Assessments and Services, 2004）。

16.参见：Bartone, P. T. Test-retest reliability of the dispositional resilience scale-15, a brief hardiness scale. *Psychological Reports* 101（3）（December 2007）：943-44.

第十章

1.参见:Bannister, R. *The Four-Minute Mile* (Lyons Press/Globe Pequot Press, 2004), 167-73.

2.参见:King, B. J., with Chapman, K. *Billie Jean* (Harper & Row, 1974), 197-201.

3.参见:Pearson, C. *Supreme Awakening*, 244.

4.同上,第172页。

5.参见:Csikszentmihalyi, M. Flow: *The Psychology of Optimal Experience* (Harper Perennial Modern Classics, 2008).

第十一章

1.参见:Rosenthal, N. E. *The Emotional Revolution: How the New Science of Feelings Can Transform Your Life* (Citadel/Kensington, 2002), 215-19.

2.参见:Thoreau, H. D. *Walden and Other Writings* (Bantam Books, 1982), 188.This quote comes from *Walden*, "Sounds."

第十二章

1.参见:*Bhagavad Gita*, trans. Maharishi Mahesh Yogi (chapter 2, verse 47), 133.

2.参见:Norwood, R. *Women Who Love Too Much* (Pocket Books, 1997).

3.参见:Rosenthal, N. E. *The Gift of Adversity: The Unexpected Benefits of Life's Difficulties, Setbacks, and Imperfections* (Tarcher, 2013), 314.

4.参见:Maharishi Mahesh Yogi. Excerpted from a lecture in August 1970 at Humboldt State University, Arcata, California.

5.参见:James, W. *The Varieties of Religious Experience* (Touchstone/Simon and Schuster, 1997), 302.

第十三章

1.参见:Rosenthal, N. E. *Winter Blues*, 239-41.

2.参见:Sula, M. *Don't Let Your Mind Go* (Balboa Press/Hay House, 2014).

第十四章

1. 参见: Khoury, B., et al. Mindfulness-based therapy: A comprehensive meta-analysis. *Clinical Psychology Review* 33(2013):763–71; Hoffman, S. G., et al. The effect of mindfulness-based therapy on anxiety and depression: A meta-analytic review. *Journal of Consulting and Clinical Psychology* 78(2)(April 2010): 169–83; Goyal, M., et al. Meditation programs for psychological stress and well-being: A systematic review and meta-analysis. *JAMA InternalMedicine* 174(3)(2014):357–68; and Rutledge, T. Meditation intervention reviews (comment on above article). *JAMA Internal Medicine* 174(3)(2014): 1193.

2. 参见: Brook, R. D., et al. Beyond medications and diet: Alternative approaches to lowering Blood pressure. *Hypertension* (2013).The report is available at http://hyper.ahajournals.org/content/early/2013/04/22/HYP.0b013e318293645f.full.pdf.

3. 参见: Ameli, R. 25 *Lessons in Mindfulness: Now Time for Healthy Living* (American Psychological Association, 2014).

4. 同上, 第5页。

5. 参见: Hanh, T. N. *Peace Is Every Step: The Path of Mindfulness in Everyday Life* (Bantam, 1992).

6. 参见: Kabat-Zinn, J. *Full Catastrophe Living: Using the Wisdom of Your Body and Mind to Face Stress, Pain, and Illness* (Bantam Dell, 2005).

7. 参见: Travis, F. T., and Shear, J. Focused attention, open monitoring, and automatic self-transcending: Categories to organize meditations from Vedic, Buddhist and Chinese traditions, 1110–18.

8. 参见: Gunaratana, B. H. *Mindfulness in Plain English* (Wisdom Publications, 2002), 7.

9. 参见: https://www.tm.org.

10. 参见: Killingsworth, M. A., and Gilbert, D. T. A wandering mind is an unhappy mind. *Science* 330(2010): 932.

11. 参见: Raichle, M. E., et al. A default mode of brain function. *Proceedings of the National Academy of Sciences* 98(2001): 676; Christoff, K., et al. Experience sampling during fMRI reveals default network and executive system contributions to mind wandering. *Proceedings of the National Academy of Sciences* 106(2009): 8719;and Buckner, R. L., et al. The brain's default

network. *Annals of the New York Academy of Sciences* 1124（2008）: 1.

12.参见: Tolle, E. *The Power of Now: A Guide to Spiritual Enlightenment*（Namaste/New World Library, 2004）, 56-57.

13.参见: Travis, F. T., et al. A self-referential default brain state, 21-30.

14.参见: Brewer, J. A., et al. Meditation experience is associated with differences in default mode network activity and connectivity. *Proceedings of the National Academy of Sciences* 108（2001）: 20254-59.

15.参见: Simon, R., and Engstrom, M. The default mode network as a biomarker for monitoring the therapeutic effects of meditation. *Frontiers in Psychology* 6（June 2015）, article 776.

16.参见: Travis, F. T., et al. A self-referential default brain state, 21-30.

第十五章

1.参见: Maharishi Mahesh Yogi. *Third Day Checking*, DVD.

2.参见: Attwood, J. A., Atwood, C., and Dvorak, S. *Your Hidden Riches: Unleashing the Power of Ritual to Create a Life of Meaning and Purpose*（Penguin Random House, 2014）.

3.参见: Gladwell, M. *Blink: The Power of Thinking Without Thinking*（Little Brown, 2007）.

4.参见: Covey, S. *The 7 Habits of Highly Effective People: Powerful Lessons in Personal Change*（Simon and Schuster, 2013）.

5.参见: Forbes/Pharma and Healthcare. April 27, 2015. This can be found at: http://www.forbes.com/sites/alicegwalton/2015/04/27/transcendental-meditation-makes-a-comeback-with-the-aim-of-giving-back/.

6.乔希·扎巴尔的博客可以在下面的网站上找到:
http://www.tm.org/blog/meditation/a-look-into-transcendental-meditation/.

7.参见: Frankl, V. E. *Man's Search for Meaning*（Beacon Press, 2006）.

8.参见: Cattaneo, L., and Rizzolatti, G. The mirror neuron system. *Archives of Neurology* 66（5）（May 2009）: 557-60.

9.参见: Dalio, R. Principles（2011）. PDF available at: http://www.bwater.com/Uploads/FileManaAssociates-Ray-Dalio-Principles.pdf.

10. 参见: Covey, S. *7 Habits of Highly Effective People*.

11. 参见: Ludwig, M., et al. Brain activation and cortical thickness in experienced meditators.

12. 参见: Travis, F. T., et al. A self-referential default brain state, 21–30.

13. 参见: Travis, F. T., et al. Patterns of EEG coherence, power, and contingent negative variation characterize the integration of transcendental and waking states. *Biological Psychiatry* 61 (2002): 293–319.

14. 参见: Hill, N. *Think and Grow Rich* (Ballantine Books, 1960).

第十六章

1. 参见: Bartels, M. Genetics of wellbeing and its components satisfaction with life, happiness, and quality of life: A review and meta-analysis of heritability studies. *Behavior Genetics* 45 (2) (2015): 137–56.

2. 参见: Myers, D. H. "Emotions, Stress, and Health," in *Psychology*, 11th ed. (Worth Publishers, 2015), 479–87.

3. 参见: 同上.

4. 参见: Bartone, P. T. Test-retest reliability of the dispositional resilience scale-15, 943–44.

5. 参见: Bandy, C. L., et al. Meditation training in rook cadets increases resilience.

6. 参见: Epstein, S., and Meier, P. Constructive thinking: A broad coping variable with specific components. *Journal of Personality and Social Psychology* 57 (2) (August 1989): 332–50.

7. 参见: Myers, D. H. "Emotions, Stress, and Health."

8. 参见: Rosenthal, N. E. *Emotional Revolution*.

9. 参见: Maslow, A. "Self-actualizing People: A Study of Psychological Health," in *Motivation and Personality*, 2nd ed. (Harper and Row, 1970).

10. 参见: Shostrom, E. L. An inventory for the measurement of self-actualization. *Education and Psychological Measurement* 24 (2) (1964): 207–18.

11. 参见: Alexander, C. N., et al. Transcendental Meditation, self-actualization, and psychological health: A conceptual overview and statistical

meta-analysis. *Journal of Social Behavior and Personality* 6（5）（1991）：189-247.

第十七章

1.参见：James, W. *Varieties of Religious Experience*, 17.

2.参见：Maharishi Mahesh Yogi. *Mallorca*, 1972.

3.参见：Rosenthal, N. E. *Gift of Adversity*.

4.同上，第174页。

5.同上，第235—236页。我是从哈佛大学的心理学家克里斯·杰默那里了解到"一线希望"这种做法的。

6.参见：James, W. *Varieties of Religious Experience*, 172.

第十八章

1.参见：Travis, F. T., et al. Patterns of EEG coherence, 293-319.

2.参见：Tolle, E. *Power of Now*.

3.参见：Travis, F. T., and Arenander, A. Cross-sectional and longitudinal study of effects of Transcendental Meditation practice on interhemispheric frontal asymmetry and frontal coherence.

4.参见：Travis, F. T., et al. Patterns of EEG coherence, 293-319.

5.参见第六章的注释8—10。

6.参见：Baruss, I., and Moore, R. J. Measurement of beliefs about consciousness and reality. *Psychology Reports* 71（1992）:59-64.

7.参见：Gibbs, J. C., et al. *Moral Maturity*（Erlbaum, 1992）.

8.参见：Marteau, T. M., et al. The development of a six-item short-form of the state scale of the Spielberger State-Trait Anxiety Inventory（STAI）, 301-6.

9.国际人格项目库在http://ipip.ori.org/ipip/免费提供的相关项目。

10.参见：Travis, F. T., et al. Psychological and physiological characteristics of proposed object-referral/self-referral continuum of self-awareness. *Consciousness and Cognition* 13（2004）:401-20.

11.参见：Mason, L. I., et al. Electrophysiological correlates of higher states of consciousness during sleep in long-term practitioners of the

Transcendental Meditation program. *Sleep* 20（2）（1997）: 102–10.

12.值得注意的是，在梅森等人的研究中，三组人的年龄并不完全匹配。长期冥想组的人比其他组的人平均年龄要大一些，部分原因可能正如预期的那样，因为你冥想的时间越长，你就越老。梅森和他的同事采用统计方法，试图将年龄差异因素剔除，并得出发现：核心结论经受住了这些统计学上的挑战。

第十九章

1.参见: James, W. *Varieties of Religious Experience*, 301.

2.参见: Lawrence, D. H. *Complete Poems*（Viking Press, 1964）.

3.参见: James, W. *Varieties of Religious Experience*, 313–14.

4.参见: Bucke, R. *Cosmic Consciousness: A Study in the Evolution of the Human Mind*（Innes & Sons, 1905）.

5.参见: Evans, J. *Philosophy for Life and Other Dangerous Situations: Ancient Philosophy for Modern Problems*（New World Library, 2012）.

6.参见: White, F. *The Overview Effect: Space Exploration and Human Evolution*, 2nd ed.（American Institute of Aeronautics and Astronautics, 1998）.

7.参见: Tolle, E. *Power of Now*, 4.

8.参见: James, W. *Varieties of Religious Experience*, 299–301

第二十章

1.参见: Rumi（translated by Barks, C.）. *The Essential Rumi*（Harper One, 1995）, 36.

2.参见: Isaiah 2:4, as translated in the *English Standard Version of the Bible*（Good News, 2001）.

致谢

我要感谢许多人,是他们帮助我完成了这本书。我要感谢鲍勃·罗斯,这本书是献给他的,他是我的朋友、同事和超越冥想指导者,他积极地参与了这本书的每一步进展;感谢瑞·达利欧和芭芭拉·达利欧夫妇的宝贵支持;向我的两位官方编辑,塔彻尔出版社(Tarcher Perigee)的米契·霍罗威茨(Mitch Horowitz),还有艾丽丝·汉考克(Elise Hancock)致敬。艾丽丝·汉考克是一位明睿的友人,我一直依赖他那永远不会出错的红笔;还有我的非官方编辑克雷格·皮尔森、马里奥·奥萨尔蒂、理查德·弗里德曼和比尔·斯蒂克斯鲁德,感谢他们仔细阅读手稿的早期版本并提出明智的建议。弗雷德·特拉维斯慷慨地提供了他有关超越冥想的广博的科学知识,并总及时地给予帮助。

大卫·林奇基金会和超越冥想社区给了我极大的支持:我的超越冥想老师薇琪·布鲁姆提供了建议,并鼓励南非的冥想者参与一项使用意识整合问卷的调查,这是这本书收集信息的重要部分。在美国,其他的超越冥想指导者鼓励他们的学生参与意识整合问卷调查,从而得到了600多份回复。在这方面特别感谢珍妮(Jeanne)和汤姆·鲍尔(Tom Ball)、唐娜·布鲁克斯(Donna Brooks)、卡拉·布朗(Carla Brown)和邓肯·布朗(Duncan Brown)、马克·科恩(Mark Cohen)、格瑞·盖尔、凯蒂·格罗斯和罗杰·格罗斯(Roger Grose)、林恩·卡普兰(Lynn Kaplan)以及许多我从未注意到名字的人。萨姆·卡茨(Sam Katz)帮助在调查猴网制作调查界面,舍布纳·加森(Shebna Garcon)帮助处理数据,兰迪·威廉姆斯(Randi Williams)提供了专业的统计建议。

山姆·约翰逊(Sam Johnson)是我在费尔菲尔德的得力导游,在那里我遇到了南希·朗斯多夫（Nancy Lonsdorf）、埃德·马洛伊（Ed Malloy）、杰伊·马库斯（Jay Marcus）、大卫和罗达·奥姆–约翰逊、基思（Keith）和萨曼莎·华莱士（Samantha Wallace）、齐夫·索福曼（Ziv Soferman，通过Skype认识的），他们都提供了各自关于超越冥想和意识的独特视角。特别感谢弗农·卡茨（Vernon Katz）和朱迪·布斯（Judy Booth）贡献的知识和智慧。

感谢雷兹万·阿梅里、利·布莱辛顿和克里斯·杰默帮助我了解正念。

许多人在很多方面都给予我帮助，由于篇幅所限，抱歉不能全部详细说明，但我清楚地记得所有人的帮助，并心怀感激。有些人友善地给予我访谈的机会。还有一些人提供了背景资料，另有一些提供给我急需的支持。我要感谢下面这些人：林赛·阿德尔曼、凯文·阿什利（Kevin Ashley）、马克·阿克塞洛维茨、卡罗尔·班迪、凯西·本杰明（Casey Benjamin）、查克·布里奇奥蒂斯、纳塔内·布德罗（Natane Boudreau）、彼得·布莱肯（Peter Bracken）、理查德·布鲁姆、安德鲁·坎农（Andrew Cannon）、班尼特·康奈利（Bennett Connelly）、保罗·达利奥（Paul Dalio）、梅根·费尔柴尔德、苏珊娜·费尔斯顿（Suzanne Fierston）、凯蒂·芬纳兰、卡罗琳·格雷森（Carolyn Grayson）、琳达·格林（Linda Green）、乔安妮·格雷格（Joanne Grigas）、肯·冈斯伯格、约翰·哈格琳（John Hagelin）、托德·哈丁（Todd Hardin）、迈克尔·海因里希（Michael Heinrich）、莎朗·依斯宾、休·杰克曼、伊莎贝尔·詹森（Isabell Jansen）、梅洛迪·卡茨（Melody Katz）、布莱恩·拉文（Brian Lavin）、戴安娜·利德（Dianne Leader）、伊恩·利文斯通（Ian Livingstone）、马西娅·洛伦特、琳达·曼奎斯特、丹·麦克奎德（Dan McQuaid）、克里斯蒂娜·尼科洛娃–达利奥（Kristina Nikolova-Dalio）、尼亚齐·帕里姆（Niyazi Parim，即尼奥）、帕米拉·皮克、格雷格·波拉克（Greg Polakow）、林恩·斯托林斯（Lynn Stallings）、坦普尔·圣克莱尔、斯蒂芬·苏菲安（Stephen Sufian）、米蕾拉·苏拉、兰迪·威廉姆斯、乔希·扎巴尔、沃尔特·齐默尔曼、巴里·齐托和大卫·佐贝克。

最后，我要深深感谢这些人的支持和爱：温迪（Wendy）和德斯蒙德·拉赫曼（Desmond Lachman）、苏珊·利伯萨尔（Susan Lieberthal）、乔希和莉安娜（Liana），以及一如既往要感谢的莱奥拉（Leora）。

译后记

  改善生命的品质，这是所有生命都要做的事情。即使是原始、简单的阿米巴虫（变形虫）也会尽其微末的智力装置采取使自己尽可能安乐（well-being）的策略。改善生命的品质，乃至进入万物一体的生命境界，正是本书作者要谈的话题。

  当灵性（spirituality）成长、修身安己之道乃至觉悟之旅不再是少数人的神秘追求而日益大众化，在这个网络化、数字化、信息化、智能化的时代，只要你有意愿，其讯息就触手可及的时候，你会发现来自不同传统的很多涵育灵性的方法和技术就在眼前。瑜伽很流行，正念很流行，那么，对超越冥想（Transcendence Meditation，TM；也有其他很多译法，如"超觉静坐"）人们就更不陌生了。

  这又是一本讲超越冥想的书。与一些专讲超越冥想的修习技巧的书不同，作者在本书中更想谈论超越冥想的效应——身心状况的改善，人格的转变，宇宙意识的达成，入廛垂手的超级心智。为了说明这些效果是切实的和客观的，作者不但列举了大量修习者的体验报告，更重要的是，作者要从科学实证的立场来说明这一点。为此，作者不但与合作者开发了一套"意识整合问卷"，来细化地"测量超越冥想对更高意识的发展和冥想者生活的影响，即测量对超级心智的影响"，还给出了科学界在说明超越冥想效果时的许多实证材料和结果，既有生理学的、行为科学的，也有神经科学的。对于采纳各种不同冥想类型的修习者来说，关注科学对冥想的实证说明也应该成为其修习生活的一部分，甚至成为这个传统未来的一部分，这会使我们对冥想多一份理性的清明，也使这个传统更加现代。

  我的学术兴趣是意识的哲学-科学研究，而书的第二章的标题就是"意识科学"，这使我对翻译本书多了一些学术亲切感。我对书中作者所提到的意识的第四种状态——"纯粹意识"——一直怀有强烈的兴趣。我指导过的一位博士研究生的选题就是讨论意识科学的第一人称方法论问题，这个主题很大程度上反映的是近代科学传统与更古老的东方心学传统之间围绕意识的对话、互鉴和融合。如果说科学旨在获得对心灵的理性和实证的认识，那么东方心学所热切关注的则是人的意识的成长和超越。前者是知识，后者是存在——最终，知识应服务于存在。

　　这已是编辑张婧第二次约请我翻译书了。鉴于当前的工作状态，对自己是否有足够的时间专注于一本的翻译，我心存犹豫，不过幸好有我的两位博士生——武锐和康文煌，尤其是武锐的加盟，才让我放心答应了张婧的约请。武锐几乎翻译了全部的初稿，他细致而认真。我既不是超越冥想的修习者，也不是其效果的科学研究者，只因与这个主题有一些边缘的接触和对编辑约请的却之不恭的心理，接受了这项非自己专长的工作。每个不适的境遇，我们既可本能地逃避，也可在无法避免的挣扎中接受下来。有时，正是这种挣扎中的接受，让我们有了一次在安适中从来不可能遇见的处境下检视和反思自己的机缘。这似乎印证了一个说法——所有机缘都是馈赠。为此，我要感谢编辑张婧的邀约。

　　最后，译文是否准确和通畅，唯有期待读者的批评和宽容了。

李恒威

2020年8月14日